DER KATZEN-FLÜSTERER

DER KATZEN-FLÜSTERER

Für ein glückliches Katzenleben

JACKSON GALAXY

mit Mikel Delgado und Bobby Rock

PLAZA

PLAZA
ist ein Imprint der

HEEL Verlag GmbH
Gut Pottscheidt
53639 Königswinter
Tel.: 02223 9230-0
Fax: 02223 9230-13
info@heel-verlag.de
www.heel-verlag.de

2. Auflage 2019

This edition published by arrangement with
TarcherPerigee,
an imprint of Penguin Publishing Group,
a division of Penguin Random House LLC
375 Hudson Street
New York, New York 10014

Originaltitel: *Total Cat Mojo. The Ultimate Guide to Life With Your Cat*
Original-ISBN 978-0-14-313161-8

Bildnachweis: siehe Seite 370
Layout: Katy Riegel

Deutsche Ausgabe:
Übersetzung aus dem Englischen: Frederik Kugler, Berlin
Layout: Noch & Noch, Datteln
Covergestaltung: Axel Mertens, HEEL Verlag GmbH
Projektleitung: Ulrike Reihn-Hamburger

Printed in Czech Republic

ISBN 978-3-95843-882-8

Dieses Buch widme ich Barry:

Lehrmeister, Empath, Heiler, Spaßvogel, Ausnahme der Regel

Allererste Katze, aller Lebewesen bester Freund

Geliebt und über alle Maßen vermisst

Mögen dich deine Reisen zu uns zurückführen.

Inhalt

TEIL 3

Der Katzen-Mojo-Werkzeugkasten

TEIL 4

Das Katzen-Mojo-Kochbuch – Katzen-Daddy-Anleitungen zur Stärkung fragiler Katzenseelen

Danksagung

ICH WEISS NOCH genau, wie ich Mikel Delgado aufsuchte, die selbst vielbeschäftigt ist (sie arbeitet sowohl als selbstständige Tierberaterin als auch an ihrem Doktor), um mir bei meinem neuen Buch zu helfen, und ihr erklärte, dass es lediglich ums Organisieren und Kompilieren gehen würde – trag einfach alles zusammen, was ich in den letzten Jahren über Katzen und ihre Welt gesagt, gefilmt, aufgezeichnet und geschrieben habe. Ehrlich, wie schwer kann das sein? Neuerdings verbringe ich meine freie Zeit mit einem neuen Hobby: Mikel auf ungewöhnlichen Wegen um Verzeihung zu bitten. „Der Katzenflüsterer" hat sich zu einem echten Herzensprojekt entwickelt, zu einer leidenschaftlichen Affäre, die fast 18 Monate währte, während der ich parallel an zwei TV-Shows arbeitete, die Jackson Galaxy Foundation durch ein atemloses erstes Jahr steuerte und schwere persönliche Schicksalsschläge erlitt.

Katzilla alleine niederzuringen, hätte ich nie geschafft. Daher möchte ich folgenden Personen meinen Dank aussprechen, von denen einige am Buch mitgearbeitet, andere es aktiv unterstützt und wiederum andere mir den nötigen Raum gegeben haben, komplett am (Katzen-)Rad zu drehen. Als Einzelpersonen erinnern sie mich daran, wie erfüllend es ist, für Tiere einzustehen, und als Gruppe sind sie der Kleber, der dieses Buch zusammenhält, und die Tinte auf dem Papier. Ein einfaches „Danke" kann also *niemals* ausreichen – aber es ist zumindest ein Anfang!

IN ERSTER LINIE danke ich dem Katzen-Mojo-Team – Mikel Delgado, Bobby Rock und Jessica Marttila: Eine der vielen Lektionen, die ich auf dieser abenteuerlichen Reise gelernt habe, ist, dass eine Vision nur bis zum Fuß des Berges führt – und Glaube, schierer Wille und Aufopferung den Rest des Weges. Gemeinsam haben wir unser Basislager jeden Tag ein kleines Stückchen höher aufgebaut, und ob wir nun wie College-Frischlinge die Nächte durchgemacht (und physisch wie psychisch unsanft daran erinnert wurden, dass wir das definitiv nicht mehr waren), über jedem Wort und jedem Bild gebrütet oder Bögen gespannt haben, die wir aus Zeitmangel, wegen der Zweifel anderer oder meiner hochfliegenden Ambitionen (oder der Logik wegen) auf keinen Fall wieder einstürzen lassen wollten – wir haben keine Mühen gescheut.

Eure absolute Bereitschaft, den Weg bis zum Ende zu gehen, hat das Monster unter meinem Bett hervorgezerrt. Ihr seid der Grund, aus dem dieses Buch das Licht der Welt erblicken konnte. Eure Fähigkeiten sind unglaublich, eure Hingabe lässt mich demütig zurück und eure Liebe für die Tiere, denen wir dienen, wird die Zeiten überdauern.

Ebenso gilt mein Dank:

Joy Tutela, die mich nie als verrückten Katzentypen, Musiker oder TV-Persönlichkeit gesehen hat, sondern als Autor, an den sie glaubte. Danke, dass du (und David Black) vier Bücher später immer noch an mich glaubst – und das nach dieser Keule. Ich verspreche dir für jedes Mal, dass du ein Feuer löschen, mir neue Kraft schenken oder mich darin bestärken musstest, dass diese Worte Katzen und ihren Menschen helfen werden: Wenn ich das nächste Mal „Ich hab da ein Buch für dich“ sage, darfst du mir mit einem Louisville Slugger die Kniescheiben zertrümmern ... und dann legen wir wieder los, okay?

Dem TarcherPerigee-Team und Penguin Random House – Joanna Ng, Brianna Yamashita, Sabrina Bowers und Katy Riegel: von der Einleitung bis zum Schlusswort, vom fantastischen Design bis zur Art, wie die Welt mehr über das Mojo unserer Katzen erfährt – ich fühle mich immer geehrt, euch meine Gedanken anzuvertrauen.

Sara Carder – das Buch war eine Zitterpartie und eine echte Bewährungsprobe für uns beide, ich weiß. Danke, dass du mir wie immer zur Seite gestanden hast.

Unseren wunderbaren Künstlern, die auf der ganzen Welt verstreut leben – Osnat Feitelson, Emi Lenox, Franzi Paetzold, Sayako Itoh, Omaka Schultz, Brandon Page, Kyle Puttkammer und Scott Bradley. Danke, dass ihr eure Talente zur Verfügung gestellt habt, um ein schlüssiges Porträt einer mojofizierten Welt zu zeichnen.

Lori Fusaro – deine Fotos fangen immer die stillen, kostbarsten Momente in unseren Beziehungen zu unseren Tieren ein. Egal, wie oft ich es betrachte, dein Foto von Velouria und mir wird auch dann noch ein Zeugnis unserer Liebe sein, wenn wir längst nicht mehr sind. Ich kann dir nicht genug dafür danken.

Minoo, meine Liebe in diesem und in vielen anderen Leben, Hüterin meines Herzens und meines Verstands, Glaubensgenossin und Partnerin in einer gemeinsamen Mission – danke, dass du mir auch dann zur Seite stehst, wenn ich nicht da bin. Und was den Baseballschläger angeht, den ich Joy versprochen habe? Wenn ich das nächste Mal sage, dass ich ein Buch schreiben möchte ... darfst du ihn auch schwingen.

Meinem Bruder Marc, der in einer Zeit unvorstellbarer Verluste an Bord kam, um das Mojo-Schiff zu steuern – gerade rechtzeitig, um eine Reihe besonders zerstörerischer Wellen zu überstehen. Dir gelten meine Dankbarkeit, weil du dich ans Steuerrad gefesselt und am Kurs festgehalten hast, und meine Liebe, weil du an mich glaubst und mich vor dem Sturm beschützt.

Meiner Tierfamilie – Mooshka, Audrey, Pasha, Velouria, Caroline, Pishi, Lily, Grabby, Sammy, Eddie, Ernie, Oliver und Sophie (ungeordnet!) – für die tägliche Erinnerung, warum wir tun, was wir tun, und für die tägliche Dosis reiner Liebe, die meine Batterien lädt.

Meinem Vater und meiner gesamten erweiterten menschlichen Familie. Danke, dass ihr mich trotz meiner scheinbar nie enden wollenden Abwesenheiten liebt. Euer Licht ist mir immer ein Trost.

Stephanie Rasband, die mich nicht abheben lasst und mich im Hier und Jetzt verankert.

RDJ und The Fam dafür, dass ihr mich daran erinnert, dass ich nicht am Steuerrad stehe, und mich, den hilflosen und durchgeknallten Reisenden, liebt.

Meiner Discovery-/Animal-Planet-Familie für ihre kontinuierliche Unterstützung und den Wunsch, das Konzept Mojo in die Welt zu tragen. Ich kann nicht aufhören, euch dafür von Herzen zu danken.

Sandy Monterose, Christie Rogero und dem wachsenden Team von Mitarbeitern und Freiwilligen der Jackson Galaxy Foundation, für euer Engagement und dass ihr jeder Katze und jedem Menschen, der für diese Katze da sein möchte, zu ihrem Mojo verhelft.

Ivo Fischer, Carolyn Conrad, Josephine Tan und ihren Teams bei WME Entertainment, Schreck, Rose, Dapello & Adams und Tan Managment dafür, dass ihr euch immer ins Zeug legt und die Barbaren vom Gartenzaun fernhaltet.

Siena Lee-Tajiri und Toast Tajiri dafür, dass es euch gibt und dass ihr unser Team, unsere Vision und mich unterstützt.

Weiterer Dank gilt dem wundervollen und wachsenden Team von Jackson Galaxy Enterprises für seine Begeisterung und Hingabe, Susie Kaufman für ihre brillanten Transkriptionen und Julie Hecht für ihr aufmerksames, Hunde-zentrisches Feedback.

Normalerweise würde ich jetzt meine Mutter anrufen und ihr diese Liste vorlesen. Ob aus Gewohnheit oder Aberglaube – auch wenn ich weiß, dass sie vollständig ist und eingereicht werden kann, sind meine Bücher ohne die explizite (und immer erfolgte) Freigabe meiner Mutter und ihre abschließende Frage, ob mir bewusst ist, wie viel Glück ich habe, und dass ich es verdiene, von all diesen wunderbaren Menschen umgeben zu sein, niemals fertig.

Ja, ich lerne – dass du immer da sein wirst, wenn ich nur hinhöre, dass das Universum voller Liebe ist und dass ich dafür dankbar sein sollte. Und ich lerne, mit deinem Verlust umzugehen, damit mein Herz nicht jeden Tag aufs Neue bricht. Aber all das lernt man nicht an einem Tag, und so wird mein Buch immer unvollendet bleiben. Aber ich werde lernen, auch das zu akzeptieren.

Ich vermisse dich, liebe dich und danke dir dafür, dass du mich zu dem gemacht hast, der ich heute bin.

Einleitung

¿Qué es mojo?

ICH STEHE VOR einem großen, sehr begeisterten Publikum in Buenos Aires. Ich bin auf Lateinamerika-Tour. In diesem Jahr habe ich mich daran gewöhnt, in Ländern wie Malaysia oder Indonesien mit einem Übersetzer auf der Bühne zu stehen, und war gerade in Bogotá und Mexiko-Stadt. Simultanübersetzungen sind ein wahrer Segen, weil das Publikum Kopfhörer trägt und mir unmittelbar folgen kann. Das Lachen, Applaudieren und nach Luft schnappen ist (wenn alles klappt) nur um zwei, drei Sekunden versetzt. So gesehen, ist eine Sprachbarriere nur eine kleine Unannehmlichkeit.

Wenn ich und mein Übersetzer allerdings „abkoppeln" (wenn ich einen Gedankengang beende, den er gerade beginnt) … tja, dann führt das bestenfalls zu Kopfschmerzen oder wird zum Himmelfahrtskommando. Mein Übersetzer steht dann neben mir wie ein Geist, der sich unter meinem wilden Gefuchtel und meinem Wortschwall wegduckt, und je mehr ich mich in Rage rede, desto weiter hänge ich diesen „Geist" ab. Es gibt aber auch Dolmetscher, und damit meine ich vor allem diejenigen, die sich als Sprachkünstler verstehen, die mich quasi einen ganzen Absatz lang reden lassen, bevor sie mir auf die Schulter tippen oder mir diesen bestimmten Seitenblick zuwerfen, um das Publikum dann mit derselben Vehemenz auf Stand zu bringen.

Meine Übersetzerin an diesem Abend gehört jedoch nicht zu dieser Kategorie. Sie ist Nachrichtensprecherin und zufällig zweisprachig. Nicht gerade die beste Kombination für ein Tänzchen, bei dem man sich nicht ständig gegenseitig auf die Fuße tritt, so viel steht fest.

Vom Improvisieren abgesehen, führe ich relativ zu Beginn der Show mein Konzept des Katzen-Mojos ein, das Herzstück meiner Vorstellung. An diesem Abend feuere ich aus allen Rohren und fühle mich in meiner Rolle als Katzentyp und Prediger pudelwohl. Atemlos führe ich vor, wie eine mojofizierte Katze aussieht, putze mich heraus, ahme den aufgerichteten Schwanz, die gespitzten Ohren, den vor Selbstvertrauen strotzenden Gang nach, bis ich herausplatze: „Und wie nennen wir das? Katzen-Mojo nennen wir das! Ihre. Katze. Hat. MOJO." Ich lasse meinen Satz nachhallen. Und er hallt nach. So lange, bis von meinem dramaturgischen Peitschenschlag nur noch peinliches Schweigen übrig ist. Diesmal werfe *ich* meiner Übersetzerin diesen Seitenblick zu, doch die starrt mich nur sprachlos und mit leiser Panik in den Augen an.

In diesem Moment gibt sie ihre Nachrichtensprecher-Attitüde auf, lehnt sich zu mir rüber und flüstert: „Qué es mojo?", worauf ich, im Rückblick vielleicht etwas zu laut, antworte: „Was soll das heißen, ‚Was ist Mojo?' Sie wissen nicht, was Mojo ist?" Schon führen wir eine Konversation auf der Bühne, und mit jeder Sekunde, die nachhallt, entgleitet mir mein Publikum mehr. Ungläubig wende ich mich der Menge zu, spüre, wie mich das Grauen überkommt, und blöke Bestätigung heischend in die Menge: „Leute, ihr wisst doch, was Mojo ist, oder? Habt ihr Mojo? Ist euer Mojo an? Wie viele von euch wissen, was Mojo ist?"

Es ist so still im Saal, dass man eine Stecknadel auf den Boden fallen hören könnte. Das Grauen entwickelt sich zu einem Alptraum, und ich beginne, aus allen Poren zu schwitzen. Zum ersten Mal, seit ich zwölf Jahre alt war und bei einer Talentshow eine Gitarre mit einer gerissenen Saite in der Hand hielt, stehe ich wieder kurz davor, vor einem Live-Publikum zu versagen. Und ich habe nicht die leiseste Ahnung, wie ich da wieder rauskommen soll.

Mir fällt ein, wie ich 2002 in Boulder, Colorado hinter meinem Schreibtisch saß, der aus einer großen Spanplatte und zwei Sägeböcken bestand. Damals fühlte ich mich inspiriert, oder sagen wir lieber motiviert, mein Wissen über Katzen in eine Art Manifest zu verwandeln. Ich hatte bereits einige Jahre als selbstständiger Tierberater gearbeitet und wollte mein Wissen über Katzen unbedingt in kleine Häppchen verarbeiten, damit wir schneller zu dem Punkt kamen, an dem meine Kunden dieses Wissen auf *ihre* Katzen anwenden konnten. Warum? Weil Katzen bis heute, und damals noch viel mehr, als undurchschaubar gelten – so weit außerhalb unserer

Gefühls- und Erfahrungswelt, dass uns ein verlässlicher Anker zum Einhaken fehlt. Und ich war fest entschlossen, diesen *Haken* zu finden

Es ging mir nicht darum, es mir einfach zu machen. Ich hatte bereits zehn Jahre in einem Tierheim gearbeitet und war absolut motiviert. In US-Tierheimen wurden und werden jedes Jahr Millionen Katzen getötet, und ich war immer wieder Zeuge dieser Sprachbarriere geworden, dieses Stacheldrahts, an dem zarte, dünn gesponnene Beziehungen zerrissen. Es war das „mysteriöse" Verhalten der Katzen – ihre unergründliche Natur, an der wir uns die Zähne ausbeißen, bis wir es persönlich nehmen –, das diese frustrierten Menschen dazu brachte, ihre Katzen abzugeben oder gar auszusetzen, und ich hatte mir zum Ziel gesetzt, zumindest diesen Stacheldraht vom Zaun zu reißen, damit sich Mensch und Tier wieder sicher begegnen und beginnen konnten, ihre Bindung zu vertiefen statt sie zu zerstören.

Ein Haken, den ich bereits bei meinen Schülern und Kunden einsetzte, war das Konzept der „Ur-Katze" – die Überlegung, dass sich die Katze auf unserem Schoß in ihrer Entwicklungsgeschichte kaum von ihren Vorfahren entfernt hatte (mehr hierzu in Kapitel 1). Die Ur-Katze steht für die angeborenen Triebe, die das Verhalten von Katzen beeinflussen, seit sie auf der Erde wandeln: ihr Bedürfnis zu jagen, die Erkenntnis, dass sie sich in der Mitte der Nahrungskette befindet, und das Bedürfnis, über ihr Territorium zu herrschen und es zu verteidigen.

Ich war überzeugt, dass viele, wenn nicht gar alle Probleme meiner Kunden (von Krankheiten einmal abgesehen) auf territoriale Ängste zurückzuführen waren, da sich die Ur-Katze meist damit begnügt, im Hintergrund zu bleiben, und erst dann schreiend nach vorne drängt, wenn sie ihre territoriale Sicherheit bedroht sieht. Ob die Bedrohung real ist oder nicht, spielt dabei keine Rolle; Tatsache ist, dass sie *glaubt*, reagieren zu *müssen*. Es reicht also nicht aus, die Symptome zu bekämpfen, die uns so belasten, sondern die Ängste zu lokalisieren und die Ur-Katze in unserer Katze so weit zu besänftigen, dass sie ihre Angst zu dominieren und am Ende zu besiegen lernt.

Aber zurück zu meinem behelfsmäßigen Schreibtisch: Es war schon spät und ich versuchte, diesen eindringlichen, bewusstseinserweiternden Moment durchzustehen, kurz bevor einen der Schlaf übermannt. Die Chancen, mit dem Gesicht auf die Tastatur zu fallen, standen fifty-fifty. Ich tippte wie ein Zombie, las alles quer, löschte das meiste wieder und tippte weiter.

Ich war total am Ende, also stand ich auf und versuchte, mich darauf zu konzentrieren, wie Selbstvertrauen *aussieht* statt es zu beschreiben. Ich stand mit erhobenem, an der Spitze leicht gebogenem (Fragezeichen-)Schwanz da, Ohren entspannt, Pupillen nicht geweitet, Schnurrhaare neutral. Keine Bedrohung in Sicht, Kampf-oder-Flucht-Modus inaktiv, Bewaffnung und Radar auf *off*. Kein Grund, das Katzen-Alarmsystem DEFCON 1 zu aktivieren oder den roten Knopf zu drücken. Ich spürte tief in mir, dass die Welt in Ordnung war. Der stolze Gang hatte rein gar nichts Künstliches. Katzen projizieren damit kein Bild von sich in die Welt; er ist weder anmaßend noch keck, sondern einfach nur selbstbewusst und gründet auf dem Gefühl, seinen Platz in der Welt genau zu kennen, sich ohne Augen im Hinterkopf haben zu müssen in ihr bewegen zu können und auch nicht befürchten zu müssen, dass man ihn streitig gemacht bekommt. Dieser Instinkt sitzt so tief, dass er alles Körperliche transzendiert. Er ist ein Widerhall der Geschichte – Quantenkommunikation –, die Katzen durch die Zeit miteinander verbindet. Und der Haken, nach dem ich suchte, den ich so dringend vermitteln wollte, war, wie sich dieser selbstbewusste Herrschaftsanspruch über das eigene Territorium *anfühlte*.

Ich dachte, dass wenn Halter dieses Selbstvertrauen erkennen und fördern könnten (so vereinfachend das auch klingt), es ihnen helfen würde, die meisten „Symptome" zu unterbinden, über die sie sich so bitter beschweren. Und als ich so durch den Raum schritt und diesen Gang, dieses selbstbewusste Stolzieren imitierte, kamen mir zum ersten Mal die Worte über die Lippen, die dieses Körpergefühl auf den Punkt brachten – es war der Refrain eines Songs eines meiner musikalischen Vorbilder, Muddy Waters: „Got my mojo workin'!"

Da war er, der Haken, und ich würde ihn nicht wieder loslassen. Ich brauchte einen klaren Kopf. Ich spritzte mir Wasser ins Gesicht und schlug mir mit der flachen Hand in den Nacken, wie ich es, glaube ich, von einem Freund aus der Highschool gelernt hatte, damit ich nicht im Unterricht einschlief. Ich trat sogar im Schlafanzug in die eiskalte Nacht, teils, um *mein* Mojo in Gang zu bringen, und teils, um mir diesen Moment zu vergegenwärtigen, weil ich mir sicher war, dass ich mich an ihn erinnern wollte. Und so war es auch. Seitdem ist viel Zeit vergangen, und ich übertreibe nicht, wenn ich sage, dass fast alles, was ich seitdem getan habe, um Katzen zu helfen, damit zu tun hatte, ihren Menschen beizubringen, was Katzen-Mojo ist.

Und jetzt zurück nach Buenos Aires, in den Moment der Stille und des Grauens. Ich stehe auf der Bühne und stelle meinem Publikum eine ganz einfache Frage: „Wie viele von euch wissen, was Mojo ist?" Zwei, vielleicht drei – von fünfhundert – heben die Hand. Ich habe meine Karriere auf ein Wort aufgebaut, das nicht nur auf taube Ohren stößt, sondern auf *sehr* verwirrte.

Aufgrund der Sprachbarriere (und weil ich panisch und sprachlos bin), habe ich keine andere Wahl, als es zu demonstrieren. Ich bin gezwungen, zurück nach Boulder zu reisen und den Haken wiederzufinden, damit a) mein Publikum versteht, um was es mir geht, und b) meine Übersetzerin übersetzen kann. Das einzige, was mir einfällt, ist *Saturday Night Fever.* Und das macht mir Angst.

Ich habe keine Zeit, darüber nachzudenken, *wie* schlecht das ist und ob es dem Abend den Todesstoß versetzen wird, also lege ich los und schildere die Anfangssequenz des Films, wie sie sich in meiner Erinnerung abspielt.

„Stayin' alive" von den Bee Gees dröhnt, eine Kamera fährt über einen Bürgersteig in Brooklyn, erfasst ein todschickes Paar 70er-Jahre-Schuhe und wandert über genauso schicke Schlaghosen und ein an der Brust aufgeknöpftes Seidenhemd, bevor sie uns John Travolta alias Tony Manero offenbart, der einen Blecheimer Farbe in der einen und ein Stück Pizza in der anderen trägt. Wir erleben mustergültiges Stolzieren, und zwar von den schicken Sohlen bis zum perfekt gestylten Scheitel; Muddy Waters würde jetzt sicher von irgendwo da oben anerkennend mit den Kopf nicken. Kein Zweifel, Tony's got his mojo workin'!

Ich halte einen Moment inne und prüfe die Reaktionen. Zwischen meiner immer frenetischer klingenden Übersetzerin und dem hier und da aufblitzenden Grinsen spüre ich, dass ich mein Publikum am Haken habe. Also fange ich an, den Manero-Gang zu imitieren.

Tony hat es drauf. Er weiß es. So ist das, wenn man Mojo hat. Man hinterfragt sich nicht. Man. *Weiß.* Es. Einfach. Die Mädels wollen *ihm* gehören, und die Jungs *er* sein. Noch wichtiger ist aber, dass Tony weiß, dass ihm Brooklyn gehört, zumindest seine paar Blocks. Um das zu verstehen, bedarf es keiner Worte – die mojofizierte Sprache des Stolzierens reicht völlig aus. Der Manero-Gang demonstriert nichts, will nichts beweisen; er ist einfach nur die Manifestation eines tief wurzelnden Gefühls von Besitz und Zugehörigkeit. Das von der Pizza ölige Kinn, der Farbeimer, der auf seinen sozialen Status verweist, sogar die abweisenden Blicke der Frauen, denen er auf seinem Weg begegnet – nichts davon spielt eine Rolle.

Das Hin- und Herstolzieren auf der weiten Bühne hat mich aus der Puste gebracht. Die Hände auf den Knien starre ich in die Menge und blicke in aufgeregt murmelnde, nickende Gesichter. Ich bin gerade nochmal so davongekommen. Dass ich mich dabei aber fast an der Sprachbarriere verbrannt habe, ist das Beste, das mir passieren konnte. Dieser Abend in Buenos Aires markiert einen Wendepunkt im Katzen-Mojo – nicht nur, weil ich es jetzt darstellen kann, wenn es sein muss, sondern weil ich jetzt weiß, dass ich über alle kulturellen Unterschiede hinweg jedem zeigen kann, was Mojo ist, und dass unser Mojo denselben Ursprung hat wie das unserer Katze.

Von meiner nächtlichen Erleuchtung in Boulder, Colorado bis zu diesem Abend in Buenos Aires 17 Jahre später, aber auch bis zu jedem Auftritt, jeder Konsultation, jeder Klasse, die ich seitdem unterrichtet habe, und jeder Episode von „My Cat from Hell“ – alles führt uns hierher, zu diesem Buch: „Der Katzenflüsterer“. In all den Jahren ging es mir aber nicht darum, mit Ihren Katzen zu flüstern, sondern Ihnen zu helfen, ihr (oder Ihr?) Mojo zu finden und zu kultivieren. Tja, wen meine ich jetzt wohl? Na, Sie beide natürlich. Denn wenn es mit Ihrem Mojo klappt, klappt es auch mit dem Ihrer Katze, und dann wird garantiert jedem das Grinsen aus dem Gesicht fallen … sogar Tony Manero.

Teil

EINS

Kurzer Abriss einer mojofizierten Welt. Von der Ur-Katze zu Ihrer Katze

Katzen-Daddy-Wörterbuch: Katzen-Mojo

Mojo bedeutet Selbstvertrauen. Mojo ist proaktiv, nicht reaktiv. Das Mojo von Katzen gründet im absoluten Herrschaftsanspruch über ihr Territorium, in dem sie eine wichtige Aufgabe zu erfüllen haben. Diese Aufgabe ist ein biologischer Imperativ, den sie von ihrer Vorfahrin, der Wildkatze, geerbt haben, und der aus Jagen, Fangen, Töten, Fressen, Putzen und Schlafen besteht. Wenn wir einen Rhythmus finden, der dem der Ur-Katze gleicht – haben wir es geschafft. Denn erst wenn sich Katzen in ihrem Körper wohl fühlen, können sie auch den Raum außerhalb ihres Körpers zu ihrem Zuhause machen.

1

Wer ist die Ur-Katze?

IN IHRER KATZE lebt eine andere Katze. Ziehen Sie allen „Komfort“ ab – die Katzenbetten, die Spielsachen, ein Leben lang aus dem Fenster schauen, gemütlich auf dem Sofa herumliegen –, und vielleicht erhaschen Sie einen Blick auf diese andere Katze, wenn sie Sie mitten in der Nacht weckt oder unter der Decke Ihre Zehen jagt – das ist sie, die „Andere“, die ich Ur-Katze nenne, der frühe Zwilling Ihrer Katze. Äonen trennen sie, und trotzdem stehen sie in engem Kontakt, als wären ihre DNA-Stränge per Dosentelefon miteinander verbunden. Und über diese direkte, unverfälschte Verbindung fordert die Ur-Katze Ihren Gefährten ständig dazu auf, sein Territorium zu sichern, zu jagen, zu töten, zu fressen und stets wachsam zu sein, denn Katzen jagen nicht nur, sondern werden auch selbst gejagt.

Von groß zu klein

Vor 11 Millionen Jahren (mj) – Die Felidae teilen sich in zwei Kategorien bis heute bestehender Katzenrassen auf, die Pantherinae (sieben Großkatzen-Rassen: Tiger, Löwen, Jaguare und vier Leoparden-Rassen) und die Felinae, hauptsächlich Kleinkatzen, von denen jene Rassen abstammen, die heute mit uns zusammenleben. (Zur Orientierung: der Mensch entwickelte sich erst sehr viel später, vor 5–7 Millionen Jahren.)

Vor 9,4 mj – Die Borneo-Goldkatze (*Catopuma*) bildet eine eigene Abstammungslinie aus und entwickelt sich unabhängig von allen anderen Felinae (Kleinkatzen).

Vor 11 Millionen Jahren *9,4 mj*

Alles an unserer Katze, von ihren Territorialansprüchen und Ernährungsbedürfnissen bis hin zu der Art, wie sie spielt und sich verhält, lässt sich auf ihren Ur-Zwilling zurückführen. Diese Eigenschaften verfolgen ein primäres Ziel und wurden über die Jahrtausende quasi 1:1 weitergegeben. Berücksichtigt man, wie viele Merkmale – in Aussehen und Verhalten – unsere Katze noch mit der Ur-Katze gemein hat, lässt sich von einem entwicklungsgeschichtlichen Standpunkt aus ohne Weiteres behaupten, dass sie fast identisch sind.

Ich werde Sie im weiteren Verlauf immer wieder bitten, sich die Ur-Katze vor Augen zu führen, da Ihre Katze durch sie ihr Mojo bezieht. Sie werden lernen zu erkennen, wenn sie die Ur-Katze anzapft, und wie wichtig es ist zu wissen, wie und wann sie das macht. Ebenso werde ich Sie bitten, alle Verhaltensweisen Ihrer Katze gesamtheitlich zu betrachten – doch damit das gelingt, müssen Sie erst verstehen, *warum* die Ur-Katze noch so dicht an der Oberfläche ist.

Vor 8,5 mj – Die Caracal-Linie (Servale [*Leptailurus*], Karakale [*Caracal*], Afrikanische Goldkatzen) spaltet sich ab.

Vor 8 mj – Die Ozelot-Linie (Ozelot, Margay, Pampas [*Leopardus*], Geoffroy-Katze) spaltet sich ab.

Vor 7,2 mj – Die Luchs-Linie (Luchs und Rotluchs [*Lynx*]) spaltet sich ab.

9.4 mj

DIE WURZELN DER UR-KATZE

Es war einmal vor ewig langer Zeit ... ein Aufblitzen von etwas katzenartigem, als vor etwa 42 Millionen Jahren die ersten Raubtiere auf der Erde auftauchten, die sich aus kleineren Säugetieren entwickelt hatten. Angehörige dieser Ordnung (zu denen Katzen, Hunde, Bären, Waschbären und viele andere Arten zählen) definieren sich über ihre Zahnstruktur – die sich speziell zum Reißen von Fleisch eignet – und nicht über ihre Ernährungsgewohnheiten. (Auch wenn die Ordnung ebenso Allesfresser und sogar einige Vegetarier umfasst.)

Raubtiere (Carnivora) teilen sich in zwei Gruppen oder „Unterordnungen" auf: die Hundeartigen (Canoidea) und die Katzenartigen (Feloidea). Aber was genau macht letztere Gruppe so „katzenartig"? Naja, wie würden Sie einen Jäger nennen, der aus dem Hinterhalt angreift und etwas fleischfressender veranlagt ist, als andere Fleischfresser? *Die* Ur-Katze schlechthin natürlich!

Katzen-Daddy-Info

Das Erbgut von Tigern und Hauskatzen ist zu 96 Prozent identisch – was bedeutet, dass die Proteine, die den „Bauplan" von Katzen ausmachen, bei vielen Katzenarten ähnlich aufgebaut sind.

Vor 6,7 mj – Die Geparden-Linie (Pumas und Geparden [*Acinonyx*] spaltet sich von den übrigen Kleinkatzen ab.

Vor 6,2 mj – Die Gattung *Felis* (die Europäische Wildkatze, die Südafrikanische Wildkatze, die Zentralasiatische Wildkatze, die Chinesische Wüstenkatze und die Afrikanische Wildkatze), zu der auch unsere Hauskatzen gehören, bildet neben den restlichen Kleinkatzen (Bengalkatze, Fischkatze, Manul) eine eigene Abstammungslinie aus.

6.2 mj

EINE WUNDERSCHÖNE MUTATION WIRD GEBOREN! ÜBER DIE ENTSTEHUNG NEUER RASSEN.

Wenn man sich die Evolution der Katzen auf unserer Zeitleiste ansieht, könnte man sich fragen, was dieses ganze Geteile und Gespalte eigentlich soll. Ganz einfach, es markiert den jeweiligen Moment in der Geschichte, in dem die Vorfahren einer Spezies – sozusagen die Großeltern all dieser Katzen – sich abgespalten und quasi ihr eigenes Katzending gemacht haben. Oder, um es etwas wissenschaftlicher zu formulieren: Neue Spezies entstehen, wenn es zu genetischen Veränderungen kommt, die dazu führen, dass Populationen mutieren. Dazu kommt es immer dann, wenn Tiere von anderen Tieren derselben Rasse isoliert werden. Das kann mit der Umgebung zu tun haben, vielleicht weil ein Gebiet stärker verteidigt wird oder sich das Beuteaufkommen verändert hat, sodass einzelne Tiere abwandern mussten,

Nerd-Katzen-Ecke

Weit entfernt im Osten.
Die Ursprünge der Siamkatze

Als sich Katzen vor etwa 2000 Jahren im Fernen Osten ausbreiteten, gab es dort keine Wildkatzen, mit denen sie sich kreuzen konnten. Diese genetische Isolation führte zu verschiedenen Mutationen, die heute charakteristisch für orientalische Katzenrassen sind – zum Beispiel die Siamkatze, die Tonkanese oder die Burma-Katze. Aktuelle DNA-Studien gehen von etwa 700 Jahren isolierter Fortpflanzung aus, und auch wenn sie zur selben Spezies wie andere Hauskatzen gehören, weist ihr genetisches Profil eindeutig auf einen einzigen Vorfahren aus Südostasien hin.

Vor 130 000 Jahren – Die Afrikanische Wildkatze, die Stammform unserer Katze, spaltet sich von anderen *Felis* ab. 2009 konnte im Rahmen einer Studie mit 979 Katzen (Hauskatzen, verwilderten Katzen und Wildkatzen) nachgewiesen werden, dass alle Hauskatzen Nachfahren der Afrikanischen Wildkatze (*Felis silvestris lybica*) sind, die in Nordafrika, auf der arabischen Halbinsel und bis ans Kaspische Meer vorkommt.

6.2 mj *130 000 Jahre*

oder weil sich natürliche Barrieren in Form von Inseln oder Flüsse gebildet haben und einzelne Gruppen voneinander getrennt wurden. Es können aber auch verhaltensspezifische Faktoren eine Rolle spielen – zum Beispiel, weil es eher unwahrscheinlich ist, dass sich nachtaktive Tiere mit tagaktiven Tieren paaren.

Genetische Veränderungen sind üblicherweise physischer (wenn Spezies unterschiedliche Merkmale aufweisen) oder reproduktiver Natur (wenn sich Spezies nicht paaren können), können aber auch etwas verschwimmen, wie man an den ganzen Hybridkatzen sehen kann, die mittlerweile gezüchtet werden. Wie auch immer, je schneller sich Tiere reproduzieren, desto schneller können diese Veränderungen in Kraft treten (entwicklungsgeschichtlich gesehen, natürlich) und neue Arten entstehen.

KLEINKATZEN

Kleinkatzen können ferner in Altweltkatzen (aus Afrika, Asien oder Europa) oder Neuweltkatzen (aus Zentral- und Südamerika) unterteilt werden. Zu den Arten der Alten Welt zählen Hauskatzen, Wildkatzen, Fischkatzen, Luchse, Rotluchse, Karakale, Servale und Geparden, und zu den Arten der Neuen Welt Ozelote, Kleinfleckkatzen und Pumas.

Die Unterscheidung zwischen Katzen aus der Alten und Neuen Welt ist jedoch nicht so einfach wie bei anderen Rassen, da Katzen entwicklungsgeschichtlich eng miteinander verbunden sind. Teilweise verhalten sie sich jedoch recht unterschiedlich. Zum Beispiel:

Domestizierung
Auch hier verschwimmt es wieder etwas

Vor 12 000 Jahren – Der Fruchtbare Halbmond im Mittleren Osten als erste Getreidekammer des Menschen zieht viele Nager und damit kleine Raubtiere an.

Vor 9500 Jahren – Archäologen entdecken in einem knapp 10 000 Jahre alten Grab auf Zypern, dass eine Katze zusammen mit anderen Beigaben mit einem Menschen begraben wurde. Da Wildkatzen auf dieser Insel nicht heimisch waren, mussten sie vom Menschen eingeführt worden sein. Die Katze war vielleicht sogar *gezähmt,* auch wenn Katzen in jener Zeit noch nicht vollständig domestiziert waren.

12 000 Jahre … *9500 Jahre*

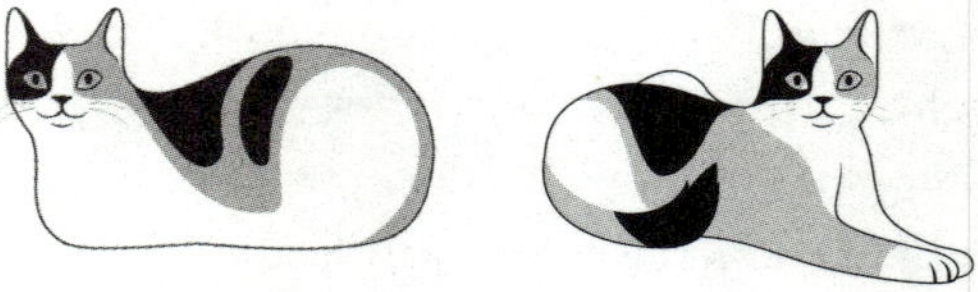

Alte Welt *Neue Welt*

- Altweltkatzen klemmen im Liegen die Vorderpfoten unter den Körper (was ich „Hackbraten-Stellung“ nenne), Neuweltkatzen nicht.
- Altweltkatzen reißen Vögeln eher nicht die Federn aus, bevor sie sie fressen, Neuweltkatzen dafür umso lieber (und sorgfältiger).
- Altweltkatzen verscharren ihren Kot, Neuweltkatzen nicht. (Stellen Sie sich mal vor, wie es in den Katzenklos dieser Welt aussehen würde, wenn unsere heißgeliebten Hauskatzen aus der Neuen statt aus der Alten Welt stammten!)

Katzen-Daddy-Info

Großkatzen brüllen (abgesehen von Schneeleoparden), schnurren aber nicht (abgesehen von Geparden), und Kleinkatzen schnurren, brüllen aber nicht. Das liegt zum Teil an einem kleinen Knochen, dem Zungenbein, der bei Großkatzen elastisch ist. Davon abgesehen haben Großkatzen lange, flache, viereckige Stimmlippen und einen längeren Vokaltrakt, was es ihnen erlaubt, mühelos lauter und dunkler zu brüllen, während sich das verknöcherte Zungenbein von Kleinkatzen in Kombination mit den Stimmbändern „nur“ zum Schnurren eignet.

Vor 5000 Jahren – Erste Belege einer Domestizierung in China. Die Bengalkatze (*Prionailurus bengalensis*) gilt als erste domestizierte Spezies. Die Beziehung ist aber nur kurzer Dauer, womöglich weil sich Bengalkatzen deutlich schwerer zähmen lassen als die Afrikanische Wildkatze (*F. s. lybica*), die sich gerne in der unmittelbaren Nähe von Menschen aufhält. (Heute stammen alle in China domestizierten Katzen von ihr ab.)

9500 Jahre

Großkatzen brüllen, um zum Beispiel ihr Revier zu verteidigen, ohne sich in einen direkten Machtkampf begeben zu müssen. Das Gebrüll ist über weite Strecken zu hören und besagt so viel wie: „Ich bin hier, also haltet euch fern!" (Mehr über das Schnurren in Kapitel 4.)

Nach all dem Gerede, was Katzen aus der Alten Welt von Katzen aus der Neuen Welt, was Groß- von Kleinkatzen und was Kleinkatzen voneinander unterscheidet, sollten wir eines jedoch nicht vergessen: *alle* existierenden Katzenrassen (aktuell sollen es 41 sein) haben denselben Vorfahren, was bedeutet, dass *alle* Katzen zwangsläufig Raubtiere sind, große Augen und Ohren haben, kraftvolle Kiefer und einen Körper, der aufs Töten programmiert ist. *Alle* Katzen schleichen sich auf leisen Sohlen an und haben ausfahrbare Krallen, was leise, blitzartige Angriffe begünstigt. Und zu guter Letzt eint *alle* Katzen, vom Tiger bis zur getigerten Katze, der Trieb, ein Territorium nicht nur zu erobern, sondern es auch zu behalten.

ETWAS WENIGER WILD, BITTE: DIE GESCHICHTE DER DOMESTIZIERUNG

Wissenschaftlich gesehen, gestaltet es sich als schwierig, eine eindeutige Zeitleiste der Domestizierung zu erstellen, da Katzen genetisch, physisch und in ihrem Verhalten ihren wilden Verwandten extrem ähnlich sind (so sehr, dass es schon zu vielen Kreuzungen zwischen Hauskatzen und Wildkatzen gekommen ist). Im Übrigen scheint es mir auch grundsätzlich falsch, von *Haus*katzen zu sprechen, da ich glaube, dass Katzen nie vollständig domestiziert wurden. Warum sollte ich mit Nachdruck auf die Ur-Katze in unserer Katze verweisen, wenn dem so wäre? Ich sehe das so: Jedes Mal,

Vor 4000 Jahren – Erste Belege von Domestizierungen in Ägypten. Die sterblichen Überreste von *F. s. lybica* werden in Gräbern gefunden, Malereien und Skulpturen zeigen Katzen Seite an Seite mit Menschen, manchmal sogar mit Halsbändern.

Vor 2500 Jahren – Trotz eines ägyptischen Exportverbots kommen Katzen nach Indien und breiten sich später auch in Griechenland, Fernost, Eurasien und Afrika aus.

2500 Jahre

wenn Sie die Ur-Katze in Ihrer Katze erkennen, wird die bloße Vorstellung einer Domestizierung Lügen gestraft. So viel dazu ... Aber lassen Sie uns nun einen Blick auf das werfen, was wir tatsächlich wissen – und zwar, wie sich die Ur-Katze Schritt für Schritt in das verwandeln konnte, was wir heute „Hauskatze" nennen.

Katzen haben Tausende von Jahren mit und in der unmittelbaren Nähe von Menschen, gelebt, ohne sich je vollständig von ihnen abhängig zu machen. *F. s. lybica* – die Ur-Rasse – scheint dabei leichter zu zähmen gewesen zu sein, als alle anderen, eng miteinander verwandten Wildkatzen, doch letzten Endes gründete ihre Entwicklung in den Vorteilen, die das Zusammenleben brachte. Als der Mensch sesshaft wurde und begann, Ackerbau zu betreiben, nahmen die Populationen an Nagetieren schlagartig zu, sodass für Katzen die Nähe zum Menschen attraktiv wurde, und für den Menschen die Nähe zu Katzen als natürliche Schädlingsbekämpfer – was zu einer Win-Win-Situation führte, die sich als roter Faden durch die Geschichte ziehen würde.

GÖTTER UND MUMIEN

Die Kehrseite einer jeden längeren Beziehung zwischen Menschen und Tieren ist, dass sie nie auf Gleichberechtigung basiert. Leider hatte der Mensch durch die Jahrhunderte immer alle Trümpfe in der Hand und spielte sie auch gnadenlos aus. Katzen wurden mal mehr, mal weniger verehrt – je nachdem, wie sehr ihre Talente als Kammerjäger gefragt waren. Die eigentliche Liebesbeziehung zwischen Menschen und Katzen mit allen Höhen und Tiefen begann erst, als der Mensch die einzigartige Persönlichkeit und die Gesellschaft von Katzen zu schätzen lernte. Von da an entwickelte sich die Beziehung ziemlich schnell ... und mitunter ziemlich extrem.

Vor 2000 Jahren – Die Römer weiten die Grenzen ihres Reichs aus, und die Katzen kamen mit.

Vor 1200 Jahren – Hauskatzen breiten sich in Nordeuropa aus.

2500 Jahre

Die Katzenverehrung im Alten Ägypten dürfte uns allen bekannt sein. Dabei ist jedoch wichtig zu wissen, dass der ägyptische Wohlstand vom Getreide abging … was Landwirtschaft bedeutete … was Nagetiere bedeutete … was wieder einmal die Rolle der Katze als wichtigem Schädlingsbekämpfer unterstreicht und ihren Wert in der ägyptischen Gesellschaft höchstwahrscheinlich begünstigte. (In weiten Teilen Europas hatten dagegen Wiesel die Rolle des Schädlingsbekämpfers übernommen, weswegen Katzen dort kein größerer Wert beigemessen wurde.)

Dennoch, die alten Ägypter verehrten Katzen, vielleicht sogar mehr als jede andere Kultur. Sie wurden in Kunstwerken dargestellt, als Haustiere gehalten und lebten in Tempeln. Wenn jemand einer Katze ein Leid zufügte, wurde derjenige bestraft, und starben Katzen eines natürlichen Todes, rasierte sich die Familie als Zeichen der Trauer die Augenbrauen. Ihre Verehrung ging so weit, dass sie Katzen samt Mäusen als Beigabe mumifizierten, um sie auf ein Leben nach dem Tod vorzubereiten.

Vor 500 Jahren – Hauskatzen breiten sich in Amerika und Australien aus, wahrscheinlich weil sie als Kammerjäger auf Schiffen wie der Mayflower mitgeführt wurden.

500 Jahre

Aber selbst im katzenverliebten Ägypten war nicht immer alles rosig, da nicht alle mumifizierten Katzen heißgeliebte Haustiere waren. Sie wurden auch den Göttern geopfert, und die hohe Nachfrage führte zu Massenzüchtungen, damit man Katzen einfacher töten und mumifizieren konnte.

Ein weiterer grosser Katzenfreund war der Prophet Mohammed, denn auch in der islamischen Kultur wurden Katzen nicht nur für ihre Talente als Schädlingsbekämpfer geschätzt. Eine der bekanntesten Geschichten um den Propheten und seine Katzenliebe weiß zum Beispiel zu berichten, dass er, als er zum Gebet gerufen wurde, lieber den Ärmel seiner Gebetsrobe

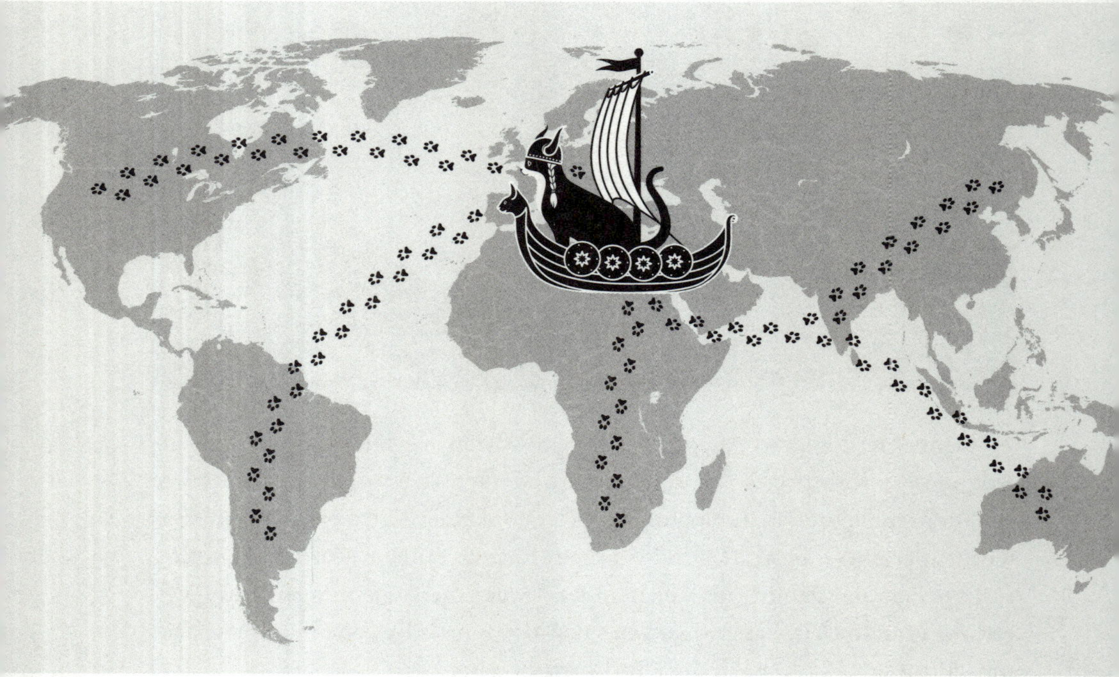

Heute sind Katzen auf jedem Kontinent außer Antarktika heimisch.
Ihrer Fähigkeit, sich anzupassen, macht sie wahrscheinlich zur erfolgreichsten Spezies auf diesem Planeten – nach dem Menschen.

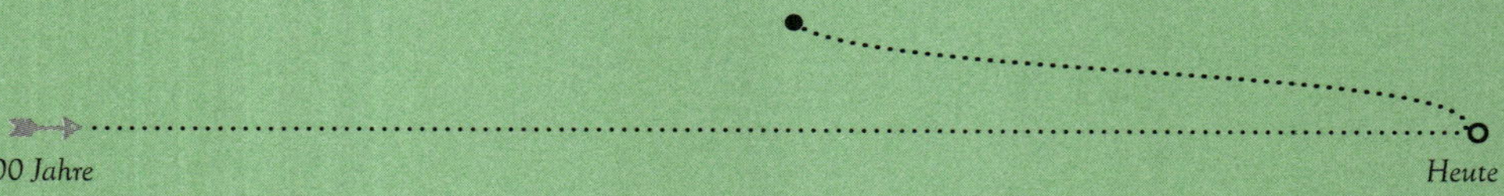

abgeschnitten haben soll, auf dem seine Lieblingskatze Muezza eingeschlafen war, als sie aufzuwecken. (Kommt Ihnen das bekannt vor? Haben Sie auch schon mal darauf verzichtet, vom Sofa aufzustehen, nur weil Ihre Katze in Ihrem Schoß eingeschlafen ist?)

Auch in anderen Teilen der Welt wurden Katzen verehrt – besonders in heidnischen Kulturen –, verloren jedoch im Zuge der Christianisierung immer mehr an Ansehen. Im Mittelalter war es dann besonders schlimm um unsere Freunde bestellt, als man sie mit dunklen, teuflischen Mächten assoziierte. In dieser Zeit sollen Millionen von Katzen getötet, in Hexenprozessen verurteilt und auf Scheiterhaufen verbrannt worden sein, und wer versuchte, sein Haustier zu schützen, geriet nicht selten selbst ins Kreuzfeuer der Inquisition.

Bittere Ironie: Damals grassierte auch der Schwarze Tod und kostete Millionen Menschen das Leben. Heute wissen wir, das Ratten (oder eher die Flöhe in ihrem Fell) die Plage übertragen haben, doch dürfte der Tod all dieser Katzen mit Sicherheit zur Verbreitung der Ratten beigetragen haben. Zwar wird dieser Zusammenhang mittlerweile in Frage gestellt und eher vermutet, dass unter anderem die beengten Verhältnisse die rasche Ausbreitung der Pest begünstigt haben, aber mehr Katzen hätten natürlich auch mehr Abhilfe schaffen können.

Aberglaube und Stigmatisierung färben bis heute unsere Wahrnehmung von Katzen. Haben wir nicht alle schon gehört, dass schwarze Katzen Unglück bringen, besonders wenn sie unseren Weg von rechts kreuzen? Katzen sind heute beliebter denn je, und trotzdem töten wir sie noch immer jedes Jahr massenweise in Heimen, von streunenden Katzen ganz zu schweigen. Hoffentlich werden jedoch auch diese Ideologien bald der Vergangenheit angehören.

2

Der viktorianische Wendepunkt

Nach all den Höhen und Tiefen, die die Ur-Katze durch die Jahrhunderte erlebt hat, folgt nun der Moment, der sie am nachhaltigsten beeinflussen würde: ihr Einzug ins Haus. Genau genommen hat dieser Moment aber auch *uns* nachhaltig beeinflusst, denn ab hier nimmt unsere Zeitleiste einen wilden Zickzackkurs ein, und die Mensch-Katze-Beziehung definiert sich aufgrund der ungewohnten räumlichen Nähe immer wieder neu. Bedenkt man, wie lange bis dahin beide Parteien mit dem Arrangement „Ihr bleibt draußen, wir drinnen“ zufrieden waren, stellt sich doch die Frage, wie und warum sich dieser Schritt vollziehen konnte, und wie sich die Dynamik zwischen Menschen und Katzen seitdem entwickelt hat.

Von draußen nach drinnen

Kurzer Abriss über den gesellschaftlichen Aufstieg der Katze, als das Modell „Hauskatze“ populär wurde:

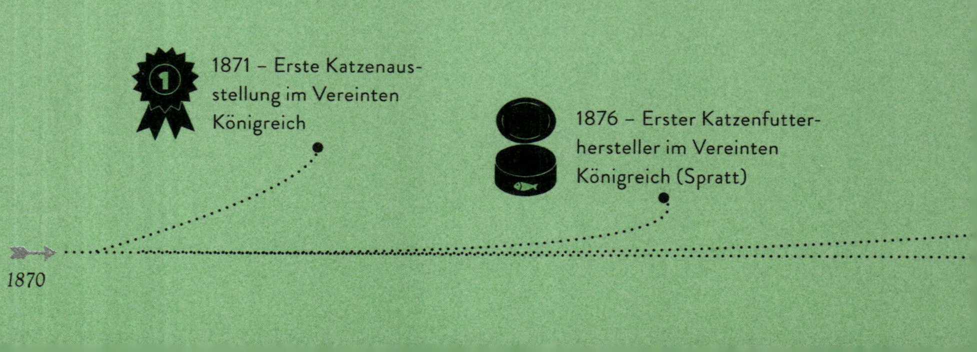

ES GEHT HOCH HINAUS …

Vor etwa 150 Jahren kamen die Menschen auf die Idee, Katzen in ihr Zuhause einzuladen – was heutzutage, zumindest im angelsächsischen Raum, gerne Königin Victoria zugeschrieben wird.

Königin Victoria galt als ein wenig einzelgängerisch, war aber auch eine große Katzenfreundin, die den Tierschutz voranbrachte und aus der SPCA (der Gesellschaft zur Verhütung von Grausamkeiten an Tieren) die Royal SPCA machte, indem sie deren Schirmherrin wurde. Neben ihren vielen Hunden, Pferden, Ziegen etc. besaß sie zwei innig geliebte Perserkatzen, von denen eine, White Heather, noch lange nach ihrem Tod im Buckingham-Palast lebte.

Im Viktorianischen Zeitalter (England, 19. Jahrhundert) wurden Haustiere immer populärer. Tiere wurden generell menschlicher behandelt und zu einem vornehmen Statussymbol, um seine Macht über die Natur zu demonstrieren. Das anspruchsvolle Wesen von Katzen machte sie – „wild und trotzdem reinlich“ – zum perfekten Gefährten für den Menschen. Viele Schriftsteller und Künstler bekundeten ihre Verehrung, und die Menschen fingen an, Beerdigungen für ihre geliebten Katzen zu organisieren.

1895 – Spratt führt Katzenfutter in die Vereinigten Staaten ein.

1895 – Erste Katzenausstellung in den Vereinigten Staaten

1939 – Erstes Dosenfutter für Katzen in den Vereinigten Staaten.

1930

… IN DIE PENTHOUSES DER WELT

Seit die erste aller Ur-Katzen auf der Erde wandelte, ist viel passiert, sowohl in Sachen Beziehung zum Menschen als auch (wenn auch etwas weniger) in Sachen Erbgut. Und während sowohl Katzen als auch Hunde das Zusammenleben mit uns Menschen hervorragend gemeistert haben, hat sich unsere Beziehung zu unseren Katzen (im Gegensatz zu unseren Hunden) entwickelt, ohne dass wir versucht hätten, sie zu verändern. Die Katze, die um unsere Beine strich, als es darum ging, unsere Ernte vor Nagern zu schützen, ist also im Wesentlichen dieselbe geblieben, wie die, die heute das Bett mit uns teilt.

Die größte Verschiebung in der Mensch-Katze-Beziehung fand erst aufgrund des demografischen Wandels von einem ländlichen zu einem städtischen Lebensmodell statt. Wie bereits erwähnt, waren Katzen im ländlichen Modell eher Schädlingsbekämpfer als Familienmitglieder, auch wenn sie manchmal ins Haus gelassen wurden, während das städtische Modell den Auftakt zu einer liebevollen, familienorientierten Beziehung zwischen Katzen und ihren Hütern darstellt, wofür es verschiedene Gründe gibt:

Erstens führt das Stadtleben dazu, dass mehr Menschen allein leben und weniger Verwandte in der Nähe wohnen. Das kombiniert mit einer höheren Scheidungsrate und weniger Kindern – und schon dürfte klar sein, warum die Mensch-Katze-Beziehung eine zentralere Rolle im Leben eines jeden Hüters spielt. Ein anderer Grund ist, dass Menschen in der Stadt beengter leben und lange arbeiten, weshalb sie sich eher für kleinere Tiere als Gefährten entscheiden. Und dann wäre da noch mein Lieblingsgrund, weshalb Katzen so beliebt in Städten sind: man hält sie für „pflegeleicht“! Klar, wenn dem so wäre, wäre ich doch längst arbeitslos, oder?

Dieser Paradigmenwechsel – vom Land in die Stadt, von draußen nach drinnen – ist jedoch keineswegs abgeschlossen. Die Verschiebung ist noch

1930er – Sterilisationen und Kastrationen von Hunden und Katzen werden eingeführt.

1940er – Fleischknappheit

- Die Fleischrationierung in den 40ern führt zur Herstellung von Trockenfutter aus Fleischabfällen und Fisch.
- Trockenfutter entwickelt sich allmählich zum Hauptfutter für Katzen.

1930

im vollen Gange, und wir müssen *weiterschieben*, unter anderem, weil es weiterhin viele Orte auf der Welt gibt, an denen Katzen als Plagen oder Schädlinge gelten. Hinzu kommt, dass in Kulturen (wie unserer), in der Katzen geliebt werden, viele Hüter sie so frei sehen möchten wie ihre wilden Vorfahren und es grausam finden, sie in „Geiselhaft" zu nehmen. Das Ziel „Und sie lebten glücklich bis an ihr Lebensende" scheint also noch in weiter Ferne.

EVOLUTION IM TURBOGANG. WIE SEHR HABEN SICH KATZEN DURCH DAS ZUSAMMENLEBEN VERÄNDERT?

Schätzungsweise 96 Prozent aller Katzen suchen sich ihre Partner selbst aus, was für einen relativ unverfälschten Genpool sorgt. Das soll jedoch nicht heißen, dass sich Katzen durch das Zusammenleben mit uns Menschen nicht verändert hätten. In gewisser Hinsicht haben sie selbst selektiert: freundliche Katzen, die gut mit Menschen auskommen, haben bessere Chancen, von ihnen aufgenommen zu werden, und paaren sich entsprechend eher mit Katzen, die ähnlich freundliche/tolerante Gene haben. Folglich hat keine bewusste Selektion spezifischer Merkmale stattgefunden, sondern das Zusammenleben mit dem Menschen hat zu den wesentlichen genetischen Veränderungen geführt.

1947 – Erfindung des Katzenklos durch Ed Lowe. Davor verwendete man Asche, Kehricht oder Sand, aber die meisten ließen ihre Katzen einfach nach draußen.

1940er und 50er – Sterilisationen und Kastrationen werden weiterhin vorgenommen, sind jedoch nicht üblich

- Betäubungsmittel werden empfohlen, jedoch nicht vorgeschrieben!
- Aus irgendwelchen Gründen glaubt man, dass es besser sei, Weibchen einen Wurf zu gestatten.

1950

Nerd-Katzen-Ecke

Was hat sich bei Katzen verändert?

2014 sammelten Wissenschaftler DNA-Proben von 22 Hauskatzen verschiedener Rassen (Main Coon, Norwegische Waldkatze, Birma-Katze, Japanese Bobtail, Türkisch Van, Ägyptische Mau und Abessinier) sowie von Wildkatzen aus dem Nahen Osten und Europa – und konnten so einige der wichtigsten genetischen Veränderungen gezähmter Katzen bestimmen.

Genetische Veränderungen hinsichtlich:

- Verbesserter Gedächtnisleistung
- Verbesserter Assoziationsfähigkeit zwischen Reiz und Belohnung (Leckerli)
- Geringerer Angstkonditionierung (heutige Katzen schalten nicht mehr so schnell in den Kampf-oder-Flucht-Modus)

Körperliche Merkmale:

- Kleinerer Körper
- Kürzerer Kiefer
- Kleineres Gehirn
- Kleinere Nebennieren, die den Kampf-oder-Flucht-Instinkt bedingen
- Längerer Darm aufgrund der Futterumstellung
- Längere Eckzähne, um mit einem gezielten Biss ins Genick zu töten. Die Zähne von Hauskatzen sitzen enger als die anderer Katzen, weil sie sich daran gewöhnt haben, kleine Nagetiere zu fangen – die Lieblingsbeute unserer Hauskatzen.

1950er – Katzenfuttermarken fluten den Markt

1969 – Die erste günstige Sterilisations- und Kastrationsklinik eröffnet in L.A. Davor waren Einschläferungen an der Tagesordnung.

1950

Was sich nicht verändert hat:

- Die Schädelform – die Form ist bei allen Katzenarten ähnlich und ihr Kiefer speziell darauf ausgerichtet, mit einem einzigen, kräftigen Biss zu töten. Der Schädel unserer Hauskatze mag vielleicht viel kleiner als der eines Löwen oder Tigers sein, ist aber ähnlich aufgebaut.
- Das Verhalten! (größtenteils ...)
- Die meisten Katzen suchen sich ihre Partner selbst aus, was für einen gesunden Genpool sorgt
- Katzen überleben (größtenteils) immer noch ohne uns.

AUFTRITT DES PUPPENSPIELERS: DIE RASSEKATZE

Als Gregor Mendel im späten 19. Jahrhundert sein berühmtes Werk über die dominant-rezessive Vererbungslehre von Erbsen veröffentlichte, konnte der Mensch erstmals ein genaueres Verständnis von den Prinzipien der Genetik entwickeln. Zwar hatte man Tiere auch schon vorher gezüchtet – hauptsächlich Vieh, um die Versorgung zu sichern, und natürlich Hunde, um Wild aufzustöbern, zu jagen, zu apportieren und Vieh zu treiben –, aber wenn es darum ging, gezielt nach Aussehen oder Verhalten zu züchten, waren die Ergebnisse eher durchwachsen.

Als das Verständnis jedoch da war, begann der Mensch, durch kontrolliertes Züchten in die Evolution der Katzen einzugreifen, indem er sie gezielt kreuzte – sprich für sie entschied, mit wem sie sich zu paaren hatten. Allerdings wurde zunächst nur nach ästhetischen und nicht nach zweckmäßigen Gesichtspunkten gezüchtet. Wir wollten nicht ihre Art, sondern nur ihr Aussehen verändern ...

1972 – Die ASPCA (dt.: Amerikanische Gesellschaft zur Vorbeugung von Tierquälerei) verfügt die Sterilisation und Kastration von Heimtieren vor der Adoption.

1970er – Katzen werden besonders in den Vereinigten Staaten im Haus gehalten – auf Empfehlung verschiedener Organisationen, um Katzen zu schützen (und um andere Tiere vor ihnen zu schützen), und weil Katzen immer mehr zu richtigen Familienmitgliedern werden.

1990

In Folge dieser Kreuzungen nach Aussehen entstanden die ersten Züchtungen (wie die Perserkatze), bei denen es primär um eine bestimmte Fellfarbe ging (wobei man fälschlicherweise annahm, dass die Kreuzung einer schwarzen mit einer weißen Katze zu einer grauen Katze führte), sodass bereits 1871 im Rahmen einer ersten Katzenausstellung in England Perserkatzen, Russisch Blau, Siamkatzen, Angorakatzen, Abessinier sowie Manx-Katzen und Kurzhaarkatzen in allen möglichen Fellfarben präsentiert werden konnten.

Und kaum gab es die ersten Züchtungen, schossen auch schon Clubs wie Pilze aus dem Boden, und das ganze Theater nahm seinen Lauf, inklusive Shows, Juroren, Knicksen und stolzen „Eltern". Doch statt sich auf die perfekte Bräune und kleine Showeinlagen zu konzentrieren, formulierten die Katzenkenner Standards, die die bevorzugten körperlichen Merkmale einer jeder Rasse festlegten, wie die Form der Augen, der Ohren, des Gesichts, des Schwanzes oder sogar der Pfoten. Oft erschöpften sich die Unterschiede jedoch in der Fellfarbe. Perserkatzen zeichneten sich zum Beispiel lediglich durch ihre Chinchilla-Färbung aus und noch nicht durch ihr flaches Gesicht, und die Seal-Point-Färbung war zunächst das einzige Kriterium, das eine Siamkatze von „gewöhnlichen" Katzen unterschied. Sprich die ersten Rassen hatten charakteristische Merkmale, unterschieden sich aber ansonsten nicht sehr von anderen Hauskatzen.

Heute hat das Züchten eine ganz andere Dimensionen erreicht, und je nach Organisation werden zwischen 44 und 60 unterschiedliche Rassen anerkannt. Das Aussehen wurde oftmals ohne Rücksicht auf das Wohlergehen der Tiere bis an die Grenzen getrieben – das Gesicht der Perserkatze wurde flacher, die Siamkatze schmaler, die Point-Zeichnung charakteristischer, und meistens haben sich diese erzwungenen Veränderungen als schädlich für die Ur-Katze erwiesen.

Indem wir uns bei Perserkatzen für eine brachycephale (kurznasige) Erscheinungsform entschieden haben, haben wir ihnen das Atmen

1990 – Das Programm TNR (trap-neuter-return, dt.: einfangen, sterilisieren & kastrieren, wieder freilassen) tritt in Aktion.

1994 – Der erste mobile Sterilisations-Kastrations-LKW started in Houston, Texas, als erkannt wird, dass Menschen auf diesen Service angewiesen sind, die den Weg zur nächsten Tierklinik nicht auf sich nehmen können.

1990

erschwert, das Risiko von Haut-, Zahn- und Augenerkrankungen erhöht und Risikogeburten begünstigt. Schottische Faltohrkatzen müssen auf ihr Schmerzempfinden und auf Arthritis getestet werden, weil die Mutationen, die für die Falten in den Ohren sorgen, zu einer schmerzhaften Degeneration der Knochen und des Knorpels führt, Manx-Katzen neigen aufgrund von Wirbelmissbildungen zu Rückenschmerzen, Verstopfung und Inkontinenz, Main-Coon-Katzen zu Herzbeschwerden und Siamkatzen sind häufig asthmatisch und überempfindlich.

Und das sind nur einige Beispiele. Wenn man den Genpool einschränkt, wächst die Gefahr gefährlicher Missbildungen und Krankheiten – daran führt kein Weg vorbei.

Der Mensch mag vielleicht die Fäden ziehen, wenn es um das äußere Erscheinungsbild geht, aber lernen wir dabei auch, unsere Katzen besser zu verstehen?

WIR HABEN VIEL erreicht, seit wir Katzen ins Haus geholt haben, aber ihre Zähmung hat auch zu einer Reihe neuer Probleme geführt. So sehe ich das zumindest. Ich habe auch das Gefühl, als würde das Pendel, egal in welche Richtung es schlägt, nie wirklich zu Gunsten unserer Katzen schlagen. Als Schädlingsbekämpfer haben sie Jahrtausende ihr Überleben gesichert, hatten aber keinen Status, und heute werden sie in die Familie integriert, aber viel zu oft nicht als vollwertiges Familienmitglied angesehen.

Ich will damit niemanden verletzen, schließlich hat dieser Prozess beide Seiten massiv beeinflusst, und es braucht Zeit, sich aneinander zu gewöhnen. Ich möchte aber Folgendes zu bedenken geben: In den knapp 150 Jahren, die seit Königin Victoria ins Land gestrichen sind – was ein Wimpernschlag in der Entwicklungsgeschichte ist – haben wir von unseren Katzen verlangt, in ein Klo zu machen, die ganze Nacht zu schlafen, auf einem Sofa zu sitzen, nicht über unsere Ablagen oder Tastaturen zu tapsen *und* ihr Territorium

1999 – Die Organisation In Defense of Animals (IDA) startet die Guardian-Kampagne, ein Projekt, das durch den Austausch von Begriffen wie „Tierhalter“ zu „Tierhüter“ Haustieren einen neuen Status sichern möchte.

2003 – West Hollywood verbietet als erste amerikanische Stadt das Entfernen der Krallen.

2003

von einigen Hundert Hektar auf ein Haus oder eine Wohnung einzuschränken. Doch je mehr wie sie als Wohnaccessoires sehen, desto weniger können sie der wildromantischen Vorstellung entsprechen, die wir von ihnen haben, und desto schneller werden sie wieder zu Ausgestoßenen.

Und bitte schön – 42 Millionen Jahre Evolution und eine gründliche Einführung in die Geschichte der Ur-Katze, eingedampft auf zwei kurze Kapitel. In Teil 2 werden wir uns mit allem beschäftigen, was Sie jemals über Ihre Katze wissen wollten, sich jedoch nie zu fragen getraut haben.

Teil ZWEI

Der Katzen-Crashkurs

3

Im Ur-Katzen-Rhythmus

Als ich in meinem Beruf Fuß zu fassen begann, dachte ich, dass meine Kunden und Schüler – so wie alle anderen Katzenhüter – alles über *alle* Katzen wissen wollten, und verbrachte viel zu viel Zeit damit, meine Philosophie in kleine Happen zu unterteilen, bis ich herausfand, dass die meisten Katzenmenschen in meiner Dunstzone nur an Wissen über *ihre* Katzen interessiert waren, und mich verständlicherweise aus einem ganz bestimmten Grund engagiert hatten: um zu erfahren, wie sie ihre Katze dazu bekamen, sich nicht mehr daneben zu benehmen. Meine leidenschaftlichen Versuche, das Große mit dem Kleinen zu verknüpfen, waren also eher das Sahnehäubchen auf der Torte, und wollte ich ihnen trotzdem etwas mit auf den Weg geben, blieb mir nur ein winziges Zeitfenster, bevor sie mir durch die Finger schlüpften.

Ich brauchte einen Begriff wie „Katzen-Mojo“. Ich brauchte einen *Haken.* Eine Art Fingerschnippen, das Hüter daran erinnerte, dass das Verhalten ihrer Katze an das der Ur-Katze gekoppelt ist. In diesem Fall wollte ich sie jedoch daran erinnern, wie wichtig die „drei Rs“ – Routine, Rituale, Rhythmus – im Leben einer Katze sind, die im Jagdinstinkt ihrer Vorfahren gründen. Schließlich haben wir gelernt, dass die Ur-Katze jeden Tag eine Reihe spezifischer Aufgaben erledigen *muss,* um sich mojofiziert zu fühlen.

Der Haken, auf den ich kam, war eine Art mnemotisches Post-it – *Jagen, Fangen, Töten, Fressen, Pflegen, Schlafen (JFTFPS).* Bis heute lasse ich meine Kunden die Wörter rhythmisch und möglichst enthusiastisch wiederholen, wie Katzencheerleader, bis sie zu einem Mantra werden, das uns für immer daran erinnern soll, dass der Ur-Katzen-Rhythmus unserer Katze den nötigen Schwung gibt und dass es unsere Aufgabe ist, diesen Rhythmus zu fördern. Es erinnert uns, eine Routine aus Spielen, Ausruhen und Fressen zu entwickeln und sogar darauf zu achten, womit wir sie füttern, damit jeder Weg direkt ins Mojo-Land führt. Und was steht in dicken, fetten Lettern auf den Schildern dorthin? Richtig, JFTFPS.

JAGEN, FANGEN, TÖTEN, FRESSEN

Historisch gesehen haben sich unsere Ziele und die unserer Katze, wie in Teil 1 geschildert, perfekt ergänzt: wir brauchten einen Schädlingsbekämpfer, und sie Nahrung. Jagen, Fangen, Töten, Fressen (JFTF), das Fundament des Ur-Katzen-Rythmus' und die vier Schritte zu einem vollen Bauch, kamen beiden Parteien zugute, weshalb unser Verhältnis zu Katzen über viele Jahre in gleichmäßigen Bahnen verlief. Geändert hat sich das erst in den letzten 150 Jahren mit dem Beginn der Domestizierung – und bis dahin war klar, dass Katzen nach draußen gehörten und es grausam wäre, sie nach drinnen zu holen.

Aus diesem Grund ist dieser Paradigmenwechsel auch so wichtig: was tausende Jahre Bestand hatte, galt plötzlich nicht mehr, und seitdem versuchen wir, die neu gewonnene Lebensqualität unserer Katze (nachdem wir sie an ein Leben in der Wohnung gewöhnt haben) mit ihren angeborenen biologischen Trieben in Einklang zu bringen. JFTF steht dabei nicht für ein Minimum an Pflege, sondern erinnert uns an die Ur-Katze in unserer Katze, mit der sie durch das eingangs erwähnte Dosentelefon in direktem Kontakt steht.

Trotzdem werde ich zum Beispiel immer wieder gefragt, ob es okay ist, nicht mit seiner Katze zu spielen, oder ob man seine Katze auch mal zwei Tage alleine lassen kann, wenn man einen Futterautomaten hat. Doch statt mit dem Finger zu wackeln und „Nein“ zu sagen, habe ich es mir zum Ziel gemacht, unser Mantra – Jagen, Fangen, Töten, Fressen – für sich sprechen zu lassen, bis auch dem Letzten klar ist, wie obsolet solche Fragen sind.

Denn erst wenn JFTF zum Sprungbrett und Katzen-Mojo zum Pool wird, in den wir springen, haben wir die Grundbedürfnisse unserer Katze verstanden – und springen umso eleganter.

DURCH DIE AUGEN EINES JÄGERS – WIE KATZEN DIE WELT WAHRNEHMEN

Als geborene Jäger verlassen sich Katzen auf mehrere Sinne – sie tasten, sehen und hören. Sprich während der Jagd kommt jeder Aspekt ihrer Physiologie zum Tragen.

Tastsinn

Katzen sind extrem berührungsempfindlich. Das liegt daran, dass ihre Hautrezeptoren konstant Signale abfeuern, wenn sie berührt werden – was bedeutet, dass sich diese Zellen nicht an den physischen Kontakt gewöhnen, weil ihr Gehirn dabei ständig „Du wirst berührt!" ruft. Bei Menschen ist das anders. Unsere Sinnesrezeptoren *gewöhnen* sich an Berührungen – sonst würden wir zum Beispiel ständig unsere Kleidung auf unserer Haut spüren. Die Art von Zellen, die Katzen haben, heißen Merkel-Zellen und sind hochsensibel, in etwa so wie die in unseren Fingerspitzen. Bei Katzen werden sogar die Haarfollikel mit Nerven versorgt, weswegen sie Haare, die nicht richtig liegen, als extrem störend empfinden.

Hier noch ein paar Leckerbissen über Katzen und ihren Tastsinn:

- Katzen haben hochsensible Nasen, Ohren und Vorderpfotenballen, in denen sogar noch mehr Rezeptoren sitzen. (Dr. John Bradshaw bezeichnet Katzenpfoten als „Sinnesorgane".)
- Sie können mit ihrem Nasenpolster die Windrichtung bestimmen und Temperaturen einschätzen.
- Sie haben Rezeptoren in den Zehen, was vielleicht erklärt, warum besonders Langhaarkatzen sensibel auf zum Beispiel schmutzige Pfoten und Streicheln/Bürsten reagieren.
- Sie haben kurze, steife Tasthaare im Gesicht und an der Innenseite ihrer Vorderläufe, mit denen sie sogar Vibrationen wahrnehmen.
- Sie nehmen mit der Unterseite ihrer Krallen Bewegungen wahr, was praktisch ist, wenn sich zum Beispiel Mäuse in ihren Fängen winden.

Reizüberflutungen, gegebenenfalls auch übertriebene Selbstpflege oder Zwangsstörungen, werden häufig dieser Hypersensibilität zugeschrieben. Nehmen Sie es also nicht persönlich, wenn Ihre Samtpfote beim nächsten Mal, wenn Sie sie streicheln oder bürsten, herumwirbelt und versucht, ein Stück aus Ihrer Hand oder Bürste zu beißen! (Mehr hierzu in Teil 3.)

Die Sensorik Ihrer Katze ist jedoch nicht nur für die Jagd von Bedeutung. Katzen können auch selbst zur Beute werden, zum Beispiel von anderen Raubtieren wie Füchsen und Greifvögeln. Und da eine gesteigerte Sensibilität auch ein gesteigertes Schmerzempfinden bedeutet, möchten Katzen natürlich wissen, ob sie angegriffen werden, um beim kleinsten Anzeichen in den Kampf-oder-Flucht-Modus schalten zu können.

Magische Schnurrhaare!

In Sachen Tastsinn kann sich allerdings nichts mit den hochsensiblen Schnurrhaaren messen. Verglichen mit Hunden ist bei Katzen ein größerer Bereich des Gehirns dafür zuständig, Signale aus dem Bereich der Schnauze zu empfangen. Schnurrhaare sind mit Rezeptoren ausgestattet, die mit dem somatosensorischen Cortex des Gehirns kommunizieren und Informationen über die Umgebungstemperatur, ihr Gleichgewicht und über die Größe der Räume, in denen sie sich bewegen, weiterleiten. Schnurrhaare nehmen auch Bewegungen und Luftzüge wahr und informieren darüber, wie schnell und aus welcher Richtung die Luft um sie herumströmt, was relevant für die Jagd sein kann.

Da Katzen nicht sehr scharf aus der Nähe sehen, verlassen sie sich umso mehr auf ihre Schnurrhaare, wenn potenzielle Beute in der Nähe ist, und richten im Jagdmodus ihre zwölf Schnurrhaare auf beiden Seiten der Nase nach vorne aus, um die Bewegungen ihrer Beute registrieren und gezielt töten zu können. Ihre Schnurrhaare an den Lefzen in Kombination mit denen an den Wangen, über den Augen, am Kinn, an der Innenseite der Fußgelenke sowie auf der Rückseite der Beine helfen ihr, die Welt in 3D zu sehen.

Katzen-Daddy-Fakten

Wildkatzenarten, die nachts auf die Jagd gehen, haben ausgeprägtere Schnurrhaare als tagaktive Jäger.

Sehsinn

Alles an ihrem Körperbau und der Funktion ihrer Augen (und in diesem Sinne jeder Ur-Katzen-Muskel, jedes Körperteil, jeder Instinkt) unterstützt unsere Katzen in ihrer Existenz als Jäger. Katzen haben im Verhältnis zu ihrem Körper und Kopf große Augen, die nach vorne ausgerichtet sind, wie es für Raubtiere üblich ist, sowie ein breites Sichtfeld von etwa 200 Grad. 90 Grad davon sind „binokular", sprich beide Augen arbeiten zusammen, um Tiefe zu erzeugen (um zum Beispiel zu bestimmen, wie weit ein Vogel entfernt ist). Katzenaugen registrieren aber auch schnelle Bewegungen – was ideal ist, um eilig davonhuschende Mäuse zu erbeuten.

Wenn sie ihre Beute erfasst haben, lässt ihre Nahsicht allerdings zu wünschen übrig, da Katzen auf kurze Distanz leicht verschwommen und weniger detailliert sehen, als wir. Am besten können sie auf eine Entfernung von zwei bis sechs Meter fokussieren – was perfekt zum Stalken von Mäusen und Vögeln ist. Ist die Beute näher als 30 Zentimeter, fokussieren sie gar nicht erst, sondern übergeben an die Schnurrhaare, die sich nach vorne richten und den Rest erledigen. Entsprechend sind Hauskatzen eher leicht kurzsichtig, da die Objekte, die sie fokussieren, meistens näher sind, und Katzen, die sich viel im Freien aufhalten, eher weitsichtig, wie ihre Vorfahren eben.

In den Augen liegt die Kraft: Katzenaugen im Vergleich

Katzenaugen funktionieren in etwa so wie unsere Augen: Das Licht fällt durch die Pupille in der Mitte der Iris (der farbige Bereich des Auges), wird von der Linse und Hornhaut gebündelt und gelangt danach auf die Netzhaut (Retina) hinten im Auge. Die Retina besteht aus zwei Rezeptoren, Stäbchen und Zapfen. Stäbchen ermöglichen das Sehen bei grauem Dämmerlicht, und Zapfen bei buntem Tageslicht. Und damit wären wir auch schon beim großen Unterschied zwischen Katzen und Menschen: Katzenaugen haben drei Mal mehr Stäbchen als wir, dafür aber weniger Zapfen. Das heißt, Katzen nehmen bei Tag zwar Farben wahr, allerdings sehr verschwommen – anscheinend sind sie nicht so wichtig –, und sehen dafür in der Dämmerung äußerst differenziert und gestochen scharf in Schwarz-Weiß. Und da sich bei Katzen wie immer alles um die Jagd dreht, sticht Schärfe *immer* Farbe!

Wo wir gerade davon sprechen, wie die Evolution der Ur-Katze in die Hände spielt – hier einige weitere wichtige Unterschiede:

- Katzenpupillen sind nicht rund, sondern vertikal geschlitzt, damit sie sich schneller an wechselnde Lichtverhältnisse anpassen können, und öffnen und schließen in alle Richtungen.
- Katzen fokussieren langsamer, da ihre Linsen steif sind, und wenn die Pupillen stark verengt sind, sprich wenn es sehr hell ist, fällt ihnen das Fokussieren noch schwerer.
- Menschen haben eine Fovea, eine winzige Grube in der Retina, damit sie Details besser sehen können, während Katzen einen „visuellen Streifen" voller Stäbchen haben, damit sie besser in der Dämmerung sehen können.
- Katzen haben hinter der Retina eine reflektierende Schicht, Tapetum lucidum genannt, eine Art eingebaute Taschenlampe, die bei schlechten Lichtverhältnissen alles optimal ausleuchtet – und die Augen Ihrer Katze zum Leuchten bringt, wenn Sie ein Foto mit Blitz von ihr machen.

Hörsinn

Neben dem Tasten und Sehen spielt auch das Hören eine wichtige Rolle im JFTF-Rhythmus Ihrer Katze. Katzen hören 10 ½ Oktaven und damit besser als alle anderen Raubtiere. Ihre Hörweite entspricht im niedrigen Frequenzbereich in etwa der unseren, aber dafür hören sie viel höhere Töne (wie das Quieken einer Maus) – in diesem Bereich liegen sie etwa 1,6 Oktaven über uns. Ihr Hörsinn ist dabei jedoch weniger auf die Kommunikation mit anderen Katzen als auf das Aufspüren von Beute ausgerichtet.

Katzenohren verstärken Frequenzen und sind so geformt, dass kaum hörbare Geräusche wie durch einen Trichter in ihren Gehörgang fallen und ausgewertet werden können. Ihre Fähigkeit, beide Ohren unabhängig voneinander zu bewegen, ermöglicht ihnen, unterschiedlichste Geräuschquellen (auch parallel) zu lokalisieren – egal, ob Beute, andere Räuber oder verstörtes Kätzchen, das nach seiner Mami ruft. Sie können ihre Ohren sogar um 180 Grad drehen, weshalb sich ihnen niemand unbemerkt von hinten nähern kann.

LASSEN SIE UNS nun mit diesem neuen Verständnis, wie das Zusammenspiel der Sinne unsere Katzen zu Meisterjägern macht, einen gesonderten Blick darauf werfen, wie und was sie töten.

„Kleiner als eine Taube“: Töten in der realen Welt.

Katzen jagen alles, was kleiner ist als sie, tendieren aber zu Beute, die kleiner als eine Taube ist. Am liebsten jagen sie kleine Nagetiere und Vögel, aber auch Käfer, Reptilien und Amphibien.

Aktuelle Studien belegen, dass Katzen ein bestimmtes Beuteschema haben. Die meisten Katzen spezialisieren sich auf einen oder zwei Beutetypen, aber es gibt auch Katzen, die ein breiteres Spektrum bevorzugen und mehr oder weniger alles nehmen, was kommt.

Da Vögel schwerer zu fangen sind, besteht die Nahrung freilebender Katzen jedoch etwa zu 75 Prozent aus Nagetieren. Ihre Vorlieben können dabei vom Angebot abhängen oder gar von dem, was ihre Mütter ihnen vorgesetzt haben, als sie noch klein waren. Im Endeffekt passen sie sich jedoch an, sprich wenn es zu wenig Mäuse gibt, jagen sie auch Vögel ... oder müssen hungern.

Kommen wir aber nun zu den bevorzugten Jagdtechniken unserer Katzen, die eng an ihr Beuteschema geknüpft sind. Katzen verfolgen bei der Jagd unterschiedliche Strategien:

- sie überfallen ihre Beute auf offenem Terrain aus dem Hinterhalt
- sie verfolgen und stürzen sich aus der Deckung auf ihre Beute
- sie warten darauf, dass ihre Beute ihr Loch oder ihren Bau verlässt

Das gilt übrigens für alle Katzen – ihre unschuldige Samtpfote dürfte also auch ihre bevorzugte Jagdtechnik haben. Welche das genau ist, können Sie in Kapitel 7 herausfinden, wenn Sie lernen, wie Sie mit Ihrer Katze spielen.

Der Todesbiss

Typischerweise greifen Katzen erst mit den Pfoten nach ihrer Beute, bevor sie ihre Zähne in sie hineinschlagen und sie mit einem gezielten Biss in den Nacken töten, der ihr Rückenmark zerreißt. Wenn sich ihre Beute jedoch zur Wehr setzt, oder sie unerfahrene Jäger sind, müssen sie eventuell mehrmals zubeißen. Manchmal sieht es auch so aus, als würden sie mit ihrer Nahrung spielen, wenn sie mit den Pfoten nach ihr schlagen oder sie herumschleudern. Damit möchten sie ihre Beute aber nicht zusätzlich quälen, sondern versuchen lediglich, den gefährlichen Gegner zu ermüden, damit der Todesbiss am Ende auch sitzt.

Ihr Wahnsinn hat also Methode, und das bis zum bitteren Ende. Neben den Schnurrhaaren, die für die Sensorik zuständig sind, können Katzen auch über die Nerven in ihren Zähnen kleinste Bewegungen registrieren, um beim Zubeißen gegebenenfalls nachkorrigieren zu können. Dieses Feintuning ermöglicht Katzen ein effizientes, gründliches, gefahrloses Töten.

Obwohl all diese Komponenten Katzen zu den ausgefeiltesten Jägern in der Natur machen, haben sie diese Eigenschaften und Talente natürlich nicht rein zufällig ausgebildet, sondern sind das Ergebnis äußerer Einflüsse. Und da Katzen Jäger *und* Beute sind, ist es nur logisch, dass sie nicht nur ausgezeichnet töten können, sondern auch genau wissen, wie sie sich schützen. Mehr über diese ungewöhnliche Kombination – und wie sich das sowohl auf ihr Verhalten als auch auf ihre Beziehungen zu den anderen Bewohnern in ihrem Reviers auswirkt – erfahren sie beim Katzenschach in Kapitel 10.

Da wir nun eine genauere Vorstellung davon haben, wie sich die Physiognomie unserer Katze, ihr Verhalten und ihre raffinierten Jagdtechniken entwickelt haben, um dem Konzept Jagen, Fangen, Töten, Fressen (JFTF) zu dienen, dürfte klar sein, wie unverzichtbar JFTF für das Mojo unserer Katze ist. Katzen lieben die Jagd, und für die Ur-Katze sind Spaß und Trieberfüllung ein und dasselbe. Sprich nur ein Tag mit JFTF ist ein guter Tag. Den größten Gefallen, den Sie Ihrer Katze daher erweisen können, ist, der Ur-Katze in ihr zu helfen, dieses „Superziel“ in der für sie noch relativ ungewohnten Enge *Ihres* Zuhauses umzusetzen, indem Sie, rund um JFTF, für die Drei Rs – Routine, Rituale und Rhythmus – sorgen. Mehr hierzu in Kapitel 7.

Fressen – Fleisch, Fleisch und nochmals Fleisch

Nach der Jagd – ob sie nun in der realen Welt stattfindet oder beim gemeinsamen Spielen nachgestellt wurde – wird gefressen. Und nach allem, was wir bisher besprochen haben, dürfte auch klar sein, dass Katzen keine Vegetarier sind. Im Gegenteil, Katzen *brauchen* Fleisch. Ihr Verdauungsapparat ist speziell und ausschließlich auf das Verdauen von Fleisch ausgerichtet. Das soll aber nicht zwangsläufig heißen, dass sie, wie Löwen, riesige Mengen davon verdrücken. Katzen sind angepasste Jäger, was bedeutet, dass sie sich mit jeder Beute zufrieden geben, ob klein oder groß, ob Grashüpfer oder Vogel.

Katzen schmecken generell nicht sehr viel, da sie weniger Geschmacksknospen als Menschen haben. Ihr Geruchssinn ist bei der Jagd, und damit auch beim Fressen, viel wichtiger und kann ihnen sogar den Appetit verderben, wenn sie verstopft sind – sprich schmort ein Kabel durch, kommt die ganze Maschine zum Erliegen. Dennoch können sie zwischen salzig, süß, sauer und bitter unterscheiden, scheinen sauer und bitter aber nicht sehr zu mögen (wahrscheinlich als Giftstoff-Prävention), und haben zusätzlich einen Geschmacksrezeptor für Adenosintriphosphat (ATP), ein Molekül, das alle lebende Zellen mit Energie versorgt und quasi ein Signal für Fleisch ist. Interessanterweise können wir es nicht „schmecken“.

Wie fressen Katzen?

- Katzen sind opportunistisch und passen ihre Aktivitäten an das Nahrungsaufkommen an.
- Katzen fressen eine größere Mahlzeit, wenn nur wenig Nahrung verfügbar ist.
- Eine Maus hat etwa 30 Kalorien, sprich eine durchschnittliche Katze müsste 10- bis 30-mal am Tag jagen, um ihren Kalorienbedarf von etwa 8 Mäusen zu decken.
- Katzen fressen ihre Beute nicht an Ort und Stelle, sondern tragen sie gemeinhin weg.
- Katzen kauern beim Fressen und legen sich bei größerer Beute sogar manchmal hin.
- Ist Ihnen schon einmal aufgefallen, dass Ihre Katze beim Fressen den Kopf schief hält? Das macht die Ur-Katze in ihnen, die ihre Beute vom Boden frisst und nicht aus der Schüssel. Und je schwerer sich die Beute kauen lässt, desto schiefer halten sie den Kopf.
- Katzen nehmen eine kleine Menge Nahrung auf und schütteln kurz den Kopf. Auch das ist Ur-Katzen-Verhalten. Auf diese Weise löst sie das Fleisch vom Knochen oder Federn vom Vogelkörper.
- Katzen kauen nicht viel, sondern reißen das Fleisch mit ihren Zähnen in Fetzen und schlingen es herunter.

PUTZEN UND SCHLAFEN

Katzen sind von Natur aus reinlich und putzen sich von Kopf bis Fuß. Sie verbringen im Schnitt 30 bis 50 Prozent ihrer Zeit mit der Fellpflege. Die Hauptarbeit erledigt dabei ihre raue Zunge, während sie mit den Pfoten die schwerer zugänglichen Stellen bearbeiten.

Aber welchen Zweck verfolgen sie damit in der Wildnis? Putzen reinigt das Fell, hält Parasiten fern und verstärkt den Eigengeruch von Katzen. Gleichzeitig befreien sie sich vom Geruch des Tötens, der andere Raubtiere anlockt.

Was Schlafen angeht, haben Katzen einen ähnlichen Biorhythmus wie wir. Normalerweise schlafen sie nie in langen, sondern in kurzen Abschnitten und haben, wie wir, tiefe und weniger tiefe Schlafphasen. In der Tiefschlafphase zucken ihre Schnurrhaare und Beine, da sie träumen und die Muskeln dabei kontrahieren.

Katzen kommen jedoch nicht jedes Mal, wenn sie sich hinlegen, in den Tiefschlaf. Typischer ist ein kurzer, leichter Schlaf, ein Katzennickerchen sozusagen. So ist das Leben in der Mitte der Nahrungskette, Leute. Ein Auge bleibt immer offen – für potenzielle Nahrung und zum Überleben. In der Welt des Tötens oder Getötetwerdens gönnt man sich nun mal eher selten eine ordentliche Mütze voll Schlaf.

Schlafen Katzen den ganzen Tag?

Was glauben Sie, was Ihre Katze so treibt, während Sie arbeiten? Ich wette, Sie würden sagen, dass Sie schläft. Menschen glauben nämlich immer, dass Katzen den ganzen Tag schlafen, aber als 2009 im Rahmen einer Studie Kameras an Katzenhalsbändern angebracht wurden, kam heraus, dass Katzen, die alleine zuhause sind, tatsächlich nur sechs Prozent ihrer Zeit schlafen und im Vergleich 20 Prozent ihrer Zeit aus dem Fenster schauen! (Wenn das nicht belegt, wie wichtig „Katzen-TV" ist, dann weiß ich auch nicht! Mehr hierzu in Teil 3.)

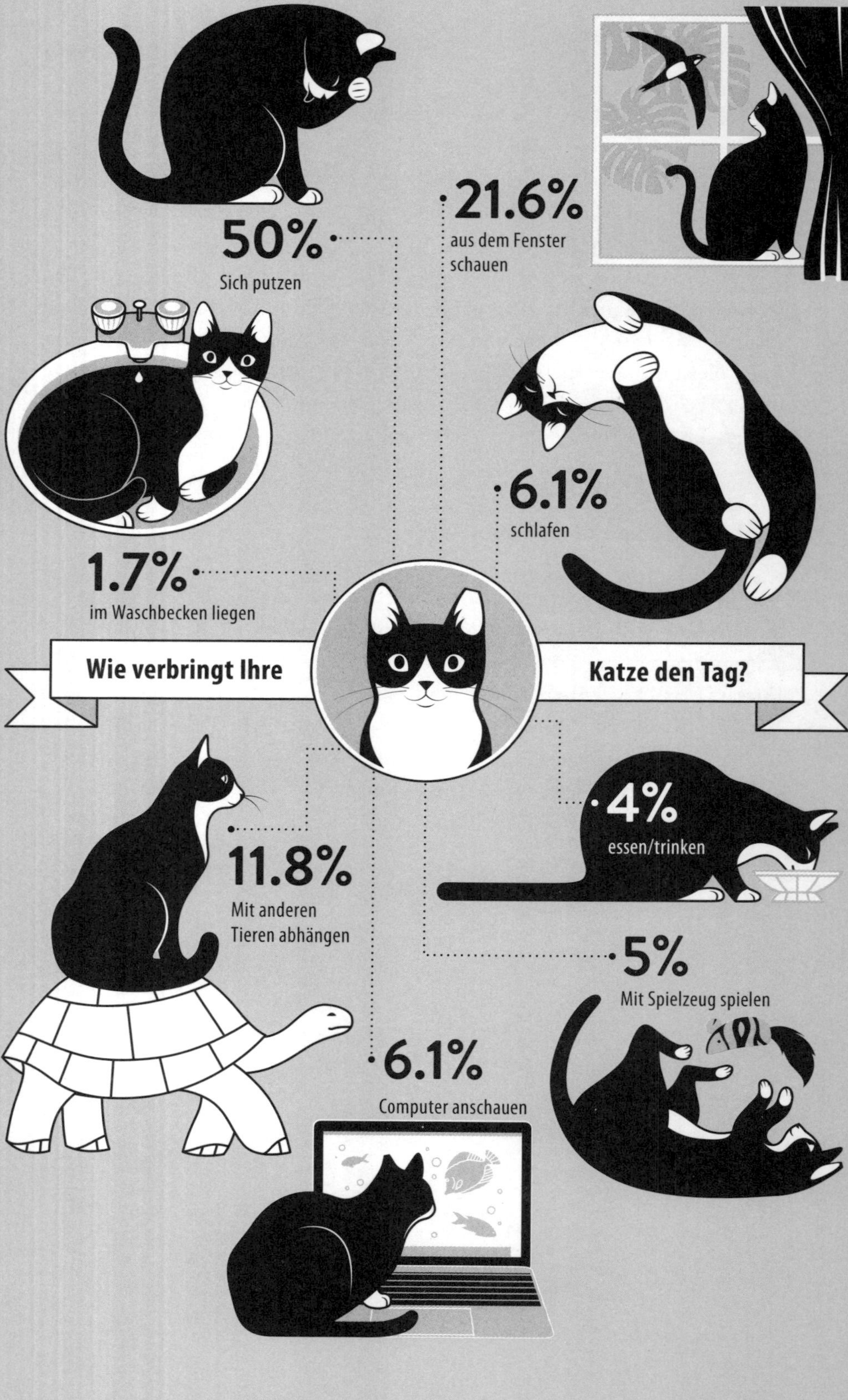

Wie verbringt Ihre
Katze den Tag?
50%
Sich putzen
21.6%
aus dem Fenster schauen
6.1%
schlafen
1.7%
im Waschbecken liegen
4%
essen/trinken
11.8%
Mit anderen Tieren abhängen
5%
Mit Spielzeug spielen
6.1%
Computer anschauen

Wie verbringen verwilderte Katzen den Tag?

- Verwilderte Katzen sind tag- und nachtaktiv, legen jedoch nachts längere Strecken zurück.

- Ihre größten Feinde sind Autos und Füchse.

- Ältere Männchen sind eher Teil eines Rudels, jüngere eher Einzelgänger.

- Sie verbringen 15 Prozent des Tages mit Jagen, wobei 30 Prozent ihrer 20–30 Jagdversuche erfolgreich verlaufen.

- Sie markieren Büsche, Bäume, Zäune etc., an denen sie oft vorbeikommen, sowie die Grenzen ihres Territoriums mittels Reiben, Kratzen und Sprühen.

- Sie haben Lieblingsplätze zum Sonnenbaden.

- Tagsüber halten sie sich in Büschen oder in Gräsern auf, um sich vor der Hitze, anderen Raubtieren und Menschen zu schützen.

Sind Katzen nachtaktiv?

Viele Menschen behaupten (wahrscheinlich, weil sie nachts von ihren hyperaktiven Katzen wachgehalten werden), dass Katzen nachtaktiv sind. Katzen sind vielleicht nachts aktiver als wir, aber nachtaktiv sind sie deswegen nicht, sondern eher dämmerungsaktiv. Ungeachtet anderer Einflüsse entspricht es also ihrem natürlichen Rhythmus, in der Morgen- und Abenddämmerung aktiv zu sein – genau wie ihre Beute.

Wie sie sehen, ist die Ur-Katze in jeder Katze putzmunter und informiert sie über jeden einzelnen Aspekt im täglichen JFTFPS-Rhythmus. Das ist aber noch längst nicht alles. Falls Sie sich je gewünscht haben, dass Ihre Katze Ihnen mitteilen könnte, was sie denkt – sie kann es, und sie tut es. Hören Sie einfach der Ur-Katze zu, um zu erfahren, was Ihre Katze zu sagen hat.

4

Kommunikation

Den Katzencode knacken

SEIT JAHREN HÖRE ich von Adoptiveltern, Kunden, *Katzenflüsterer*-Zuschauern und sogar von Fremden auf der Straße immer wieder dasselbe: meine Katze ist **undurchschaubar.** Und nicht selten knirschen dabei die Zähne oder schwellen Hals- und Stirnvenen an. Tja, manchmal geht es zwischen Katzen und ihren Hüter eben hoch her. Wenn wir nicht verstehen, was Katzen uns mit ihrem Verhalten mitteilen und es herausfinden wollen, jedoch nur diesen ausdruckslosen Blick zurückgespielt bekommen, dann kann dieser Blick schnell zur abstrusen Projektionsfläche werden. Sagen wir mal, Sie sitzen im Wohnzimmer und sehen fern. Ihre Katze kommt herein, schlendert zu ihrer Sporttasche – und pinkelt ohne Umschweife hinein. Was zur Hölle?! Was die Sache aber direkt noch schlimmer macht: *Sie.* Weil Sie schon lange zu ahnen glauben, was hier gespielt wird. („Ich hasse mein Abendbrot", „Ich hasse es, dass du mich jeden Tag zwölf Stunden alleine lässt", „Ich hasse deine neue Freundin", oder, wenn Ihre Projektionen bereits ein Fall für den Therapeuten sind: „Ich hasse dich.")

Je nachdem, wie bescheiden Ihr Tag bis dahin gelaufen ist, und vielleicht je nachdem, wie oft sie diese Nummer schon abgezogen hat, kann die Beziehung zu ihrer Katze plötzlich umschlagen – was sehr gefährlich ist. Ich habe in solchen Momenten wacklige Beziehungen wie Kartenhäuser zusammenstürzen sehen, und wenn das passiert … ist Ihre Katze schon mit einer Pfote aus der Tür. Ein grundlegender Teil meiner Arbeit ist es, diese Abwärtsspirale zu stoppen, bevor es zu spät ist. Wie gesagt, ich habe als Berater angefangen, als ich in einem Tierheim gearbeitet habe, am Telefon, und die Frage, was es kostet, seine Katze abzugeben, kam häufiger, als man denkt. Ich weiß also genau, wohin diese Spirale führt: in einen Käfig im Tierheim.

Vielleicht haben wir aber auch einfach nur so etwas wie eine Hundebrille auf und erwarten von unseren Katzen, dass sie mit uns auf eine Weise

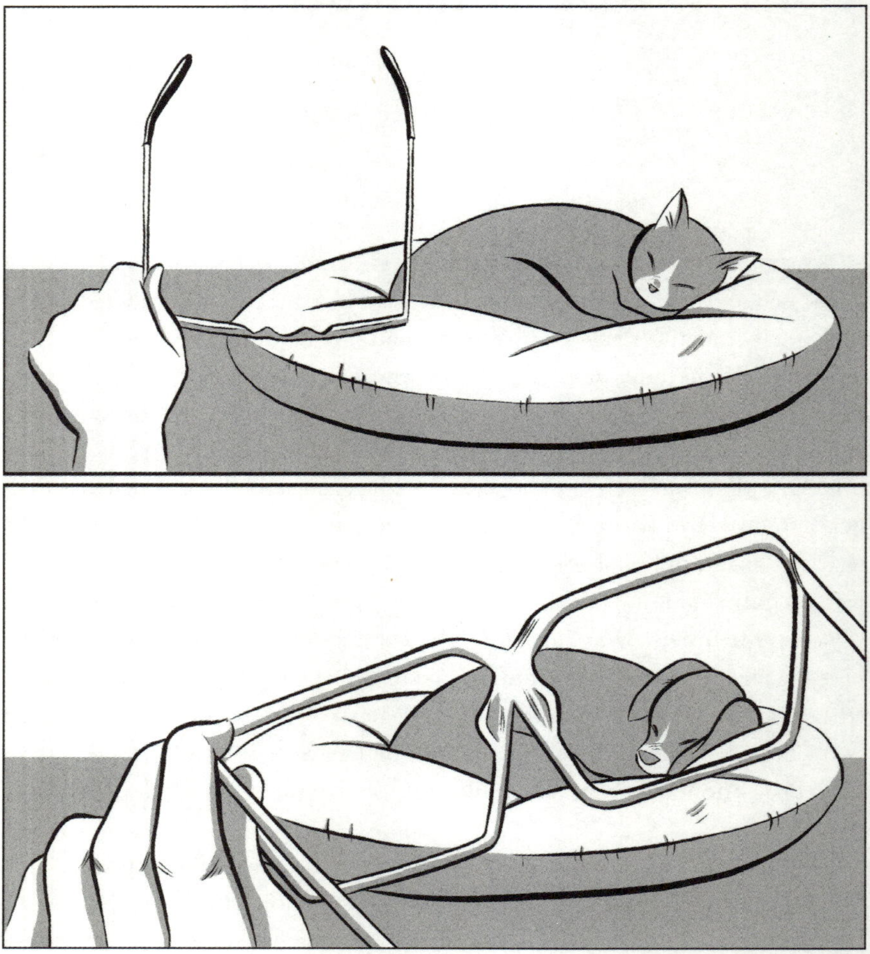

Durch die Hundebrille sehen

kommunizieren, die wir direkt verstehen. Wie Sie ja mittlerweile wissen, ist das komplette Gegenteil der Fall. Wir arbeiten im Vergleich seit Tausenden von Jahren mit Hunden, damit wir sie besser lesen können, und haben sogar Merkmale in sie *hinein*gezüchtet, um am Ende den Gefährten zu haben, den wir uns wünschen. In unserem Umgang mit Katzen hatte das jedoch nie Priorität. Bei Katzen ging es uns – und bitte vergessen Sie das nie – immer nur um den gegenseitigen Nutzen, weil wir sie als Kammerjäger schätzten etc. Zu glauben, dass unsere Katzen nach all der Zeit einfach so ihren Kommunikationsstil ändern würden, wäre daher ziemlich naiv.

Zwischen der Welt der Katzen und der Menschen, zwischen unseren Sprachen, verläuft ein Zaun, an dem wir uns *treffen* müssen. Hunde springen fröhlich über diesen Zaun hinweg, aber Katzen bleiben einfach davor stehen, weil das bisher Teil der Abmachung war.

Nichtsdestotrotz ist die Sprache von Katzen mindestens so eloquent wie die anderer Spezies. Wir müssen einfach nur lernen, hinzuhören. Von spezifischen Katzenlauten über Körpersprache bis hin zu Verhaltensweisen wie Urinmarkierungen – all das ist Sprache und wird, sobald wir sie erlernt haben, zu einer viel erfüllteren Beziehung führen, die nicht von Frustration bestimmt ist.

Also los, finden wir heraus, wie Katzen „sprechen“.

MEHR ALS NUR MIAU: DIE GESPRÄCHIGE KATZE.

Zwitschern, Trillern, Schnurren, Heulen, Fauchen und, natürlich, Miauen. Katzen können um die hundert Laute produzieren, mehr als jedes andere Raubtier (inklusive Hunde). Falls Ihre Katze eine Plaudertasche ist, können es sogar deutlich mehr sein. Aber was wollen uns unsere Katzen alles sagen? Lautäußerungen können freundlich sein, oder nicht, können „komm näher“ oder „bleib weg“ bedeuten, uns aus der Entfernung etwas mitteilen (im Gegensatz zur Körpersprache) und sogar Aufschluss über Größe und Kraft geben.

Lassen Sie uns drei Fakten bedenken: verwilderte Katzen sind für gewöhnlich stiller als domestizierte Katzen, Laute sind meistens an Menschen gerichtet, und die Gesprächigkeit kann variieren. Die Genetik kann jedoch auch eine Rolle spielen, da einige Rassen, wie Siamkatzen,

Orientalisch Kurz- und Langhaar und Abessinier, tendenziell lauter als andere Hauskatzenrassen sind. Wir können aber auch mit Sicherheit davon ausgehen, dass wir einen großen Anteil am Mitteilungsbedürfnis unserer Katze haben, schließlich sorgt ein einfaches Miau oft für Aufmerksamkeit, auf das mindestens genauso oft ein Leckerli, Streicheleinheiten oder sich öffnende Türen folgen. Interessanterweise miauen Katzen selten untereinander, es sei denn, sie sind verängstigt und auf der Suche nach ihrer Mutter.

Katzen kommunizieren mit *anderen* Lauten untereinander. Einige dieser Laute beginnen, wie ein Miau, mit geöffnetem Maul, das sich wieder schließt, zum Beispiel bei Heullauten oder Lockrufen, während bei unfreundlicheren Lauten das Maul geöffnet bleibt – dann hören wir das typische Jaulen, Knurren, Fauchen, Spucken und Schreien von Katzen, die kämpfen oder Schmerzen haben.

Die wahrscheinlich niedlichsten und freundlichsten Laute machen Katzen bei geschlossenem Maul, wenn sie schnurren, zwitschern oder trillern, um zu begrüßen oder Kontakt zu suchen.

WAS SOLL DAS GESCHNURRE?

Schnurren gehört zu den Mojo-Mysterien, die wir bis heute nicht vollständig durchdrungen haben. Für gewöhnlich handelt es sich um eine positive Rückmeldung, aber Katzen schnurren auch, wenn sie gestresst sind, Schmerzen haben oder im Sterben liegen. Wie auch immer, ziemlich sicher ist, dass Katzen nicht bewusst schnurren, sondern dass es sich um einen Reflex handelt: Das Gehirn sendet Signale an die Muskeln im Kehlkopf, die die Stimmbänder in einer Frequenz von etwa 25 Vibrationen pro Sekunde aktivieren, während die Katze ein- und ausatmet, und so dieses typische Brummen produzieren, das wir Schnurren nennen.

Mit ihrem Schnurren sorgt die Ur-Katzen-Mutter dafür, dass ihre Jungen in der Nähe bleiben, deren Schnurren ihr umgekehrt signalisiert, dass sie in der Nähe sind, und das Schnurren selbst sorgt für eine stärkere Bindung und setzt Endorphine frei, die die Kätzchen einlullen.

Schnurren hat eine heilende Wirkung, das es im selben Bereich (20 bis 140 Hz) wie Frequenzen liegt, die die Wundheilung unterstützen und die Knochendichte verbessern (zumindest bei Katzen, ob das beim Menschen auch funktioniert, konnte bisher nicht zweifelsfrei bewiesen werden). Es könnte aber erklären, warum verletzte oder kranke Katzen oftmals schnurren.

Eine Theorie besagt sogar, dass Katzen ihre Beute gefügig machen, indem sie beim Todesbiss schnurren. Vielleicht manipulieren sie auch uns … 2009 belegten Dr. Karen McComb und Kollegen in einer Studie, dass Menschen in der Lage sind, ein durch Hunger bedingtes Schnurren – das als „dringliches" Schnurren bezeichnet wurde – von einem nicht dringlichen Schnurren zu unterscheiden, da ein dringliches Schnurren höhere Frequenz-Komponenten beinhaltet, die wir als Hilferufe interpretieren und auf die wir mit verstärkter Aufmerksamkeit oder Futtergaben reagieren.

Katzen-Daddy-Fakten

Den Weltrekord für das lauteste Schnurren hält Smokey, eine englische Katze, die in einer Lautstärke von 67,7 dB schnurren konnte (was etwa der Lautstärke in einem Restaurant entspricht).

ZÄHNEKLAPPERN

Wir alle kennen das: Unsere Katze beobachtet wie gebannt einen Vogel durchs Fenster und fängt plötzlich an, wie verrückt zu klappern und zu keckern. Was zum Teufel?

Viele Katzen klappern mit den Zähnen, wenn sie Beute entdecken, an die sie nicht herankommen. Manche klappern sogar andere Katzen an. Eine Erklärung wäre, dass Ihre Katze frustriert ist, weil sie nicht an den leckeren Vogel herankommt, und eine andere, dass sie den sogenannten Todesbiss übt.

Am wahrscheinlichsten ist jedoch, dass sie ihre Beute nachahmen. Langschwanzkatzen, eine Wildkatzenart aus dem Amazonasgebiet, locken damit beispielsweise Tamarin-Affen an, um sie anzugreifen, wenn sie nah genug sind. 2003 belegte eine Schwedische Studie, dass Katzen sogar das Zwitschern, Piepen und Tschilpen von Vögeln nachahmen können. Macht ja auch Sinn, oder? Die Ur-Katze findet schließlich immer einen Weg, sich ihre Beute zu sichern, und was gestern noch der Wolf im Schafsfell war, ist heute die Ur-Katze im Vogelkleid. Wie auch immer, Zähneklappern gehört definitiv zu den Mojo-Mysterien und ist ein tolles Beispiel dafür, wie sich Katzen über bewusste Lautäußerungen das sichern, was sie gerade brauchen.

KÖRPERSPRACHE

Katzen verraten uns viel über ihre Körpersprache. Zwar hat jede Katze ihre eigene Art, ihre Gefühle auszudrücken – sprich wie zuversichtlich, entspannt, ängstlich, defensiv oder angriffsbereit sie gerade ist –, aber sie senden auch einige allgemeine Botschaften an uns Menschen oder an andere Katzen. Viele dieser Botschaften hat sie von der Ur-Katze geerbt, was für moderne Katzen manchmal aber auch eine Herausforderungen sein kann.

Der Schwanz

Katzenschwänze sind vielseitig einsetzbar; sie unterstützen beim Springen und Balancieren, können wärmen und schützen, und wenn Katzen sitzen oder gehen, kommunizieren sie damit. Da die Spitze frei beweglich ist, können sie damit unterschiedlichste Botschaften senden.

Im Ur-Katzen-Land (Grasland) bot die Position des Schwanzes direkten Aufschluss über die Befindlichkeit einer Katze. Stolziert sie mit erhobenem Schwanz durch die Gegend, ist Mojo-Zeit – ein erhobener Schwanz mit nach vorn gebogener Spitze bedeutet ein freundlich- verspieltes „Hallo“ oder ein „Komm mit, hier geht geht’s lang.“

Geht der Schwanz ein wenig runter, könnte sich das ändern, und ein „ambivalenter“ Schwanz senkt sich auf etwa 45 Grad.

Ein gerader, horizontal zum Boden verlaufender Schwanz gilt als neutral, freundlich, gegebenenfalls sondierend, und erfordert definitiv mehr Kontext.

Ein nach unten zeigender Schwanz kann verschiedene Funktionen haben. Wenn Katzen auf Beutezug gehen, senkt sich ihr Schwanz ein wenig, aber sie können sich damit auch kleiner machen, aus Angst oder zum Schutz. In Extremfällen kauern sie am Boden oder entfernen sich schnell und geduckt von der möglichen Gefahrenquelle.

Ein zwischen die Beine geklemmter Schwanz ist ein Ausdruck größer Angst.

Ein gesträubter Schwanz steht normalerweise für DEFCON 1 und kann offensiv oder defensiv sein, ist aber oft eine Reaktion auf etwas, das sie alarmiert.

Ein zitternder Schwanz, der aussieht, als würde Ihre Katze markieren, zeugt für gewöhnlich von freudiger Aufregung. Ich verstehe dieses „Pseudo-Markieren“ an oder in der Nähe von Menschen als eine besondere Form der Wertschätzung, und vermute, dass da territoriale Aspekte hineinspielen, die zwischen selbstsicher (Markieren) und unsicher (Urinieren) schwanken. Wie auch immer – ich habe gelernt, das als Riesenkompliment aufzufassen!

Ein peitschender Schwanz indiziert oft bevorstehendes aggressives oder defensives Verhalten, während kurze, zuckende Bewegungen auf Frustration oder Irritation hinweisen (mehr hierzu in Kapitel 7).

Nerd-Katzen-Ecke

Studien zum „erhobenen Schwanz“

2009 wurde im Rahmen einer Studie eine verwilderte Katzenkolonie über acht Monate beobachtet. In dieser Zeit konnte aggressives Verhalten inklusive Beißen, Starren, Verfolgen und Kämpfe, ausweichendes Verhalten wie Kauern, Rückzug und Fauchen, und freundliches

Verhalten wie Schnüffeln, Reiben und Präsentieren des erhobenen Schwanzes festgestellt und ausgewertet werden.

Der erhobene Schwanz richtete sich meist an aggressive Katzen und bedeutete wohl so viel wie „Ich komme in Frieden", um aggressives Verhalten bereits im Vorfeld zu beschwichtigen.

Um diesen freundlichen Ansatz weiter zu belegen, untersuchten John Bradshaw und Charlotte Cameron-Beaumont, wie Katzen auf Silhouetten von Katzen mit unterschiedlicher Schwanzposition reagierten, um herauszufinden, ob die Katzen auch auf andere Dinge wie Pheromone, Lautäußerungen oder andere Aspekte der Interaktion reagierten. Das Ergebnis? Die Katzen näherten sich den Silhouetten mit „erhobenem Schwanz" schneller und hoben ihrerseits den Schwanz, und reagierten bei Silhouetten mit „gesenktem Schwanz" mit einem zuckenden oder ihrerseits gesenkten Schwanz.

Die Ohren

Katzen können ihre Ohren minimal, schnell und voneinander unabhängig bewegen, weshalb sie als das aussagekräftigste Element ihrer Körpersprache gelten und die ersten Hinweise auf ihren Gemütszustand liefern können. Über 20 Muskeln sind am Spiel der Ohren beteiligt und sogar dann in Aktion, wenn sich Ihre Katze ausruht.

Aufgerichtete Ohren bedeuten, dass Katzen ihre Umgebung wahrnehmen und auf Geräusche reagieren. Bei entspannten Katzen sind die Ohren aufgerichtet und leicht nach außen gedreht, und drehen sie sie nach vorn, ist Ihre Katze alarmiert, vielleicht sogar frustriert.

Angelegte Ohren können viel bedeuten. Hängen die Ohren seitlich gedreht nach unten, ist Ihre Katze verängstigt, versucht aber noch,

Informationen auszuwerten. Generell gilt: je angelegter die Ohren, desto ängstlicher ist sie. Sind sie komplett nach hinten angelegt, fürchtet sie einen Angriff (und bringt schon mal ihre Ohren in Sicherheit).

Macht jedes Ohr sein eigenes Ding, wird es wieder ambivalent. Und so fühlt sich Ihre Katze in diesem Moment dann auch.

Die Augen

Die Pupillen weiten sich bei schwachen Lichtverhältnissen, aber auch, wenn sie in den Kampf-oder-Flucht-Modus schalten. Geweitete Pupillen lassen mehr Licht und damit mehr Informationen über die Umgebung ein (wenn Katzen Gefahr wittern, bedeutet „mehr Informationen" multiple Fluchtwege sichern), und je geweiteter die Pupillen, desto defensiver ist sie, während geschlitzte Pupillen eher positiv zu werten sind und auf eine entspannte Katze hinweisen.

Es geht jedoch nicht nur darum, wie die Augen aussehen, sondern auch darum, wie sie sie einsetzen. Ein starrer Blick ist zwar herausfordernd, aber wenn sich Ihre Katze dabei leicht ablenken lässt, wird sie es schon nicht so ernst meinen.

Katzen, die dem Blick einer anderen Katze ausweichen, machen das meistens aus einem bestimmten Grund – zum Beispiel, weil sie einer Konfrontation aus dem Weg gehen wollen.

Langsames Blinzeln ist ein Zeichen von Zufriedenheit und Entspannung ... weshalb wir es hervorrufen sollten, wenn wir unsere Katze begrüßen oder mit ihr kommunizieren. (Mehr hierzu im Abschnitt „Katzenbegrüßungen/Das langsame Blinzeln", Kapitel 11, Seite 246 ff.)

hängende Schnurrhaare

nach vorne gerichtete Schnurrhaare

Die Schnurrhaare

Schnurrhaare werden hauptsächlich genutzt, um haptische Informationen zu sammeln, liefern aber auch Aufschluss darüber, wie entspannt oder erregt unsere Samtpfote ist.

Bei entspannten Katzen hängen die Schnurrhaare normalerweise locker zur Seite, während ängstliche oder defensive Katzen sie flach zur Seite anlegen, als wollten sie sich „klein“ machen.

Nach vorne gerichtete Schnurrhaare deuten darauf hin, dass Katzen Informationen sammeln und feinste Luftbewegungen auswerten, und je weiter sie nach vorne zeigen, desto aufmerksamer sind sie. Sie können aber auch bedeuten, dass sie kurz davor sind, anzugreifen, eine Gefahr wittern oder einfach nur interessiert sind. Sprich auch hier zählt der Kontext.

Jedes Verhalten, jede Körperhaltung erfolgt aus einem bestimmten Grund. Versuchen Sie daher immer, alle Zusammenhänge zu sehen, wenn Sie Ihre Katze analysieren. Liegt sie gerade auf dem Sofa und ist entspannt? Starrt sie einer fremden Katze durchs Fenster hinterher? Kauert sie unter dem Bett? Werten Sie alles aus – Körper, Schwanz, Augen, Ohren und Schnurrhaare, ihr Territorium und alle, die sich darin aufhalten, ihre Lautäußerungen –, wirklich alles, sogar, was um welche Uhrzeit geschieht. Wenn es eines gibt, das ich bei der Auswertung von Katzensprache gelernt habe, dann, dass ohne Kontext gar nichts geht.

Körperhaltung

Im Vergleich zu anderen Tieren senden Katzen keine eindeutigen Signale, um Dinge wie „Tut mir leid“ zu sagen. (Wahrscheinlich, weil ihnen eine Entschuldigung sowieso nie in den Sinn käme.) Entsprechend wirkt sich diese kommunikative Defizit natürlich auf ihr Potenzial aus, Konflikte zu lösen. Aber wie kommen Katzen damit klar?

Schauen Sie sich noch einmal die Zeitleiste an … Katzen sind noch nicht lange „gesellig“, weder sich selbst noch uns gegenüber. Ihre Vorfahren waren es auch nicht, also lösen Katzen Konflikte, wie sie es immer getan haben: sie weichen ihnen aus und reagieren defensiv, und festigen Bindungen über einen Gruppengeruch oder Zeichen wie „erhobener Schwanz“ etc. Hat man diesen Aspekt ihrer Kommunikation erst einmal erkannt, dürfte nachvollziehbar sein, warum Katzen manchmal Schwierigkeiten miteinander haben.

Verärgerte Katzen haben zwei Möglichkeiten: Sie können sich größer machen, die Haare sträuben – und samt Buckel in die klassische Halloween-Haltung gehen. Diese Katzen sind hochgradig alarmiert und bereit, sich wenn nötig zu verteidigen. Gerade Beine, ein gesträubter Schwanz und ein nach oben gezogener Hintern sind als eindeutig offensiv zu verstehen und besagen so viel wie: „Na los, zeig, was du drauf hast!“

Katzen, die sich kleiner machen, wollen hingegen alles andere als bedrohlich wirken. Die Ohren zeigen nach hinten, die Schultern sind gekrümmt, sie kauern sich hin und klemmen alles ein. Werden sie in die Ecke gedrängt, können sie zwar angreifen, aber nur in der letzten Instanz.

Falls Sie jetzt glauben, dass Katzen nur defensiv miteinander umgehen, kann ich Ihnen eines versichern: Katzen können auch mit vollem Körpereinsatz freundlich sein, und zwar indem sie sich auf dem Boden rollen und reiben. Sprich nicht nur weibliche Katzen, die rollig sind, rollen sich, sondern auch Kater, und viele Katzen rollen sich in der Nähe von Katzenminze oder in der Gegenwart einer anderen (meist älteren) Katze. Genau wie der erhobene Schwanz, scheint das Rollen eine Botschaft zu übermitteln, wie: „Hey, ich bin eigentlich total nett“. Rollen bei feindseligen Begegnungen ist jedoch ausgesprochen selten.

„Bauch zeigen“ ist eine Spielaufforderung unter jungen Katzen, bei erwachsenen Katzen jedoch eher defensiv zu verstehen, da in dieser Position auch die Zähne und Krallen „gezückt“ sind. Sie mögen zwar nicht auf Ärger aus sein, sind aber bereit, sich wenn nötig zu verteidigen. (Mehr hierzu auf der nächsten Seite, im Abschnitt „Katzenknuddeln“.)

Gähnen und Strecken sind gute Indikatoren für entspannte Katzen. In diesem Fall klemmen sie die Pfoten unter den Körper und gehen in die „Hackbraten-Stellung“, wie ich gerne sage. Die Waffen sind nicht gezückt, und es besteht auch kein Grund, wegzulaufen oder sich zu verteidigen.

Eine andere entspannte Körperhaltung ist die „Sphinx“, wenn die Vorderbeine nach vorne ausgestreckt sind – diese Stellung inklusive schläfriger Augen, nehmen nur hochzufriedene Katzen ein.

Verwechseln Sie die letzten beiden Haltungen jedoch niemals mit einer geduckten Haltung, wenn Ihre Katze aus Anspannung einen Buckel macht oder sich auf ihre Vorderbeine aufstützt. Oft sieht man ihr die Spannung dann sogar im Gesicht an, oder sie blinzeln angestrengt. Katzen drücken so üblicherweise Schmerzen aus, und da sie Schmerzen so gut es geht verbergen, ist es umso wichtiger, auf ihre subtile Körpersprache einzugehen.

Ist Ihre Katze genervt?

Hüter glauben oft, dass ihre Katze „wegen nichts“ zubeißt, dabei warnen Katzen meistens wiederholt vor, auch wenn diese Warnungen recht subtil ausfallen können. Manche gehen einfach weg oder drehen ihrem Gegenüber den Rücken zu, um sich der Kommunikation zu entziehen, peitschen mit dem Schwanz oder zucken mit dem Po. Wenn sie wie zum Gruß die Pfote heben, kann das auch eine Warnung sein, im Sinne von: „Hey, ich mag das nicht, ein bisschen mehr Respekt, bitte, sonst bekommst du meine Zähne oder Krallen zu spüren.“

Mehr über Katzenwarnungen erfahren Sie im Abschnitt „Überstimulation“ (Seite 253–258).

Katzen-Daddy-Wörterbuch: Katzenumarmungen

Wenn Ihre Katze Ihnen ihren Bauch zeigt, spreche ich von einer Katzenumarmung. Und näher werden Sie einer solchen Knuddelei im Normalfall auch nicht kommen. Um diesen Moment vollständig auskosten zu können, müssen Sie verstehen, was es genetisch heißt, ein Beutetier zu sein. Wenn Katzen ihren Bauch „freilegen“, sagen sie: „Ich liefere mich dir gerade zu 100 Prozent aus. Du könntest jetzt deine Klauen nehmen und mich aufschlitzen und ausweiden. Das hier ist der verletzlichste Teil meines Körpers, und ich drehe mich für dich auf den Rücken und zeige ihn dir.“ Wie beim Rollen, zeigt sie Ihnen hier, dass sie Ihnen vertraut.

Ist das jetzt als Einladung zu verstehen, ihren Bauch zu berühren? Nein. Wenn Sie ihr Schutzbedürfnis als Beutetier respektieren und ihre subtile Körpersprache interpretieren können, werden Sie ihre Umarmungen aus der Entfernung genießen (es sei denn, Ihre Katze mag es, wenn Sie ihren Bauch streicheln. Doch da diese Position auch defensiv sein kann, ist es natürlich trotzdem schnell passiert, dass Ihre Katze unvermittelt zubeißt oder kratzt, weil sie sich von Ihrer Hand in der Nähe ihres Bauchs bedroht fühlt).

WIE KATZEN KOMMUNIZIEREN: GERUCHSSINN UND PHEROMONE

Da Katzen Lauerjäger sind, nutzen sie während der Jagd ihren Geruchssinn nur wenig und bevorzugen im Gegensatz zu Hunden, die ihre Beute über weite Strecken verfolgen, die kurze Distanz.

Dafür spielen Gerüche in ihrem Umgang miteinander eine umso wichtigere Rolle, vor allem, wenn man bedenkt, dass sie einen deutlich ausgeprägteren Geruchssinn haben als wir (65 Millionen Geruchszellen versus 5 bis 20 Millionen), und dass olfaktorische Informationen direkt auf den Bereich im Gehirn einwirken, der für Gefühle wie Angst und Affekte wie Aggressionen zuständig ist.

Katzen können auch Pheromone über ihr vomeronasales Organ (VNO), auch Jacobson-Organ genannt, wahrnehmen. Pheromone sind spezielle Botenstoffe zur Informationsübertragung innerhalb einer Art und liefern Aufschlüsse über Dinge wie Geschlecht, Fruchtbarkeit und Persönlichkeit. Vielleicht haben Sie schon einmal gesehen, wie Ihre Katze mit geöffnetem Maul schnüffelt oder „grimassiert“, was als Flehmen bezeichnet wird und bedeutet, dass Ihre Katze gezielt Pheromone wittert (für gewöhnlich über den Urin anderer Katzen). Auf diese Weise finden sie heraus, wer in der Gegend war und *wann,* in welcher Verfassung er oder sie war, ob man sich kennt oder es sich um einen Eindringling handelt, ob der- oder diejenige rollig ist, kastriert etc. – alles Informationen, die Katzen dabei helfen, möglichen Konflikten aus dem Weg zu gehen.

Urinmarkierungen sorgen für viel Geschnüffel, vor allem, wenn es sich um den Urin einer fremden Katze handelt. Fremder Urin veranlasst Katzen jedoch nicht zwangsläufig dazu, ein Revier zu verlassen – es heißt also nicht zwangsläufig „Zutritt verboten!“

Pheromone

Katzen hinterlassen „Pheromonbotschaften“ über Duftdrüsen, die sich an zahlreichen Körperstellen wie Schläfen, Kinn, Wangen, Pfotenballen, Rücken und Schwanz befinden, indem sie sich an Gegenständen oder Personen reiben. Die unterschiedlichen Funktionen dieser Pheromone zählen ebenfalls zu den Mojo-Mysterien, allerdings konnten drei Gesichtspheromone näher bestimmt werden.

Das Pheromon F2 informiert über die Paarungsbereitschaft von Katern; das Pheromon F3 wird durch Reiben von Wangen oder Kinn an Gegenständen freigesetzt und hilft bei der Sicherung des Territoriums; und das Pheromon F4 ist ein sogenanntes Wohlfühlpheromon, mit dem Katzen ihnen bekannte Menschen, Katzen und andere Tiere markieren. F4 reduziert Aggressionen und unterstützt die Wiedererkennung.

Die Art, wie sich Katzen beim Markieren reiben, kann zudem Aufschlüsse über ihre emotionale Verfassung liefern. Das Reiben der Wangen drückt für gewöhnlich Vertrauen aus, und „Köpfchengeben" ist als kleiner Liebesbeweis zu verstehen.

Kratzen kann eine weitere Art der territorialen Duftmarkierung darstellen, zum Beispiel, um „alarmierende" Pheromone abzugeben.

Urinmarkierungen gehören einerseits zum Sexualverhalten und können andererseits eine Reaktion auf territoriale Veränderungen (wie neue Tiere oder Objekte) sein. Urinmarkierungen sind vollkommen normales, aber das komplette Gegenteil von Gesichtsmarkierungen – sie sind quasi die napoleonische Antwort auf die Angst vor Gebietsverlusten.

Die Ur-Katze verbindet alle Katzen miteinander. Diese Bindung ist jedoch längst nicht alles. Lassen Sie uns daher nun unsere allgemeinen Erkenntnisse über Katzen vertiefen und herausfinden, was *Ihre* Katze so besonders macht.

5

Die Mojo-Archetypen und ihre Komfortzone

ICH HOFFE, ICH konnte Ihnen soweit ein verständliches, vollständiges Bild von Katzen zeichnen. Von allen Katzen. Davon, wie sie – draußen, von allen Einschränkungen Ihrer vier Wände befreit und im Kontext ihres Ur-Katzen-Lebens – mit den Werkzeugen, die ihnen die Evolution mit auf den Weg gegeben hat, ihren Alltag meistern und geradezu reflexartig ihr Katzen-Mojo aktivieren. Lassen Sie uns nun dieses allgemeine Katzenwissen auf *unsere* Katze übertragen, indem wir über die Ur-Katze das Beste aus unseren Gefährten herausholen und versuchen, herauszufinden, wie wir ihr Mojo in ihrem Territorium maximieren und unsere Beziehung zu unserer Katze im Alltag verbessern können.

DIE MOJO-ARCHETYPEN

Um ehrlich zu sein, war ich noch nie ein Fan von Typisierungen, von Reduktionen auf einige wenige Merkmale. Genau aus diesem Grund bezeichne ich mich auch nicht mehr als „Katzenforscher". Viel zu reduktiv! Das klingt ja so, als würde ich einfach nur einen vierbeinigen Sack voller Symptome betrachten und die Puzzleteile neu arrangieren, bis sich alle

Verhaltensweisen nahtlos zusammenfügen. Würde es Sie nicht auch stören, wenn sich Ihr Therapeut als Menschenforscher bezeichnen würde? Klingt ziemlich unterkühlt, oder?

Trotzdem habe ich leider nicht die Zeit, jede Katze so gründlich kennenzulernen, wie ich es gerne würde. Ich habe nur wenige Stunden, um allen guten Tag zu sagen, die Umgebung und die Familiendynamik zu erfassen, gemeinsam Grenzen zu ziehen, eine Diagnose zu erstellen, Hausaufgaben zu geben und Resümee zu ziehen. Am Ende steht jedoch immer, das Mojo in jeder Katze aufzuspüren, ohne sie in eine Schublade zu stecken, denn nur so finden wir heraus, wie wir ihr helfen können.

Katzen-Mojo beginnt immer mit einem selbstbewussten Territorialanspruch, doch wenn wir soweit sind, die Messlatte höher zu stecken, geht es nicht mehr nur um Anspruch, sondern um *Stolz*, und nicht mehr nur um Territorium, sondern um *Zuhause*. Um unsere Ziele klar formulieren und umsetzen zu können, müssen wir jedoch zuerst wissen, wo genau sich unsere Katze auf der Mojo-Skala befindet. Und darum habe ich die Mojo-Archetypen entwickelt. Darf ich vorstellen: die Mojito-Katze, die Napoleonkatze und das Mauerblümchen.

Die Mojito-Katze

Sie haben neue Nachbarn und werden einige Wochen nach Einzug zu einem kleinen Umtrunk eingeladen, zum Kennenlernen sozusagen.

Sie klopfen an die Tür und werden so überschwänglich begrüßt, dass es Sie fast umhaut. Die Hausherrin strahlt von einem Ohr zum anderen, nennt Sie beim Vornamen und drückt Sie an sich, als würden Sie sich schon seit Jahren kennen, während sie mit der freien Hand ein Tablett mit verschiedenen Getränken balanciert.

„Mojito?“, fragt sie. „Wir haben unterschiedliche Geschmacksrichtungen, dieser hier schmeckt zitroniger, dieser nach Gurke, und dieses Glas hat sogar einen Salzrand."

Sie schweigen, weil Sie immer noch verblüfft sind. Die Hausherrin lacht, weil sie Ihre Irritation spürt, reicht Ihnen aber einfach eines der Gläser und zieht sie in die Wohnung.

„Kommen Sie, ich führe Sie herum …"

Als Erstes zeigt Sie Ihnen die Urlaubs-, Geburtstags- und Hochzeitsfotos auf dem Kaminsims. Sie greift nach einer vergilbten Aufnahme, fährt liebevoll darüber und erzählt Ihnen von ihrer besonderen Beziehung zu ihrer Großmutter. Sie verdrückt ein paar Tränen … und die Tour geht weiter.

Sie zeigt ihnen jeden Winkel. So unglaublich es klingt, sie hat zu allem eine Geschichte auf Lager, und während Sie ihr zuhören, fangen Sie an, sich immer wohler zu fühlen.

Einen Moment … Sie bleiben wie angewurzelt stehen … Diese Leute sind *gerade* erst eingezogen? Das kann nicht sein! Es sieht so aus – und *fühlt* sich auch so an –, als würden sie seit Jahren hier wohnen. Das Gefühl rührt nicht nur von der Einrichtung – dem Nippes, den Möbeln und sogar den Magneten und To-do-Listen am Kühlschrank –, sondern geht tiefer … Es ist die *Atmosphäre.* Vor zwei Wochen, denken Sie fast ehrfürchtig, standen noch die Umzugswagen vor der Tür, und heute stehen Sie schon in einem richtigen Zuhause.

Die Hausherrin mit dem gewissen Etwas rennt auch nicht wie aufgescheucht herum, wie Sie weiter feststellen, versucht niemanden zu beeindruckten und schiebt auch nicht nervös Untersetzer unter die Mojitos. Sie begreifen, dass ihre Ungezwungenheit frei von jeglichem Imponiergehabe ist. Sie sucht nicht nach Anerkennung, sondern möchte Sie einfach nur kennenlernen. Da ist nichts Künstliches dabei. Und der zügige Abgang, den Sie geplant hatten? Gehört der Vergangenheit an. Warum? Na, weil Sie bleiben möchten!

Und *jetzt* stellen Sie sich vor, die Hausherrin wäre eine Katze.

Sie betreten ihr Zuhause, und schon kommt sie Ihnen mit erhobenem Schwanz und durchgedrückter Brust aus der Mitte des Raums entgegen.

Ihre Ohren sind interessiert nach vorn gerichtet, aber ohne nervös in alle Richtungen zu zucken, als wollte sie herausfinden, was der Neuankömmling will. Ihre Augen sind ebenfalls nach vorn gerichtet, aber zum Gruß und nicht, um hinter Ihnen nach Fluchtwegen zu suchen. Statt ein Tablett mit Getränken zu halten, bewegt sich die Mojito-Katze in Achtern um Ihre Beine und die aller anderen, die ihren Weg kreuzen. Als sie nach unten greifen, um sie zu begrüßen, reibt sie ihr Köpfchen gegen Ihre Finger und nimmt gleichzeitig Kontakt zu einer weiteren Person auf, genießt und markiert diese ebenfalls voller Selbstvertrauen zu einer wandelnden Duftmarke. Als Sie das Wohnzimmer betreten, steigt sie auf die dritte Stufe ihres Kratzbaums neben der Tür, um Ihnen zu zeigen, dass sie den Überblick hat und stolz auf ihr Reich ist. Sie gehen weiter in die Küche, und sie flitzt voraus und bedient sich aus ihrem Napf, während Sie sich unterhalten, und wenn Sie zurück ins Wohnzimmer gehen, reagiert sie sich schnell an ihrem Kratzbaum ab und markiert Sie bei jedem Stopp auf ihrer „Tour" neu ... bis Sie sich schließlich auf ihr Sofa pflanzen und Madame auf oder neben Ihnen einschlummert.

Die Mojito-Katze steht in der Mitte der Mojo-Skala. Sie ist voller Selbstbewusstsein und muss nichts beweisen; sie ist Tony Manero, der durch Brooklyn stolziert. Ihre Liebe, ihr Stolz und ihr unbestrittener Herrschaftsanspruch über ihr Territorium machen den Ort zu ihrem Zuhause. Und genau das macht die Mojito-Katze aus: Sie liebt ihr Revier so sehr, dass sie es einfach nur *teilen* will. Und so, Leute, sieht Katzen-Mojo in Reinform aus.

Die Moijto-Katze ist das Zentrum, der Planet, um den die anderen beiden Archetypen kreisen. Während sie selbstbewusst genug ist, uns ihr Heim zu zeigen und ihre Reichtümer mit uns zu teilen, sind die anderen beiden schrecklich verunsichert. Statt sich ihres Herrschaftsanspruchs gewiss zu sein, haben sie panische Angst, dass man ihnen alles wegnehmen könnte, oder fürchten, dass sie es nicht wert sind – oder jemals waren –, irgendwelche Ansprüche zu erheben. Und damit wären wir auch schon bei unserem zweiten Archetypen.

Die Napoleonkatze (alias der Überleister)

Ich bin zu einer Zeit in New York City aufgewachsen, als Gangs das Stadtbild beherrschten und so normal waren, dass Eltern ihren Kindern früh erklären mussten, wo es sicher war, und wo nicht.

Als ich eines Tages im Bus eingeschlafen und etwa zwanzig Blocks zu weit gefahren war, stieg ich alarmiert aus, um den nächsten Bus zurück nach Hause zu nehmen. Doch als ich die Kreuzung überquerte, wurde ich ... von einem Jungen angehalten. Er war höchstens in meinem Alter, also vielleicht 13. Ich weiß nicht mehr, zu welcher Gang er gehörte, aber ich wusste, dass er einer angehörte. Warum? Ganz einfach, weil er eine ärmellose, ausgefranste Jeansweste trug, auf der vorne und hinten groß der Name seiner Gang stand. Der Junge baute sich also vor mir auf, drückte die Brust durch und verschränkte die Arme.

„Weißt du, wo du hier bist?“, fragte er, das Gesicht nur wenige Zentimeter von meinem entfernt, und zeigte auf einen riesigen „Tag“ – den in weißer Farbe auf die Seite eines Backsteingebäudes gesprühten Namen seiner Gang.

Ich weiß noch, dass ich total verwirrt war und keine Ahnung hatte, was er von mir wollte. Wahrscheinlich dachte ich, dass er gleich eine Waffe ziehen wurde, weil sich das so gehörte, aber das tat er nicht. Er stand einfach nur vor mir, angriffslustig und die Augen zu schmalen Schlitzen verengt.

Der Junge wollte mich natürlich nicht umbringen, wurde aber mit jeder weiteren Sekunde, die ich nicht verstand, ungeduldiger. Er wollte mir auch nicht den Zutritt zu seinem Revier verwehren (schließlich gehörte ich ja nicht zu einer rivalisierenden Gang), aber ich sollte gefälligst würdigen, wem diese Ecke gehörte. Trotz meiner Nervosität war ich beeindruckt, wie jung und zugleich einschüchternd er auf mich wirkte. Jungs wie er waren absolute Meister darin, mit nichts als ihren überkreuzten Armen, ihrer durchgedrückten Brust und ihrer Gangkluft eine Atmosphäre der Angst zu schüren.

Damals gab es sehr viele Gangs, die diesen im Stich gelassenen Kids, die auf der Suche nach einer Familie und Zugehörigkeit waren, ein Zuhause boten, und wenn ein paar Tage später eins dieser Kids hier aufschlug, war klar, dass es den Tag mit dem Namen seiner eigenen Gang übersprühen würde, den dieser Junge dann direkt wieder übersprühen würde, weil das *sein* Revier war, und er gegnerischen Gangs und der Welt im Allgemeinen mitteilen *musste*, dass diese Wand, dieser Block, dieses Viertel ihnen gehörte ... vergesst das ja nicht.

Ich wollte ihm antworten, wirklich, ... aber ich konnte nicht. Stattdessen stellte ich mich auf Gewalt ein. Ich spannte jeden Muskel an und versuchte, genauso hart zurückzustarren, fühlte mich aber total hilflos. Als ich um ihn herumgehen wollte, schob er sich einfach vor mich, und als ich die Richtung wechselte, verstellte er mir erneut den Weg. Ich weiß nicht mehr, was ich danach tat, aber ich muss wohl so hilflos gewirkt haben, dass er mich tatsächlich auslachte. Er warf den Kopf in den Nacken und lachte lauthals los. Sein Gegacker nahm mir den letzten Rest meiner Würde, und als er mich wie eine Küchenschabe zertreten, seinen Stolz befriedigt und seinen Territorialanspruch zweifelsfrei durchgesetzt hatte, ließ er mich endlich vorbei.

In gewisser Weise hatte dieser Junge seinen Herrschaftsanspruch mittels Einschüchterung und Erniedrigung durchgesetzt, doch bevor er sich seine Krone aufsetzen konnte, musste er mich erst komplett vernichten; ein Instinkt, der typisch für Gangs ist. Was dieser Junge mit mir gemacht hatte, machten Gangs mit ganzen Vierteln, deren kollektives Mojo unter den Überfällen, dem endlosen Getagge und den Auseinandersetzungen, die ganze Blocks auseinanderriss, litt.

Auch wenn der Napoleon-Komplex keine anerkannte Krankheit ist, findet dieser Begriff doch immer wieder Verwendung, zum Beispiel, um „Überleister“ wie dieses Gangmitglied zu beschreiben, die im Grunde selbst total verunsichert sind, kein Vertrauen in ihren Territorialanspruch haben, dabei das Ziel aus den Augen verlieren und anderen erst alles wegnehmen müssen, bevor sie einen Raum besetzen können. Napoleon-Anwärter gibt es überall – in Form von Fundamentalisten, die Kulturdenkmäler zerstören, Anführern, die lieber eine Politik der verbrannten Erbe betreiben, als ihren Machtanspruch zu verlieren ... Nach dem Motto „was ich nicht haben kann, bekommt niemand".

Das alles trifft auch auf die Napoleonkatze und ihre *Anti-Mojo-Haltung* zu, die Ihnen, sobald Sie einen Fuß in ihr Revier setzen, mit nach vorne gerichteten Ohren, starren Augen und vielleicht sogar einer geduckten oder gar aggressiven Haltung begegnen wird. Ihr erster Gedanke: „Wer bist du und was willst du mir wegnehmen?" Wie ihr namensgebender Komplex schon besagt, fürchtet sie nichts mehr als eine feindliche Übernahme und überkompensiert, indem sie in ihrem Territorium andere (das gilt für Menschen und Tiere) selbst dann noch hinterrücks überfällt, wenn diese längst ihren Anspruch auf den Thron abgetreten haben.

Wenn Katzen die Arme verschränken könnten – die Napoleonkatze würde es machen. Statt Sie an der Tür mit einem Mojito zu begrüßen, würde sie sich wie dieses Gangmitglied aus meiner Jugend mitten in den Eingang oder direkt vor Ihre Füße pflanzen. In ihrer Welt werden Graffiti allerdings nicht mit Farbe, sondern mit Urin gesprayt, und ihr mangelndes Mojo wird immer dann offenkundig, wenn sie loslegt und *alles* einsprüht, Wände, Fenster, Türen ... als wollte sie sagen: „Wenn ich diese Burg schon beschütze, dann kommt da auch ein verdammter Wassergraben hin!"

Interessanterweise stelle ich, seit ich vor Jahren die Archetypen definiert habe, in meinen Einzelsitzungen immer wieder fest, dass Napoleonkatzen nur wenig Liebe und Empathie erfahren. Wenn wir aber möchten, und davon gehe ich aus, dass unser kleiner Napoleon ins Zentrum rückt, ins Herz unserer Mojo-Skala, braucht es alle Empathie, die wir aufbringen können. Wir können sie uns nicht einfach für unseren letzten Archetypen aufsparen ...

Das Mauerblümchen (alias das Opfer)

Obwohl das Mauerblümchen ein relativ selbsterklärender Archetyp ist, weiß man spätestens dann Bescheid, wenn Besuch vorbeikommt: „Ach, ihr habt zwei Katzen? Ich dachte, ihr hättet nur eine!“ Mauerblümchen verstecken sich nämlich gerne in Schränken oder unter Betten, mit dem erklärten Ziel, möglichst unbemerkt zu bleiben.

Mauerblümchen hoffen, gar nicht erst wahrgenommen zu werden, wenn sie einen Raum betreten. Während der Überleister quer im Türeingang liegt und die Mojito-Katze herumstolziert und „Was geht?!“ ruft, verschmilzt das Mauerblümchen lieber mit der Wand und würde niemals in die Mitte des Raums spazieren. Sie sagt Dinge wie: „Ja, ja, ich weiß, das gehört alles dir ... kein Problem. Ich will nur mal kurz aufs Klo, wenn ich darf. Lass dich nicht stören, ich schau dich auch nicht an und bin gleich wieder weg. So, schon fertig. Tschüs.“ Ein letzter, herzerweichender Blick über die Schulter, und schon huscht sie mit eingeklemmtem Schwanz aus dem Raum oder, auch typisch, *robbt* zur Tür.

Ironischerweise führt gerade dieses Anti-Mojo-Verhalten – das An-den-Wänden-Entlangschleichen, das Vermeiden von Konfrontationen um jeden Preis, das oftmals übersteigerte Ängstlich-Schüchterne – dazu, dass Mauerblümchen in Mehrkatzenhaushalten in die Rolle des Opfers gedrängt werden und sich in Schränken, unter Betten oder auf Regale und Kühlschränke verschanzen. In extremen Fällen trauen sich die „Ausgestoßenen“ nicht einmal mehr aus ihrer Sicherheitszone heraus und verrichten dort am Ende sogar ihr Geschäft.

Wie ihr Gegenstück, die Napoleonkatze, sind auch Mauerblümchen *anti-mojo*, nur dass sie defensiv statt aktiv agieren, egal, ob die Bedrohung real ist oder eingebildet.

Unser Ziel ist jedoch, dass alle Katzen zu ihrer Version der Mojito-Katze finden, indem wir auf ihre Ängste eingehen und das Beste aus ihnen herausholen. Doch manchmal stehen wir uns bei dem Versuch, diese beiden Archetypen sicher ins Mojito-Land zu führen, selbst im Weg – zum Beispiel,

wenn wir wütend auf die Napoleonkatze werden oder Mitleid mit dem Mauerblümchen haben, oder wenn wir die eine in einen anderen Raum sperren, damit sie niemanden unterdrücken kann, und die andere verhätscheln, indem wir sie an ihren „sicheren Orten" unter dem Bett oder auf dem Kühlschrank mit Leckerli versorgen, oder ihr den Schrank gemütlich einrichten. Wie heißt es so schön: „Der Weg zur Hölle ist mit guten Vorsätzen gepflastert." Ins Mojito-Land gelangt aber nur, wer alle Prüfungen besteht …

ZUHAUSE MIT DER UR-KATZE

In der Wildnis definieren sich Territorien nicht über Wände, Türen oder Fenster. Katzen ziehen ihre eigenen Grenzen und halten sich vornehmlich in einem Kernbereich auf, den sie als ihr Zuhause betrachten, während die gesamte Größe ihres Territoriums von verschiedenen Faktoren abhängt, zum Beispiel, ob es sich um eine Katze oder einem Kater handelt, wie viel Beute zur Verfügung steht, welche anderen Räuber unterwegs sind, wie viele potenzielle Geschlechtspartner es gibt und wie viel direkte Konkurrenz herrscht.

Katzen markieren den Raum, den sie besetzen, mit Territorialmarkierungen. Dieser territoriale Anspruch ist jedoch nicht das einzige, was alle Katzen, vom Löwen bis zur Hauskatze, eint, sondern auch, *wie* sie ihn zum Ausdruck bringen – und zwar, indem sie mit **Wegmarkern** wie Urin, Kratzen oder Reiben der Wangen und/oder anderer Körperteile, die Duftdrüsen haben, und manchmal sogar mit Kot ihr Revier regelrecht ausschildern.

Die Ur-Katze in unserer Katze hinterlässt Kratzspuren, um ihre üblichen Pfade zu markieren, reibt ihre Wangen an Zäunen oder heruntergefallenen Ästen und setzt Urin an markanten Stellen wie Baumstümpfen ab, um die ungefähren Grenzen ihres Territoriums abzustecken. Wie im letzten Kapitel erwähnt, bedeuten Markierungen meistens „Ich lebe hier" und nicht zwingend „Bleib weg!“, während Urinmarkierungen zusätzlich darüber informieren, wann eine Katze an einem bestimmten Ort war, und sich häufen, wenn sie paarungsbereit ist.

Sinn und Zweck dieser Wegmarker ist, ein friedliches Miteinander zu garantieren. Sie sind wie Textnachrichten („Hey, ich bin immer von 14:00 bis 16:00 Uhr hier, okay?“) und passen zu ihrer Art, Konflikten aus dem Weg zu gehen, alleine zu jagen und nur Zeit miteinander zu verbringen, wenn es nötig ist. Klappt das nicht – brechen Kämpfe aus. Markierungen definieren, wie, wann und wo Katzen leben, und genau deswegen sind sie so wichtig – vor allem, wenn *wir* ihre Grenzen bestimmen, indem wir sie im Haus halten.

DIE KOMFORTZONE

Katzen nehmen Territorien umfassender wahr als andere Spezies (inklusive uns Menschen). Wenn wir Zweibeiner zum Beispiel einen Raum betreten, interessieren wir uns vor allem für seine „horizontalen“ Vorzüge – für die besten Sitzgelegenheiten, den besten Platz vor dem Fernseher oder Fenster und vielleicht sogar für den praktischstes Ort, um unseren Geldbeutel und Schlüsselbund abzulegen.

Im Vergleich nehmen Katzen jeden Quadratzentimeter unter die Lupe, vom Boden bis zur Decke, und werten aus, wo sich die besten Ruheplätze befinden, wo die günstigsten Aussichtspunkte, um das Hin und Her der anderen zu beobachten, und wo die geeignetsten Stellen, um Beute aufzulauern oder sich vor der Welt zu verstecken.

Das Mojo unserer Katze hängt also auch von dem Gefühl ab, sich zuhause zu fühlen – so wie das Mojo eines Baseballspielers nicht nur von *seinen* täglichen Drei Rs abhängt (in seinem Fall vielleicht vom Schlagtraining, von der Physio und vom Überstreifen der Baseballuniform), sondern auch davon, wo er diese Rituale ausübt – im Baseballstation. Oder was, wenn wir Tony Manero von Brooklyn nach Manhattan verpflanzen würden … hätte er dann noch immer sein Mojo? Wohl kaum.

Genauso geht es beim Mojo unserer Katze nicht nur um die Jagd, sondern auch um ihr Territorium und die Orte, an denen sie bisher erfolgreich war und Selbstbewusstsein getankt hat. Jede Katze hat dabei ihre Lieblingsorte, die ich **Komfortzonen** nenne. Unsere Aufgabe ist es, diese Orte zu finden und sie dort zu bestärken, damit sie sich voll entfalten und der Welt die Stirn bieten kann. Dafür müssen wir nur hinsehen. Wenn Ihre Katze einen Raum betritt, wo schaut sie hin? Viele Katzen kommen erhobenen Hauptes herein und fixieren einen Punkt in der Höhe, als wollten sie sagen: „Dort! Dort möchte ich hin!“ Meistens befinden sich diese mojofizierten Orte in der Vertikalen, und erst wenn Sie herausgefunden haben, welche Ihre Katze am liebsten „bewohnt“, werden Sie in der Lage sein, nicht nur ihr Territorium, sondern auch Ihre Katze nachhaltig zu mojofizieren.

ACHTEN SIE AUF DIESE DREI KATEGORIEN:

Arten des Bewohnens

Buschbewohner sind Katzen, die unter Wohnzimmertischen oder hinter Pflanzen lauern. Sie sind meistens im Ur-Katzen-Modus und wollen jagen oder mit einem Satz zuschlagen. Buschbewohner haben gerne alle vier Pfoten fest auf dem Boden.

Baumbewohner trifft man überall an, nur nicht am Boden. Sie stärken ihr Selbstbewusstsein, indem sie von weit oben alles überblicken. Dabei sitzen sie nicht unbedingt auf einem Dachbalken, aber mindestens auf einem Stuhl oder der Couch.

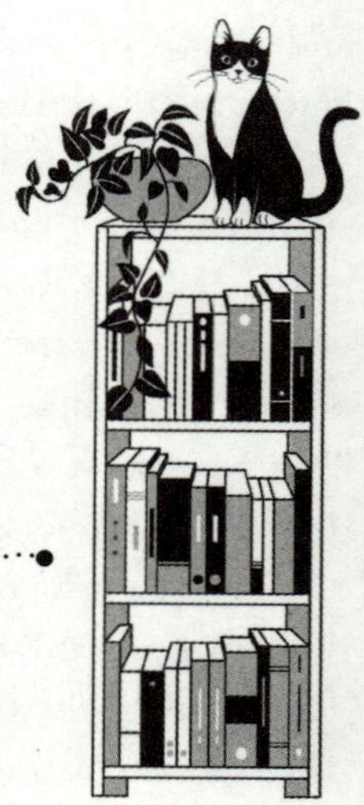

Strandbewohner haben ebenfalls gerne alle vier Pfoten fest auf dem Boden, doch statt sich unter einem Wohnzimmertisch zu verstecken, lungern sie eher herum und bevorzugen „freies Gelände“. Über diese Katzen stolpern wir gerne. Ihre Message an uns: „Geh doch um mich herum.“

Bevor Sie Ihre Katze jedoch als Busch-, Baum oder Strandbewohner abstempeln, sollten Sie den Unterschied zwischen „lungern“ und „verstecken“ kennen. Lungernde Katzen erkennen Sie an an ihrer Körperhaltung: ihre Ohren sind nach vorne gerichtet und ihr Blick schweift mehr oder weniger aufmerksam umher.

Wenn sich Katzen verstecken, sieht das ganz anders aus. Dann machen sie sich klein und unsichtbar. Ich nenne das ihre **Unkomfortzone.** Kauern hat nichts mit Bequemlichkeit, und Schutzsuche nichts mit Selbstbewusstsein zu tun. Wenn sich Ihre Katze die ganze Zeit versteckt oder unter dem Bett verschanzt, ist sie noch lange kein selbstbewusster Buschbewohner. Genauso wenig ist sie ein Baumbewohner, nur weil sie mittlerweile auf dem Kühlschrank lebt. Apropos **Kühlschrank** … Auch wenn uns bei dem Anblick immer weich ums Herz wird, ist es unsere Aufgabe, das triste Dasein, das unsere Katze da oben fristet, schnellstmöglich zu unterbinden. Und wenn Ihre Katze Ihnen mitteilt, dass sie nicht *gerne* da oben ist, sondern nicht mehr anders *kann* – und Sie sie dort auch noch füttern –, dann haben Sie die Situation falsch interpretiert. Ihre Katze *entzieht* sich nämlich gerade (meistens anderen Tieren oder Menschen) und fühlt sich deswegen dort oben sicherer, weil sie das Gefühl hat, dass der Boden mit Tretminen gespickt ist …

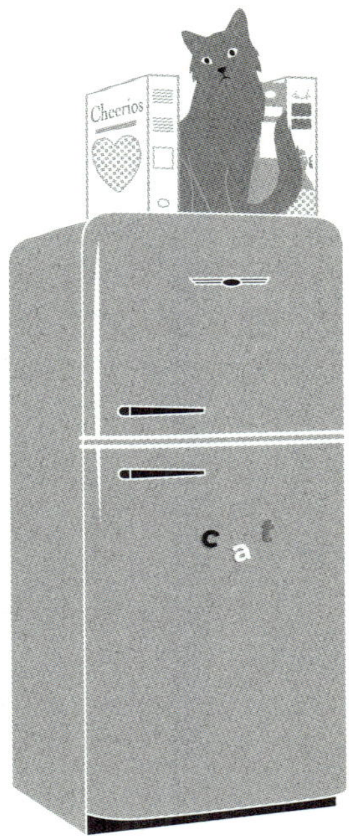

Höhlen sind andere Orte, an denen sich Katzen verstecken. Ich spreche in solchen Fällen gerne von „einhöhlen“. Oft unterstützen wir sie sogar dabei, indem wir sie unter dem Bett füttern oder ihr Katzenklo in die Nähe stellen – damit vermitteln wir ihnen aber nur ein falsches Gefühl von Sicherheit. Denn Einhöhlen führt nicht zu mehr Sicherheit, sondern macht sie nur unsicherer

Katzen verstecken sich gerne in **Unterschlupfen** – in den den letzten Winkeln unter dem Bett, im Schrank oder sogar in Löchern in der Wand (habe ich schon alles gesehen). Unterschlupfe sind ultimative Höhlen, da sie schwer zugänglich sind und wir uns erst den Weg freiräumen müssen, um bis zu ihr vorzudringen. Unterschlupfe müssen auf lange Sicht verschwinden, doch sollten wir ihnen diese vermeintlich sicheren Orte nie brutal wegnehmen.

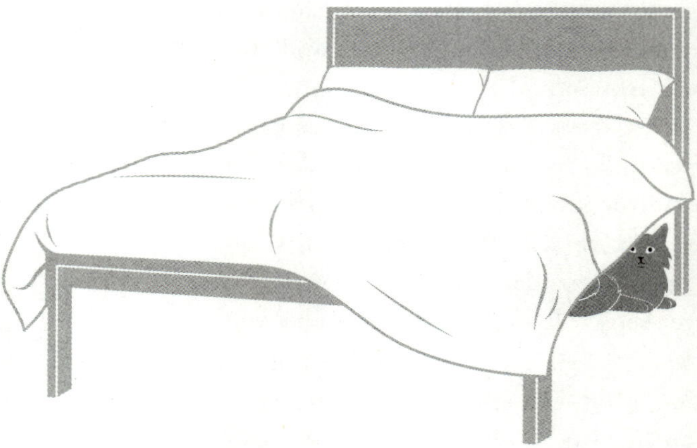

Katzen-Daddy-Wörterbuch: Höhlen und Kokons

Höhlen sind Orte, an denen sich Katzen verstecken, und Kokons sichere Rückzugsorte zur Verwandlung.

Katzen brauchen sichere Orte zum Entspannen, die wir kontrollieren können, wie **Kokons**. Kokons sind Rückzugsorte, die unsere Katzen nicht nur aufnehmen, sondern herausfordern und verändern sollen. Hierfür eignen sich zeltartige Körbchen, Tunnel oder sogar Transportboxen, wenn sie vorher mit einer weichen Decke ausgelegt wurden. Kokons bieten Sicherheit und fördern das Selbstbewusstsein, da sie immer zentraler platziert werden können und Katzen indirekt an den Aktivitäten im Haushalt teilnehmen. Kokons helfen Katzen, sich sicher zu fühlen, ohne zu verschwinden. Wie ihre Namensgeber, dienen sie der Verwandlung und verhelfen unserer Katze zu ihrem mojofizierten Selbst.

In Kapitel 8 werden wir alles rund ums Territorium besprechen und wie wir unsere „Duckmäuse“ in „Bewohner“ verwandeln.

ALPHA UND DOMINANZ: FAKT ODER FIKTION IM KATZENLAND?

Ehrlich gesagt, glaube ich nicht so richtig an Alphakatzen oder an die Vorstellung, dass einzelne Katzen eine Kolonie oder einen Katzenhaushalt dominieren. Begriffe wie „Alpha“ und „Dominanz“ werden ständig verwendet, schaden aber nur, vor allem, wenn es um Hunde und Katzen geht.

Tatsächlich gibt es kaum Belege dafür, dass Katzenkolonien hierarchisch aufgebaut sind oder von einer einzigen Katze angeführt werden. Ich glaube, dass Katzen, die zusammenleben, eher unterschiedlichen „Beschäftigungen“ nachgehen als Rangfolgen festlegen und Lieblingsorte abwechselnd nutzen, während eine Katze herumgeht und die Rolle des gütigen Diktators übernimmt ... wie eine Art Aufseherkatze. Bei mir zuhause ist das Pishi. Er geht zum Beispiel zu Caroline, schnüffelt an ihrem Po – und Caroline weiß Bescheid. „Das war's, mach den Platz für den nächsten frei.“

Wahrscheinlich würden viele Pishi als Alphakatze bezeichnen. Es gibt jedoch einen Unterschied zwischen definierenden gesellschaftlichen Rollen und dem Alpha-Vorschlaghammer. Zugegeben, Rollen sind das Einzige, was Gesellschaften davon abhält, in die Anarchie abzudriften, aber „Alpha“ steht für „Dominanz“, und Dominanz ist keine angeborene Eigenschaft, sondern eher eine Ausprägung, die sich in der Interaktion zweier Tiere zeigt, und Untersuchungen haben gezeigt, dass viel von dem, was wir als „dominant“ oder aggressiv bezeichnen, mit Faktoren wie Alter und Grad der Vertrautheit zwischen einzelnen Tieren zu tun hat. *So etwas wie eine waschechte Alphakatze gibt es also nicht.*

Das Problem, wenn man eine Katze als „dominant“ oder als Alphatier bezeichnet, ist, dass es ihr Verhalten nicht erklärt. Es hilft uns nicht weiter. Es sorgt nur dafür, dass wir das Verhalten unseres Tieres als feindlich wahrnehmen, als grundsätzlich aggressiv, und dass wir im Gegenzug versuchen werden, unsere Katze zu dominieren.

DIE ARCHETYPEN-CONNECTION

Wir bereits erwähnt, ist die Mojito-Katze der Mittelpunkt auf jeder Party. Die Welt dreht sich um sie, weil sie selbstbewusst und großzügig ist, während Napoleonkatzen und Mauerblümchen so sehr mit sich selbst und ihren Ängsten beschäftigt sind, dass sie sich über das Gemeinwohl der Gemeinschaft (des Haushalts oder der Kolonie) stellen. Ihre Ängste machen sie jedoch erst recht zur Zielscheibe für andere Katzen.

Mojito-Katzen haben dieses Problem nicht und fühlen sich in ihrer Welt zuhause. Sind sie deshalb „dominant“? Nein – denn wenn Sie Ihre Katzen aufmerksam beobachten, werden Sie feststellen, dass Flexibilität und Time-Sharing die Beziehungen von Katzen maßgeblich beeinflussen (mehr hierzu in Teil 3).

Teil DREI

Der Katzen-Mojo-Werkzeugkasten

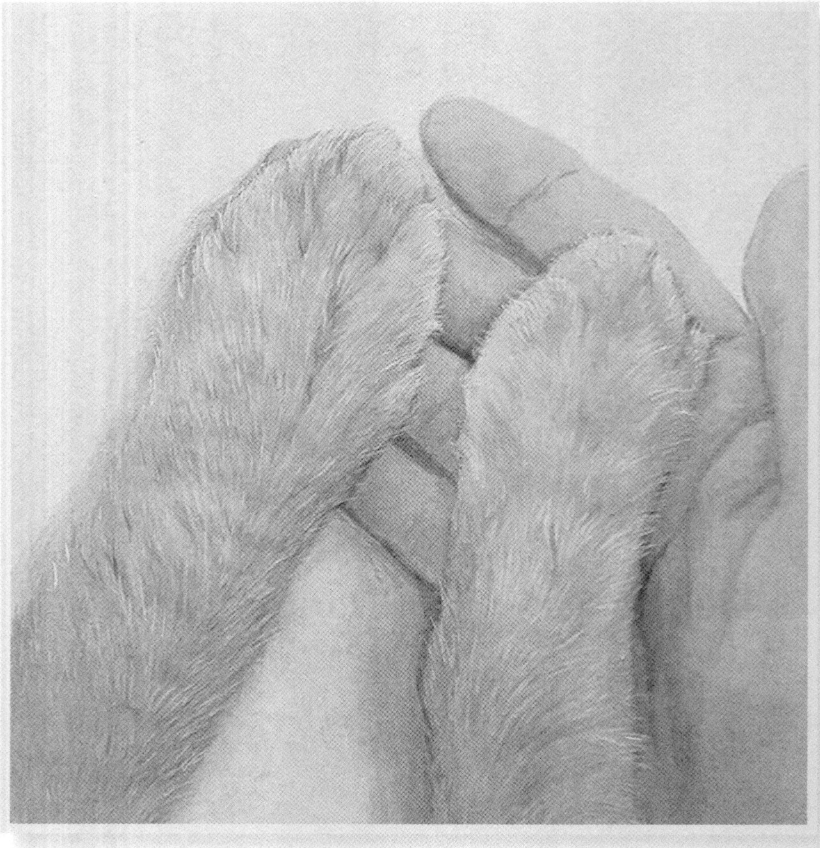

6

Willkommen im Werkzeugkasten

KATZE IN GROSSBUCHSTABEN, Überkatze, Durchschnittskatze, Ur-Katze ... die Katze im Lauf der Geschichte, die (manchmal schwierige) Umstellung, als sie lernen musste, mit uns Menschen zusammenzuleben, und die (noch schwierigere) Eingewöhnung an ein Leben im Haus – diese Reise endet hier. Und hier setzen *wir* an. Wir haben über den Einfluss des Menschen auf Katzen in der Geschichte gesprochen, aber was ist mit dem Hier und Jetzt? Ich meine damit nicht Katzen und Menschen im Allgemeinen, sondern die individuellen Geschichten, die jeden Tag abspielen. Schließlich hüten wir nicht nur ihr Territorium, sondern liefern ihnen auch Ressourcen. Wir sind der andere Teil der Gleichung und können helfen, unsere Gefährten in ihrem besten Licht präsentieren.

IN DEN KAPITELN, die vor uns liegen, werden Sie viel Wissenswertes über die Werkzeuge erfahren, und erprobte, realistische Methoden und Anregungen mit auf den Weg bekommen, die ihrer beider Lebensqualität verbessern werden. Das Werkzeug – sozusagen das Rohmaterial – ist jedoch nicht das Wichtigste. Das Wichtigste, das Sie aus diesem Teil mitnehmen sollen, ist die Erkenntnis, dass Sie mit Ihrer Katze *in einer Beziehung leben.*

Stellen Sie sich folgendes Szenario vor: Sie haben einen fünfzehnjährigen Sohn, der freundlich ist, kontaktfreudig, großzügig und Ihnen noch nie Kummer gemacht hat. Doch eines Tages ruft Sie die Direktorin seiner Schule an und teilt Ihnen mit, dass er sich aus unerfindlichen Gründen mit einem Mitschüler gestritten und ihm die Nase gebrochen hat. Ihr Sohn wird suspendiert, bis Sie seine Probleme im Griff haben, und wartet im Büro der Direktorin darauf, von Ihnen abgeholt zu werden.

Sie legen überrascht und schockiert auf. Sie versuchen zu verstehen, warum Ihr Sohn das gemacht hat. Ihre Alarmglocken schrillen. Die Fahrt zur Schule wird zum Wechselbad der Gefühle – Sie fühlen Wut, Frustration, Angst und eine gehörige Portion Scham. Doch während diese Emotionen in Ihnen toben, stellen Sie sich vor, wie er dort sitzt und auf Sie wartet, verängstigt und beschämt, vielleicht sogar immer noch wütend. Wie auch immer, Sie wissen, dass er leidet, und Sie leiden mit ihm. Er ist Ihr Sohn, und *Sie wollen einfach nur wissen, was los ist,* damit Sie ihm helfen können.

Und jetzt stellen Sie sich Folgendes vor: Sie kommen von einem langen Arbeitstag nach Hause, schließen die Haustür auf und der stechende Ammoniakgeruch von Katzenurin weht Ihnen in die Nase. Sie haben schon gehört, dass so etwas passieren kann, aber Ihre Katze hat so etwas noch nie gemacht. Sie suchen direkt los und verfluchen sich und Ihre Katze. Schlimmer kann es nicht mehr werden. Falsch gedacht! Mitten auf Ihrem brandneuen, cremefarbenen Sofa leuchtet Ihnen – so orangerot wie die untergehende Sonne – ein riesiger Urinfleck entgegen.

Ihr Entsetzen weicht einer undefinierten Wut, als Sie nach Ihrem Putzzeug greifen und anfangen, den Fleck zu bearbeiten, bis Ihnen dämmert, dass Sie schrubben und tupfen können, wie Sie wollen – das Mittelteil ist ruiniert. Vielleicht wird der Fleck verblassen, aber sehen und riechen wird man ihn für immer. Ihre Körpertemperatur steigt weiter an, als Ihnen klar wird, dass Ihre Katze das getan hat, um es Ihnen *heimzuzahlen.* Wie gemein! Dabei haben Sie gar nichts falsch gemacht. In diesem Moment sehen Sie sie, wie jeden Abend um diese Zeit, in Erwartung ihres Abendbrots am Eingang zur Küche sitzen. Wie bitte?! Vorhin hat sie Sie noch gehasst, und jetzt tut sie so, als wenn nichts gewesen wäre? Vergiss es! Sie wägen ab … und schütteln den Kopf, weil Ihnen klar wird, dass Ihre Katze keine Ahnung hat, was sie Ihnen da angetan hat.

Und jetzt vergleichen wir:

In beiden Szenarien fanden sowohl Ihr Sohn als auch Ihre Katze etwas absolut *nicht in Ordnung*. Im Fall Ihres Sohnes haben Sie sofort nach dem *Warum?* gefragt. *Warum* musste er Gewalt anwenden? *Warum* haben Sie es nicht kommen sehen? Danach kam das *Wie? Wie* können Sie ihm helfen und *wie* stehen Sie das als Familie durch? Im Fall Ihrer Katze kreiste das *Warum?* um die große Frage, *warum* Ihre Katze Ihnen das angetan hat, und das *Wie?* um die Frage, *wie* um Himmels willen Sie den Fleck da wieder rausbekommen sollen. Sie haben nicht versucht, herauszufinden, was Ihre Katze dazu bewegt hat, das zu tun. Ebenso wenig haben Ihre Alarmglocken geschrillt – und wahrscheinlich sind Sie mit ihr auch nicht, als Sie kurz überlegt haben, was sie zu diesem Verhalten veranlasst haben könnte, zum Tierarzt, um sie durchchecken zu lassen.

Fazit: Im ersten Szenario standen Ihre Sorgen um Ihren Sohn im Mittelpunkt, und im zweiten Ihre Sorgen um Ihr Sofa.

Und genau da liegt das Problem.

Im Schutz der eigenen vier Wände und im Schoß der Familie sollte Ihre Empathie nicht nur einem, sondern allen gelten. Wir können noch so aufgeklärt sein – solange wir unsere tierischen Familienmitglieder wie Besitz behandeln anstatt sie vorbehaltlos zu lieben, haben wir ein Problem, da wir nicht in einem Besitzverhältnis stehen, sondern in einem Beziehungsgefüge.

WIR BESITZEN NICHT, SONDERN LIEBEN NUR

Wenn Sie Ihre Katze nicht als eine andere Spezies, sondern als ein weiteres Familienmitglied sehen, wird sich das direkt auf ihre Beziehung auswirken – die Sie erfolgreich steuern können, und zwar mit:

- *Verständnis* – Für ihre Vorlieben und Abneigungen, für ihre Ängste, für ihre Aversionen und für ihre Vergangenheit, die ihr gegenwärtiges Verhalten beeinflusst.
- *Entgegenkommen* – Seien Sie einfach für sie da, wenn sie etwas einfordert, egal ob es Liebe, Schutz oder ein wenig von Ihrer Zeit ist.
- *Kompromissbereitschaft* – In jeder Beziehung kommt der Moment, an dem man realisiert, dass es nicht nur um einen selbst und seine

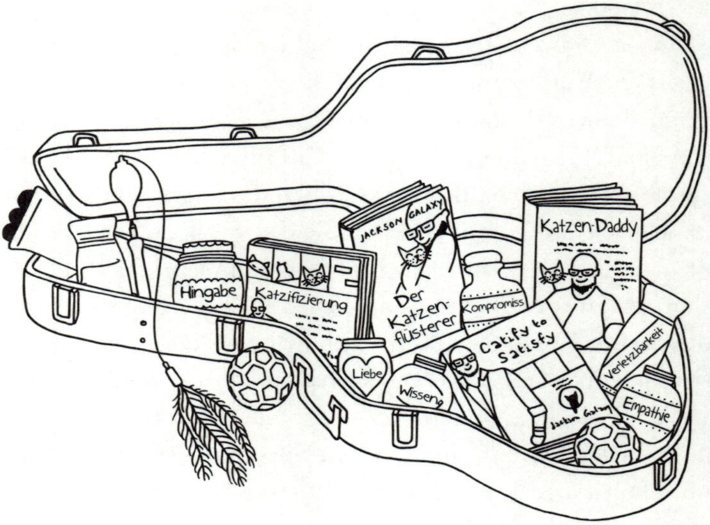

Bedürfnisse geht. Gehen Sie aufeinander zu, auch wenn es das Letzte ist, was Sie gerade wollen.

- *Verletzlichkeit* – Der Sinn einer jeden Beziehung besteht darin, zuzulassen, dass man nicht alles wissen und nicht jeden Moment kontrollieren kann. Wir haben nicht die Hoheit über die Reaktionen der anderen oder darüber, wie sie mit den Dingen umgehen. Lernen Sie bereitwillig voneinander und liefern Sie sich aus, und zwar ohne Netz und doppelten Boden.
- Und natürlich sollte eine weitere magische Zutat nicht fehlen: *Liebe* – die Erkenntnis, dass ein Leben zu zweit schöner ist, als ein Leben alleine, was uns motiviert, diese Punkte auch dann zu beherzigen, wenn wir keine Lust haben – nicht nur, um jeden Moment zu durchdringen, sondern weil wir letzten Endes deshalb hier sind: um zu lieben und geliebt zu werden.

Werfen Sie alle Zutaten in einen Topf, bringen Sie das Süppchen zum Köcheln – und lassen Sie die Dynamik zu, die sich daraus ergibt. Es wird schon gut werden. In all unserer Individualität sind wir – auch wenn unser Ego da entschieden protestieren mag – auch nur Akteure in unserer eigenen Geschichte, und nicht die Regisseure.

Kommen wir nun zur letzten Komponente: *Hingabe.* Egal, ob wir eine Beziehung mit unserer „besseren Hälfte" führen oder eine eher elterliche Beziehung – ohne Hingabe geht gar nichts. Zugegeben, das Besitzverhältnis aufzulösen und in ein Beziehungsgefüge zu überführen klingt schrecklich beängstigend, aber nur so können wir anderen den Wert beimessen, den sie verdienen.

Mittlerweile dürfte ziemlich klar sein, dass ich vorhabe, Ihr Verhältnis zu Ihrer Katze neu auszurichten, indem Sie dieses Verhältnis *als Beziehung anerkennen.* Sobald das geschehen ist, wird sich der Wert dieses Buches für Sie verzehnfachen, da Sie lernen werden, problematisches Verhalten positiv zu beeinflussen. Wenn Sie Ihrer Katze mit mehr Empathie begegnen, werden Sie ganz anders auf den Pipifleck auf dem Sofa oder anderes trotziges Verhalten reagieren. Statt wütend zu werden oder sie auszuschimpfen (oder sich selbst zu verfluchen), werden Sie als Erstes denken: „Hoppla! Das passt ja gar nicht zu ihr! Wie konnte das denn passieren?" Plötzlich geht es um das *Warum?* und *Wie?* – und das ist genau die Einstellung, die wir brauchen, um sinnvoll mit den Werkzeugen umgehen zu können, die Sie gleich kennenlernen werden.

Empathie kann übrigens auch für mehr Weitblick sorgen, denn wenn wir empathisch auf einen „Ausbruch" reagieren, können wir ihn vielleicht schon im Vorfeld abwenden, weil wir die Lunte riechen, bevor uns die Katzenbombe um die Ohren fliegt. Vielleicht hat der riesige Pipifleck ja eine Vorgeschichte und wurde durch Handlungen vorweggenommen, die einem Außenstehenden gar nicht auffallen würden, wie ein Herumschleichen oder Miauen, das wir so nicht kennen, oder anderes, scheinbar unbegründetes Verhalten. Sie werden *in dieser Beziehung* ein Bauchgefühl entwickeln – dieses nagende Gefühl, dass „etwas nicht stimmt", das manchmal sogar Leben retten kann ... oder zumindest ein Sofa.

Zu Beginn des Kapitels haben wir gesagt, dass die wichtigste Erkenntnis die ist, dass wir mit unserer Katze in einer Beziehung stehen. Und wie in jeder Beziehung, benötigen wir auch hier das richtige Werkzeug, um sie zu meistern. In den nächsten Kapiteln werden Sie viele Werkzeuge kennenlernen, was mich zu einem abschließenden Gedanken veranlasst: Alle Werkzeuge dieser Welt werden Ihnen nichts nutzen, wenn Sie keinen Ort haben, an dem Sie sie aufbewahren können. Und dieser Ort ist der empathische Kern in Ihnen. Will heißen: *Sie sind der Werkzeugkasten.* Herzlich Willkommen!

HUNT
EAT

7

Das kleine Ur-Katzen-1×1 und die Drei Rs

Der gelbe Weg Ihrer Katze ins Mojo-Land ist mit Prahlerei, Stolz, ihrem selbstbewusstem Herrschaftsanspruch über *ihr Territorium* und dem instinktiven Wissen gepflastert, dass sie dort einen Job zu erledigen hat. Was sie dabei antreibt, ist ihre tägliche Routine aus Jagen, Fangen, Töten und Fressen, gefolgt von Putzen und Schlafen. Wenn sich Katzen ihrem JFTF-Zyklus jeden Tag aufs Neue selbstbewusst widmen können, verspüren sie *totales* Katzen-Mojo und fühlen sich in etwa so, wie wir uns im Schlaraffenland fühlen würden.

Damit sie jedoch den Weg in ihr Schlaraffenland finden, müssen wir die Infrastruktur bereitstellen und ihnen helfen, ihre tägliche Routine umsetzen zu können. Und zwar mit den Drei Rs: **Routine, Rituale und Rhythmus.**

Jeder Haushalt hat seinen eigenen energetischen Rhythmus, der im Wesentlichen darauf aufbaut, wann Sie aufstehen, zur Arbeit gehen und nach Hause kommen. Wenn Sie basierend auf diesen energetischen Gesetzen Rituale mit Ihrer Katze ableiten und eine Routine festlegen, entsteht ein Rhythmus, der alle wichtigen gemeinschaftlichen Interaktionen bedingt (wann gespielt wird, wann gefressen und so weiter).

Dabei geht nicht nur darum, Ihre Katze auf *Ihren* Rhythmus einzuspielen, sondern einen gemeinsamen *Haushalts*-Rhythmus zu entwickeln. Nicht nur Menschen, sondern auch Katzen brauchen Rituale, um ein Gefühl von Sicherheit und Stabilität zu erlangen. Ihr Tag dreht sich also nicht nur darum, Ihre Kinder zur Schule, zum Fußballtraining oder zum Klavierunterricht zu fahren, bei den Hausaufgaben zu helfen und das Abendessen vorzubereiten, sondern auch um JFTF, Knuddeln und Katzenklo säubern, damit alle im gleichen Rhythmus sind.

DER KATZENHEISSLUFTBALLON

Katzen schlafen deshalb so viel, weil sie sich auf die Jagd vorbereiten. Sie laden praktisch im Schlaf ihre Batterien auf. Wie Heißluftballons, müssen sie erst befeuert werden, bevor sie abheben können, und wenn sie schließlich wach sind, sind sie randvoll mit Energie – die sie wieder loswerden müssen. Vergessen Sie dabei nie, dass die Evolution sie so *programmiert* hat und dass ihr Rhythmus geradezu nach Befriedigung *schreit*. Die Ur-Katze erwacht und *muss* jagen. Alles andere, wie gestreichelt werden oder den lebhaften Familienrhythmus verfolgen, befeuert sie zusätzlich – und führt zu noch mehr Energie, die ein Ventil braucht.

Jetzt kommen wir ins Spiel. Indem wir zu den Architekten dieses Heißluftballons werden, können wir unserer Katze zu mehr Mojo verhelfen und aktiv Einfluss nehmen, indem wir mit ihnen interagieren und so den Ballon entweder befeuern oder Energie entweichen lassen. So einfach ist das. Nicht nur unser Tagesrhythmus besteht aus Routine und Ritualen, sondern auch der unserer Katzen. Die energetischen Höhepunkte sind genauso vorhersehbar wie die ihren. Wenn zum Beispiel morgens alle aufstehen, entsteht direkt Energie, und zwar vom Weckerklingeln (inklusive Schlummertaste) über das Duschen, Rasieren oder Schminken bis hin zum Frühstück (für Menschen und Katzen). Unsere Rituale sind die Bausteine unserer Morgenroutine; alle laufen plappernd durchs Haus – *Pausenbrote fertig? Können wir los? Habt ihr die Katzen gefüttert?* –, und Energie entsteht. Wir poltern, knallen Türen. Noch mehr Energie. Dann verlassen wir das Haus und lassen einen zum Bersten gefüllten Katzenheißluftballon zurück.

Stellen Sie sich jetzt vor, wie es für unsere Katzen weitergeht. Vögel vor den Fenstern, Verkehrsgeräusche, die lärmenden Nachbar nebenan ...

Dann kommen Sie und Ihre Familie wieder nach Hause. Der nächste energetische Höhepunkt. Abendbrot, alle versammeln sich. *Na, wie war euer Tag?* Fütterungszeit für Menschen und Tiere. Sie spülen das Geschirr, bereiten sich auf den nächsten Tag, kommen runter. Währenddessen steigt der Katzenheißluftballon langsam nach oben. Sie sehen noch ein wenig fern, bevor Sie zum letzten Höhepunkt des Tages kommen, wenn Sie wieder aufstehen und sich bettfertig machen. Jetzt müssen Sie nur einmal kurz zucken, und der Ballon platzt.

Wie ein voller Ballon aussieht? Stellen Sie sich vor, Sie hätten einen Ballon, der selbständig denken kann und das Gefühl hat, kurz vor dem Platzen zu stehen. Ein solcher Ballon würde sich selbst regulieren, indem er Luft ablässt. Für Ihre Katze bedeutet Luft ablassen Aggressionen umleiten. Die Zeichen können äußerst subtil sein, für mich ist das Peitschen eines Katzenschwanzes ein solches Ventil. Wenn der Ballon voll ist, lässt quasi der Schwanz peitschend Luft ab. Dasselbe gilt für „Rückenblitze", dieses Rückenzucken, das aussieht, als würde Ihre Katze krampfartig angestaute Energie entladen. Haben Sie schon einmal beobachtet, wie Ihre Katze durchs Zimmer läuft, plötzlich stockt, als wäre eine Fliege auf ihr gelandet, und sich dann gewissenhaft zu lecken beginnt. Auch das ist eine Form der Selbstregulierung.

Und welche Rolle spielen *wir* beim Befeuern des Heißluftballons? Bei der Stimulation? Manche Katzen finden es unerträglich, gestreichelt zu werden, da dabei Energie aufbaut und nicht wieder abgelassen wird. Was sich für drei oder dreißig Sekunden schön angefühlt hat, bringt plötzlich den Ballon zum Platzen – und *bäm!*, sie fauchen, beißen und lassen ihre Energie an uns ab.

Beim kleinen Ur-Katzen-1×1 konzentrieren wir uns darauf, wie Sie Ihre häusliche Routine und Rituale gestalten können, damit Sie und Ihre Familie einen Rhythmus finden, der Ihre Katze jeden Tag auf Neue mojofiziert.

SPIELEN = JAGEN

Jetzt, da Sie über den Ur-Katzen-Rhythmus Bescheid wissen, glauben Sie da immer noch, dass Spielen heißt, einen Glitzerball über den Boden rollen zu lassen? Machen Sie es sich einfach, indem Sie ein paar Plastikmäuse und eine Katzenminze-Zigarre im Wohnzimmer herumliegen lassen? Oder dass es reicht, Ihre Katze mit einem Wollknäuel auf dem Teppich spielen zu lassen? In diesem Fall gehen Sie bitte direkt zurück auf Los oder lesen zumindest noch einmal Kapitel 3, „Im Ur-Katzen-Rhythmus“, bevor Sie fortfahren.

Einer der wichtigsten Ratschläge, den ich Ihnen geben kann, damit Ihre Katze ur-glücklich und ur-gesund bleibt, ist, dass Spielen kein Luxus ist,

oder eine nette Abwechslung, wenn Sie mal Zeit haben. Sehen Sie es doch mal so: Wer einen Hund hat, nimmt sich Halsband und Leine und geht jeden Tag spazieren. Und wir eine Katze hat, greift zum interaktiven Spielzeug und spielt jeden Tag. Für beide Spezies ist das nicht nur ein Vergnügen, sondern eine absolute Notwendigkeit, die Körper und Geist fit hält.

Interaktives Spielzeug ist allerdings nur der Anfang, weil: *Spielen will auch strukturiert sein.* Der Unterschied zwischen gelegentlichem Spielen und JFTF als Ritual liegt in der Routine. Katzen mögen vorhersehbare Abläufe, was ihr Mojo stärkt. Wir spielen ja auch nicht Monopoly, ohne uns an den Ablauf zu halten. Nein, wir würfeln, bewegen unsere Spielfigur, ziehen eine Karte und kaufen ein Haus. Mit demselben Ernst sollten Sie auch mit Ihrer Katze spielen.

Wenn Sie ein interaktives Spielzeug herausholen und die Bewegungen eines Beutetiers nachahmen, leiten Sie den Jagen-Fangen-Töten-Prozess ein und stärken ihr Mojo, das mit der Jagd einhergeht, und geben der Ur-Katze in Ihrer Katze sowie ihren Bedürfnissen eine Struktur und ein Ventil. Und so sollten Sie ihr Mojo füttern.

„MEINE KATZE WILL ABER NICHT SPIELEN“

Der Grund, warum so viele Leute „Jackson, meine Katze will aber nicht spielen“ sagen, ist, weil sie davon ausgehen, dass Spielen bedeutet, seine Katze eine Stunde durchs Haus rennen zu lassen. Beim Spielen (i.e. Jagen) geht es aber nicht nur um die Action. Der ganze Vorlauf, sprich das Anschleichen, spielt genauso eine Rolle (wenn nicht sogar eine größere als das Zuschlagen und Töten).

Die glückselige Erschöpfung von der Jagd stellt sich also nicht nur beim Rennen ein. Auch die Motte an der Decke zu beobachten, kann erschöpfen, das Anschleichen, die kurzen Energieausbrüche. Es ist das konzentrierte Zusammenspiel aus Körper und Geist, das Ihre Katze erschöpft, die „angeleitete Action“, die Ihre Katze zu 100 Prozent beansprucht. Wettrennen oder dergleichen sorgen nur auf beiden Seiten für Frustration. Setzen Sie sich also realistische Ziele und arbeiten Sie an Ihrem Erfolg!

Alle Katzen spielen. Sie müssen nur herausfinden, wie *Ihre* Katze spielt. Für Ihre 16 Jahre alte zuckerkranke Perserkatze reicht wahrscheinlich die Motte. Für sie ist Beobachten spielen. Wenn sie also nur die Motte anstarrt und zwei Mal kurz auf das Spielzeug schlägt, wenn sie landet – dann ist das immer noch Spielen. Zu erwarten, dass eine 16 Jahre alte zuckerkranke Perserkatze durchs Haus tobt, führt schnell zu „Meine Katze will aber nicht spielen" – und dazu, dass man aufhört zu spielen. Tauchen Sie stattdessen lieber mit Ihrer Katze in die „andere Dimension" des JFTF-Rhythmus' ein.

... Oder dachten Sie etwa im Ernst, dass ich Sie einfach so vom Haken lassen würde? Rituale beim Spielen zu entwickeln, ist das eine, Ihre aktive Beteiligung am Spiel das andere.

Der Katzen-Daddy Spielzeug-Guide

Interaktives Spielzeug: Sie sind am einen Ende, Ihre Katze am anderen, und Sie versorgen sie mit den Drei Rs (**Routine, Rituale, Rhythmus**), indem Sie Jagdsequenzen nachstellen. Spielzeuge dieser Art stimulieren ihren Jagdtrieb – wie Federwedel oder Beutetiere am Ende einer Schnur. Ohne Frage *das* Nonplusultra in Ihrem Katzenhaushalt.

Wurfspielzeug: Diese Spielzeuge werden durch die Gegend geworfen und gefangen. Sie verschwinden meist unter Sofas und Kühlschränken und tauchen erst beim Frühjahrsputz wieder auf. Ich sage nur: Glitzer- und Folienbälle, Fellmäuse, diese seltsamen, geometrischen Hartgummibälle ... Die Teile sind okay, aber nur zur Ergänzung.

Aktivierbares Spielzeug: Wird auch Spielzeug für Faule genannt und ist meist batteriebetrieben. Sie müssen es also nur einschalten. Das Problem: Wenn der Spielpartner eine Maschine ist, die völlig vorhersehbar agiert, geht ziemlich schnell der Nervenkitzel der Jagd flöten. JFTF ist ein Drahtseilakt und verlangt nach geordnetem Chaos. Sprich ein bisschen Anarchie ist erwünscht. Ob Sie auf solches Spielzeug verzichten sollten? Nein. Ich weiß ja, Ihr Tag war super lang und anstrengend, und batteriebetrieben ist immer noch besser als nichts. Solange es also nicht zum Herzstück Ihres Repertoires wird, hat es in jedem mojofizierten Haushalt seine Berechtigung.

Kurzer Hinweis zu Laserpointern: Laserpointer können helfen, die Motoren zum Laufen zu bringen, haben aber, meiner Meinung nach, definitiv ihre Grenzen, da sie nichts abschließen. Warum? Weil man sie nicht „töten" kann. Sie reizen nur. Ihre Katze kann nicht über sie herfallen, kann sie nicht beißen ... sie kann sie nur ewig jagen. Klar, Sie bringen damit die Maschine zum Laufen, aber gehen Sie danach unbedingt zu einem physischen Spielzeug über, das sie „fangen und töten" kann.

EINMAL VOGEL SEIN: ANATOMIE EINES MORDES

Spielen erfordert Engagement. Das Letzte, was Sie dabei tun sollten, ist mit einer Hand zu texten und mit der anderen den Federstab zu wedeln, sich zu unterhalten oder fern zu sehen. Wenn Sie in den Genuss einer Katze kommen wollen, die den Ur-Katzen-Rhythmus durchlaufen hat, müssen Sie auch etwas dafür tun. Das heißt nicht, dass Sie sich 15 Minuten Ihrer Zeit abknapsen, sondern dass Sie Ihren Part in diesem Spiel zu 100 Prozent erfüllen. Ich nenne das „Einmal Vogel sein", „Einmal Mäuschen spielen" etc. Stellen Sie sich einfach vor, Sie wären die Beute. Wie würden Sie wohl angesichts eines blitzschnellen Raubtiers mit rasiermesserscharfen Zähnen reagieren, das nur eines im Sinn hat: Sie zu töten. Und nun werfen wir mit diesem Gedanken im Hinterkopf einen Blick darauf, wie Katzen jagen – und wie Sie sich als Beutetier verhalten sollten.

Also, stellen Sie sich vor, Sie wären der Vogel.

Als Erstes verharren Sie zunächst für etwa eine Minute schwebend an der Decke wie die besagte Motte, lassen sich dann aber „erwischen", indem Sie ruckartig zu Boden sausen. Das ist der Moment, in dem Ihre Katze zuschlägt. Und jetzt? Entreißen Sie ihr das Spielzeug und fangen von vorn an? Nein. Jetzt stellen Sie sich tot, damit Ihre Katze auf den Vogel hauen und überprüfen kann, ob Sie wirklich tot sind. Als nächstes wird sie wahrscheinlich demonstrativ weggehen und Sie mit diesem Trick dazu bringen, sich wieder zu bewegen.

Jetzt können Sie sich, doch nicht ganz so tot, zentimeterweise wegschleppen und kraftlos hinter dem Sofa Schutz zu suchen. Der Plan geht auf, wenn Sie weit aufgerissene Augen sehen, angespannte Muskeln und gegebenenfalls ein leichtes Zucken der Schwanzspitze. Und dann geweitete Pupillen und mehrmaliges Kopfnicken, mit dem sie das ganze Ausmaß ihres Fangs taxiert, und kurz vor dem Sprung mit dem Popo wackelt, was ein untrügliches Zeichen dafür ist, dass sie unsere Dimension verlassen hat. Das ist der Moment, in dem sie auf Sie zurennt – und Sie erneut flüchten!

Jetzt müssen Sie sich entscheiden: Möchten Sie sich fangen lassen oder noch nicht? Okay, los geht's zu einer weiteren Runde Motte-an-der-Decke, Popowackeln, Sprung ... während Sie darüber nachdenken, mit welchen weiteren Kniffen Sie am besten ihr Selbstbewusstsein und damit ihr Mojo stärken können.

Mich persönlich macht es immer überglücklich, wenn Katzen am Ende einer JFTF-Sequenz die Federn des Spielzeugs in den Mund nehmen, zu brummen beginnen und sich nach dem perfekten Plätzchen umsehen, um sich mit ihrer Beute zu verdrücken. Ich gebe meiner Katze immer einen kleinen Vorsprung, bevor ich ihr langsam folge. Das ist für mich der Heilige Gral. Wir haben so schön gespielt, dass sie unsere Welt verlassen hat und in die der Ur-Katze eingetaucht ist. Dann warte ich, bis sie die Feder wieder fallen lässt, und fliege wieder los.

SIE HABEN UR-KATZEN-LAND BETRETEN: POPULATION 2

Nach diesem allgemeinen Einstieg gilt es herauszufinden, wer *Ihre* Katze ist. Mag sie ihre Beute lieber am Boden oder in der Luft? Jagt sie Eidechsen oder Vögel? Oder findet sie beides gleich gut? Manche Katzen fürchten sich vor fliegenden Vögeln und bevorzugen daher Beute, die sich am Boden aufhält.

ZUR ERINNERUNG: DIE JAGDTECHNIKEN

Wie in Kapitel 3 erwähnt, haben Katzen bevorzugte Jagdtechniken, die ihnen angeboren sind. Normalerweise greifen sie eher aus dem *Hinterhalt* als auf offenem Gelände an, *schleichen* sich eher an, als sich zu verstecken, oder warten vor einem Loch und *stürzen* sich auf ihre Beute. Integrieren Sie diese Strategien ins Spiel, um herauszufinden, welche Ihre Katze bevorzugt.

ARTEN VON SPIELERN

Hinsichtlich der Technik gilt es auch, zwei grundsätzliche Typen von zu unterscheiden.

Es gibt die **Flitzer**, denen Sie einfach nur ein Spielzeug vor die Nase halten müssen – und *wrumm*. Schlüssel rein, Kupplung raus und los geht's, von null auf hundert.

Und dann gibt es die **Blechliesel**, die angekurbelt werden muss – manchmal fünf Minuten lang – bevor sie auf das Spielzeug reagiert. Ist sie so weit, stottert sie erst los, doch wenn der Motor endlich schnurrt und wir aufs Gaspedal tippen, geben sie garantiert 100 Prozent. Für diese Art Katzen haben wir unsere Laserpointer, die wie eine Motorkurbel für Automobile funktionieren.

Katzen-Daddy-Wörterbuch: Kochen und Köcheln

Ur-Katzen (und Ihre Katzen) sind keine Langstreckenläufer, sondern schnelle Kurzstreckenläufer. Es macht also keinen Sinn, sie beim Spielen eine Viertelstunde durchs Haus zu jagen (es sei denn, sie sind noch sehr jung). Letzten Endes frustriert das nicht nur die Katzen, sondern auch die Hüter (die dann Sachen behaupten wie „Meine Katze will aber nicht spielen!" oder „Wir haben eine Stunde gespielt, und sie ist immer noch nicht müde!").

Spielen Sie lieber wie die Ur-Katze, indem Sie kurz und intensiv spielen, sie auspowern und ihr kurze Ruhepausen gönnen. Also so, als würden Sie ein Gericht schnell aufkochen und dann auf kleiner Flamme weiterköcheln lassen. Der einzige Unterschied ist, dass wir unsere Katze immer wieder „zum Kochen" bringen.

Also, fangen Sie an, indem Sie sie zum Kochen bringen: Sorgen Sie dafür, dass sie ein Spielzeug jagt, Energie verbrennt und vielleicht sogar kurz ins Hecheln kommt. (Für das erste Aufkochen – um den Motor anzukurbeln – können Sie mit Ihrem Laserpointer arbeiten, falls Ihre Katze darauf steht.) Lassen Sie sie im Anschluss aber wieder köcheln (ausruhen). Vielleicht wirkt sie währenddessen gelangweilt oder desinteressiert wirken (typisch Katze eben), aber sie wird garantiert schnell wieder hochkochen.

Ab da wird wiederholt: ermüden Sie sie ein wenig, gönnen Sie Ihr eine Pause und legen Sie wieder los. Wechseln Sie zu einem anderen interaktiven Spielzeug – etwas, das sie „töten" kann! Nach ein paar Runden werden Sie feststellen, dass sie nicht mehr ganz so schnell hochfährt und weniger Energie hat. Und wenn Sie nur noch einmal kurz auf ihre Beute springt oder Sie ihr das Spielzeug vor die Nase halten müssen, damit sie halbherzig mit der Pfote danach schlägt, dann ... na ja, dann ist Ihre Katze „gar" – im übertragenen Sinn natürlich!

Nerd-Katzen-Ecke

Vermeiden Sie Langeweile beim Spielen

2002 testeten Dr. John Bradshaw und sein Team in einer Studie das Interesse von Katzen an einem einzigen Spielzeug im Vergleich zu wechselndem Spielzeug. Wie abzusehen war, reagierten die Katzen verstärkt auf neues Spielzeug, was bedeutet, dass nicht das Spiel selbst, sondern das Spielzeug langweilig wird.

Versuchen Sie also, das Spielzeug öfter zu wechseln, um das Interesse Ihrer Katze an der JFTF-Sequenz zu halten.

KATZENMINZE: EIN FASZIONSUM – DA STECKT MAN NICHT DRIN

Wir alle brauchen mal eine kleine Erfrischung. Katzen gönnen sie sich in Form eines Krauts, sind aber auch vielen anderen Pflanzen nicht abgeneigt. Die bekanntesten sind Katzenminze, Baldrian, Geißblatt und Matatabi (auch Silberwein genannt).

Die Echte Katzenminze (lat. *Nepeta cataria*) gehört zur Familie der Lippenblütler. Sie beinhalten ein ätherisches Öl, das hauptsächlich aus Nepetalacton besteht, auf das fast alle Katzenrassen – ob groß oder klein – ansprechen, und das sowohl eine halluzinogene, berauschende, aufputschende und beruhigende Wirkung haben kann. (Cool, darf ich auch mal?)

Katzen reagieren meist mit Rollen auf Katzenminze. Weibliche Katzen rollen sich natürlich auch, wenn sie rollig sind, aber in diesem Fall rollen sich sowohl Männchen als auch Weibchen. Ob die Reaktion sexueller, spielerischer oder räuberischer Natur ist, konnte bisher nicht eindeutig geklärt werden, aber oft scheint sie alle drei Komponenten zu beinhalten. Manche Katzen lecken oder knabbern lieber an der Minze, während andere einfach daliegen und mit glasigen Augen vor sich hinsabbern, und wieder andere total aufdrehen.

Etwa ein Drittel aller Katzen scheint jedoch nicht auf Katzenminze anzusprechen, was genetisch bedingt sein könnte, und junge Katzen reagieren gar nicht darauf, was bedeutet, dass die Geschlechtsreife eine Rolle spielen könnte. Die Wirkung ist mit fünf bis fünfzehn Minuten relativ kurz. Danach brauchen Katzen mindestens eine halbe Stunde Pause, bevor sie wieder darauf reagieren.

Wichtig für *uns* ist, wie *unsere* Katze auf Katzenminze reagiert. Im Großen und Ganzen scheint Katzenminze aber Hemmungen zu lösen, was sowohl für Menschen als auch für Katzen gut *und* schlecht sein kann. Stellen Sie sich einfach folgende Frage: „Ist meine Katze betrunken nett oder fies?" Dieselbe Frage also, die Sie sich wahrscheinlich über diesen Freund stellen sollten, mit dem Sie gedenken, Silvester zu verbringen. Wenn er nämlich betrunken nett ist, können Sie davon ausgehen, dass er irgendwann im Verlauf des Abends in Ihre Arme fallen und „Ich LIEBE dich, Alter!" sagen wird, bevor er sich in eine Ecke verzieht und das Bewusstsein verliert. Ist er jedoch eher fies, können Sie schon mal die Kaution bereitlegen, weil er sich ganz sicher mit irgendwem auf dem Parkplatz prügeln wird. Damit will ich sagen, dass Sie in der Lage sein sollten, das Verhalten Ihrer Katze vorhersehen zu können, wenn sie ihre Hemmungen verliert. Sprich wenn sie sowieso gerne andere mobbt, könnte sie noch fieser werden, wenn sie komplett durchdreht. Kämpfe um Spielzeug könnten zunehmen, und wenn sie zur Überstimulation neigt, könnten das auch seinen Teil beitragen. Andere Katzen werden wiederum entspannter oder weniger ängstlich (was aber auch problematisch sein kann, wenn sie plötzlich dreist gegenüber anderen Katzen werden).

Damit will ich sagen, dass Sie in einem Mehrkatzenhaushalt Katzenminze zwar ausprobieren können, aber erst einzelne Testläufe machen und die Katzen trennen sollten. Wenn einige Katzen nicht so gut miteinander können oder Sie eine neue Katze in Ihren Haushalt einführen möchten, sollten Sie jedoch auf Katzenminze und entsprechendes Spielzeug fürs Erste verzichten. Warum das Risiko eingehen? Und nicht vergessen, auch wenn die Reaktion auf Katzenminze nicht lange anhält (und verstärkter Kontakt den Effekt reduziert), sollten Sie Spielzeug mit Katzenminze sicher verwahren und nur zu besonderen Anlässen herausholen. Das sorgt dafür, dass Ihre Katzen besser darauf reagieren und positive Assoziationen haben. (Mehr hierzu im Abschnitt „Der Jackpot!-Effekt“ in Kapitel 9).

FÜTTERN FÜR MOJO

Der JFTFPS-Rhythmus ist *die* Verbindung zwischen der Ur-Katze und unserer Katze. Ihr angeborenes Bedürfnis, ihr Leben der Jagd zu widmen, führt allerdings über das Ritual und dessen Einhaltung hinaus. Um die Ur-Katze (und unserer Katze) physisch uns psychisch zu befriedigen, müssen wir ihr das Produkt der Jagd auch *zuführen*, schließlich sind die Ur-Katze und *Ihre* Katze obligate Fleischfresser.

Das Futter, das ich bevorzuge und Ihnen auch empfehlen würde, ist roh und besteht hauptsächlich aus Fleisch. Es enthält alles, was die Beute Ihrer Katze enthält, also Knochen, Muskeln, Gewebe, Fett, Organe und sogar einen kleinen pflanzlichen Anteil, und zwar in einer Menge, wie wir sie im Magen eines jeden Beutetiers vorfinden würden, das unsere Katze zur Strecke bringt. Da kommerzielles Katzenfutter nicht

frisch getötet und verarbeitet wird, fehlen uns allerdings einige wichtige Nährstoffe (die sich zum Beispiel im Blut ihrer Beute befinden), wobei man heutzutage für eine ausgewogene Ernährung verschiedene Produkte kombinieren kann.

Ich kann verstehen, wenn Sie das Thema Rohfütterung anekelt. Manchen Katzen geht es da nicht anders (in diesem Fall empfehle ich Nassfutter, aber *ohne* Getreide). Warum trotzdem Reis, Gluten und viele andere Sattmacher ins Katzenfutter gemischt werden? Na, weil alles billiger ist als Fleisch!

Trotzdem ist es mir lieber, *Sie verfüttern Ihrer Katze das billigste Nassfutter als das teuerste Trockenfutter* (wenn Sie es dennoch verwenden möchten, dann nur als Leckerli). Bei älteren Katzen ist es eventuell egal, was Sie ihr geben, Hauptsache, sie ist glücklich. Sie sollten lediglich ihr Gewicht im Auge behalten. Unterm Strich bleibe ich aber dabei, dass Nassfutter das natürlichste Futter für Ihre Katze ist.

Über Trockenfutter kann ich mich wirklich aufregen. Die meisten Leute mögen es, weil es praktisch ist, und wahrscheinlich lassen sie auch immer den Napf draußen stehen, was, wie wir ja mittlerweile wissen, jeglicher Ur-Katzen-Logik widerspricht …

Warum ich kein Fan von Trockenfutter bin? Weil es oft voller Kohlenhydrate ist, dabei belegen viele Studien, dass eine kohlenhydratreiche Ernährung zu Harnkristallen, Typ-2-Diabetes und Fettleibigkeit führen kann. Möchten Sie wirklich diese Risiken eingehen?

Aber zurück zum Thema Ur-Katzen-Ernährung und Beute. Beute besteht zu großen Teilen aus Proteinen und Wasser. Bei der Trockenfutterherstellung (beim Trocknen) gehen jedoch viele Nährstoffe verloren, und ist der Pressvorgang einmal abgeschlossen, liegt der Feuchtigkeitsgehalt bei unter 10 Prozent, während der von Nassfutter bei um die 60 Prozent liegt – was deutlich näher an dem der Maus ist (75 Prozent). Sie können sich ja ausrechnen, was das bedeutet. Katzen, die Trockenfutter fressen, trinken zwar mehr Wasser, um zu „kompensieren“, aber Studien zeigen, dass das den Feuchtigkeitsverlust trotzdem nicht ausgleicht.

Und falls Sie gehört haben, dass Trockenfutter die Zähne Ihrer Katze putzt, dann vergessen Sie das gleich wieder! Selbst wenn die Pellets ein bisschen Plaque entfernen, was fragwürdig ist, dann ersetzt das weder das Zähneputzen noch die Zahnreinigung durch den Tierarzt.

Sprich wenn Sie Ihre Katze ur-katzengerecht füttern wollen, ist Trockenfutter keine Option.

DESTINATION JACKPOT!

Um das richtige Produkt für Ihre Katze zu finden, werden sie wahrscheinlich viele testen müssen … Aber nicht vergessen: es geht hier um Ihre Beziehung. Wenn Sie zum ersten Mal mit jemanden ausgehen, wissen Sie ja auch nicht, was er oder sie gerne isst, also fragen Sie nach. Ihre Katze können Sie zwar nicht fragen, aber Sie können ihr eine Auswahl anbieten, die gesund ist *und* lecker.

Apropos Auswahl: Die Ur-Katze in Ihrer Katze hätte zwar gerne eine leckere Maus, aber das heißt nicht, dass sie deswegen bei allem anderen die Nase rümpft. Ebenso sollten Katzen auch nicht ihr Leben lang dasselbe essen. Versetzen Sie sich mal in ihre Lage; wenn Sie für den Rest Ihres Lebens immer wieder dasselbe Gericht vorgesetzt bekämen, würden Sie wahrscheinlich auch etwas pingelig werden.

Die gute Nachricht ist, dass es mittlerweile extrem viele Produkte auf dem Markt gibt, und dass Sie für relativ wenig Geld unterschiedliche Proteinquellen, Texturen, Aufbereitungen und Variationen ausprobieren können, um Ihrer Katze kulinarisch auf den Zahn zu fühlen. Schauen Sie sich ruhig alles an, es gibt Pasteten, Ragouts, Häppchen in Soße und noch vieles mehr. Vielleicht bevorzugt Ihre Samtpfote es lieber „geröstet" oder „gegrillt" – oder Sie finden heraus, dass sie Spinat liebt. Es gibt hunderte Sorten von Nassfutter, und ich kann nicht oft genug betonen, wie wichtig es ist, genau die Sorte zu finden, bei der Ihre Katze „Jackpot!" schreit.

Als alter Tierheim-Veteran möchte ich Sie jedoch vor einer Sache warnen, die hoffentlich nie eintrifft, auf die wir aber trotzdem vorbereitet sein sollten. Wenn Ihre Katze ihr Leben lang dasselbe frisst und Ihnen etwas zustößt, dann haben Ihre Katze und diejenigen, die sich ihrer annehmen, ein Problem. Landet sie in einem Tierheim oder in einer neuen Familie, kann die Kombination aus Stress und unflexiblem Gaumen schnell zu Appetitlosigkeit bis hin zu Anorexie führen. Um das zu vermeiden, sollten Sie Ihre Katze immer wieder neue Geschmäcker und Texturen probieren lassen, was nicht nur an und für sich gut für sie ist, sondern ihr auch dabei hilft, Veränderungen und Herausforderungen besser zu meistern.

Der Umstieg auf Frischfleisch

Für manche Katzen ist die Ur-Katzen-Diät wie ein Nachhausekommen. Ich empfehle einen Einstieg in Form von Leckerli, um zu sehen, ob Ihre Katze darauf anspringt.

Wenn Ihre Katze bereits an Nassfutter gewöhnt ist, können Sie ein wenig rohes Fleisch in ihr aktuelles Futter mischen. Generell gilt, das Futter nicht zu abrupt zu wechseln, da das zu akutem Durchfall führen kann (zur Freude der ganzen Familie!)

Manchen Katzen fällt die Umgewöhnung leichter, wenn Sie das Fleisch anbräunen (unter einer Minute!). Die Gerüche dürften schnell das Interesse Ihrer Katze wecken und sorgen zusätzlich für eine Temperatur wie bei „echter Beute“. Es gibt Katzen, die gerne etwas Wasser in ihr Futter bekommen (ein bisschen „Jus“ sozusagen), oder Sie streuen ein wenig Dörrfleisch darüber, um sie „anzufixen“. Sobald Sie auf den Geschmack gekommen ist, können Sie damit ja wieder aufhören.

Sie können auch die Textur des Fleisches an die des Nassfutters anpassen, verschiedene Fleischsorten testen, Texturen, Mahlgrade etc. Und immer daran denken: fordern Sie ihren Gaumen heraus und sorgen Sie für Abwechslung! Sogar beim Frischfleisch …

MAHLZEITEN FÜTTERN – DAS IST NICHT VERHANDELBAR

Kostenloses Futter heißt, rund um die Uhr Nahrung zur Verfügung zu haben, zuzugreifen, ohne sich anstrengen zu müssen, sich das Futter nicht wirklich zu verdienen, unbefriedigt zu sein – und letzten Endes nicht mojofiziert. Kostenloses Futter unterminiert nicht nur unsere Bemühungen, sondern auch die Natur unserer Katzen.

Katzen sind darauf geeicht, mehrere kleine Mahlzeiten am Tag zu verspeisen, optimalerweise in Abständen von fünf bis sechs Stunden. Ich empfehle zwei bis vier Mahlzeiten, die sich nach unserem Tagesrhythmus ausrichten. Der Unterschied zwischen Wildkatzen (die den ganzen Tag mit Jagen verbringen) und Ihrer Katze ist, dass ihrer beider Rhythmus synchronisiert ist. Wenn Ihre Familie zum Beispiel morgens aufsteht, herrscht viel Energie, was ein idealer Zeitpunkt für JFTF ist. Wenn Sie von der Arbeit nach Hause kommen, herrscht wieder viel Energie und Ihre Katze lädt sich auf. Und noch einmal, wenn sich alle bettfertig machen. Rituale liefern Energie, und entsprechend sollten die Spiel- und Essenszeiten an diese energetischen Spitzen angepasst werden.

Zu kontrollieren, wann unsere Katze isst, reguliert ihren Energiehaushalt, was wiederum ihre Verdauung reguliert und wann sie ihr Geschäft verrichtet. Statt alles zu verkomplizieren, machen wir es uns also lieber einfach und passen sie wieder an den Ur-Katzen-Rhythmus an!

Wie viel ist das richtige Maß?

Richtlinien sind unrealistisch. Glauben Sie nicht alles, was man Ihnen sagt. Recherchieren Sie lieber selbst und finden Sie heraus, was Ihre Katze mag und was nicht und wie viel sie davon isst, und behalten Sie ihr Gewicht und ihren Beschäftigungsgrad im Auge.

Katzen benötigen in etwa 60 bis 80 Kilokalorien pro Kilogramm Körpergewicht (kcal/kg) am Tag. Eine Maus hat um die 30 Kalorien. Freilaufende Katzen fressen acht bis zehn Mäuse am Tag, brauchen dafür aber 20 bis 30 Anläufe. Sprich Katzen, die draußen leben, haben einen anderen Rhythmus als Hauskatzen und müssen sich ihr Fressen viel härter erarbeiten.

Fütterungszeiten für Mehrkatzenhaushalte

So gerne ich Ihnen auch verbindliche Regeln mit auf den Weg gebe – bei Mehrkatzenhaushalten wird es schwierig, da Katzen nicht unbedingt gleich schnell oder gleich viel fressen. Wenn Sie eine ältere oder kranke Katze haben, muss sie vielleicht öfter fressen als Ihre anderen Katzen. Vielleicht muss man ihr sogar ständigen Zugang an ihr Futter gewähren. Katzen teilen ihr Futter aber nicht, so wie sie keine Mäuse teilen. Stellen Sie daher die

Näpfe weit genug voneinander entfernt auf; jede Katze sollte einen eigenen Bereich haben, der respektiert wird.

Manche Katzen sind regelrechte Schlinger: sie fressen, als gäbe es kein Morgen – und würgen ihr Futter so schnell wieder aus, dass wir unter Umständen Futter aufwischen, das fast genauso aussieht wie das, das wir eben verfüttert haben. Gründe hierfür gibt es viele. Manchmal verbirgt sich ein körperliches Problem dahinter, zum Beispiel eine Hypertrophie. Wiederholen sich das Verhalten, sollten Sie einen Tierarzt aufsuchen. Die Gründe können aber auch psychologischer Natur sein – vielleicht handelt es sich um eine Straßenkatze, die immer um ihr karges Mahl kämpfen musste. Oder sie hat vorher in einem Hundehaushalt gelebt, in dem ihr Napf zum Abschuss freigegeben war, sodass sie sich angewöhnen musste, im Eilverfahren zu fressen.

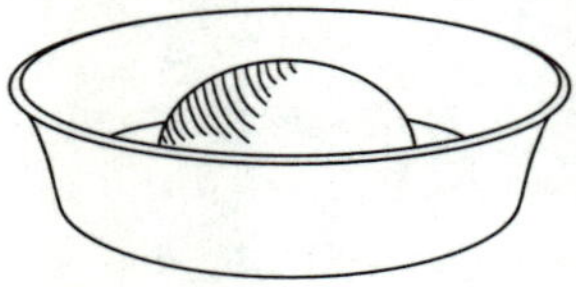

Wie auch immer die Gründe lauten, es gibt eine einfache Lösung. Und zwar Anti-Schling-Näpfe mit Mulden und Zwischenräumen, um die sie sich herumarbeiten müssen. Sie können sich auch selbst einen solchen Napf basteln, zum Beispiel mit sauberen Steinen. Diese Näpfe verlangsamen nicht nur die Nahrungsaufnahme, sie sind auch sinnvoll, wenn Sie eine neue Katze in ihren Haushalt einführen (siehe Kapitel 10).

Futter zur Motivation

Falls Sie eine Katze haben, die nicht mit Ihren anderen Katzen essen möchte – weil sie ein Mauerblümchen ist –, sollten Sie sie nicht in einem anderen Raum fressen lassen. Versuchen Sie lieber, sie über feste Essenszeiten langsam in die Gemeinschaft einzuführen.

Alles, was wir für unsere Katzen tun, soll sie motivieren. Futter ist dabei *der* Schlüssel! Futter motiviert viel mehr als Lob. Routine und Rhythmus sind nicht alles; Ihre Katze wird nie etwas tun, das Sie wollen, wenn sie nicht wenigstens ein bisschen hungrig ist. Als ich mit „Der Katzenflüsterer“

anfing, fragten mich die Leute vom Sender nach einer Weile sogar, ob ich die Katzen nicht eher bestechen würde. Klar besteche ich sie! Aber anders geht es eben nicht.

Pingeligkeit vorbeugen

Wenn Ihre Katze rund um die Uhr auf ihr Fressen zugreifen kann, dürfte sie kaum motiviert sein, Neues auszuprobieren. Ist sie dann pingelig oder einfach nur nicht hungrig? Womit wir wieder beim Thema wären: Katzen brauchen feste Mahlzeiten – sie müssen hungrig sein, um offen für Neues zu sein.

Schnurrhaare: Viele Katzen mögen es nicht, mit ihren Schnurrhaaren an den Rand des Napfes zu kommen. Füttern Sie sie daher aus flachen Näpfen oder Tellern.
Textur: Manche Katzen können etwas speziell sein, wenn es um Pasteten, Streifen, Happen oder sogar die unterschiedlichen Pellet-Formen von Trockenfutter oder Leckerlis geht.
Temperatur: Das Futter sollte immer „Maustemperatur" haben. Keine Ur-Katze, die etwas auf sich hält, würde kühlschrankkaltes Futter verspeisen.
Auswahl: Bieten Sie ihr viele Sorten an, wechseln Sie öfter und notieren Sie Präferenzen.
Ort: Stellen Sie ihren Napf an einem sicheren Ort auf – zum Beispiel mit genügend Abstand zu den Näpfen der anderen Katzen oder so, dass sie deren Kommen und Gehen beobachten kann. Und nicht vergessen: Hunde lieben Katzenfutter. Gönnen Sie ihr also die nötige Ruhe beim Fressen ...
Keine Extras: Manche Katzen lernen schnell, dass ein Miauen vor dem Napf zu zusätzlichen Leckerbissen führt.
Erkennen Sie den Unterschied: Katzen, die nicht fressen, sind nicht zwangsläufig pingelig. Wenn Katzen ein oder zwei Tage nicht fressen, ist Gefahr in Verzug! Übergewichtige Katzen sind besonders gefährdet, eine Hepatische Lipidose (eine akute Leberverfettung) entwickeln, die schnell tödlich enden kann.

PUTZEN UND SCHLAFEN FÜR MOJO

Im Gegensatz zu den anderen Komponenten im Ur-Katzen-Rhythmus braucht es für die letzten beiden kaum Motivation, da sie sich aus der erfolgreichen Abwicklung der ersten vier ergeben und gewissermaßen Tribute an die Ur-Katze und ihren Hütern sind. Wenn Ihre Katze gejagt, gefangen, getötet und gefressen hat, also satt und zufrieden ist und der Katzenheißluftballon komplett in sich zusammengefallen ist, wird sie sich unweigerlich putzen und ein Nickerchen halten, um den JFTFFS-Zyklus abzuschließen – und sich auf den nächsten vorzubereiten.

Hier noch einige generelle Anmerkungen zum Putzen und Schlafen:

Putzen oder nicht putzen ...

Wann haben Sie das letzte Mal beobachtet, dass sich Ihre Katze putzt? Wenn sie sich nicht putzt, stimmt etwas nicht. Ebenso, wenn ihr Fell ölig glänzt oder verfilzt, was vorher nie der Fall war. Achten Sie immer darauf, ob sich ihre Katze putzt, da mangelnde Fellpflege auf eine Krankheit hinweisen kann, eine Depression, oder manchmal sogar auf Fettleibigkeit. Wenn sie beim Putzen ihren Rücken oder Hintern auslässt, weil sie diese Stellen nicht mehr erreicht, ist das *die* Warnung schlechthin!

Braucht Ihre Katze Hilfe beim Putzen?

Fellpflege kommt jeder Katze zugute und ist bei manchen Rassen ein absolutes Muss. Langhaarkatzen können zum Teil dermaßen verfilzen, dass das Kämmen schmerzhaft wird und ein Profi ran muss.

Braucht Ihre Katze ein Bad?

Wenn Leute ihre Katze baden, stelle ich ihnen gerne folgende Frage: „Quälen Sie gerne Tiere?"

Es gibt einfach keinen Grund, seine Katze zu baden. Falls sie nicht gerade von einem Stinktier besprüht wurde oder sich beschmutzt hat, wird sie *nie* ein Bad brauchen (abgesehen von Nacktkatzen, die ein Mal die Woche gebadet werden sollten). Katzen verbringen fast ihre gesamte Zeit damit, sich zu putzen und einzuduften, was wie ein Ur-Katzen-Zwang ist und die Quelle ihres Mojos darstellt – und dann kommen Sie daher, baden sie und nehmen ihr ihre Identität. Ältere Katzen kann man natürlich feucht abwischen, wenn sie sich nur noch selten putzen oder es wegen ihres Gewichts nicht mehr können. Davon abgesehen, sollten Sie sich von der Wanne aber fernhalten.

Der Löwenschnitt: Nein, er ist nicht grausam

Menschen, die eine Katze mit Löwenrasur sehen, denken oft: *Oh mein Gott, wie furchtbar! Wer macht denn so was?!*

Eine Löwenrasur sollten wir unserer Katze jedoch nicht nur im Sommer verpassen, wenn es heiß wird. Tatsache ist doch, dass wir deshalb selten langhaarige Wildkatzen sehen, weil es nicht ihrer Natur entspricht, langhaarig zu sein. Stattdessen haben *wir* uns an den „Look" gewöhnt, weil wir lange Haare als Merkmal in sie hineingezüchtet haben. Langhaarkatzen reagieren übrigens deutlich sensibler auf Berührungen und Streicheln und mögen es meistens nicht, gebürstet zu werden, was aber ein notwendiges Übel ist, um Verfilzungen zu vermeiden.

Löwenrasuren sind auch bei älteren und übergewichtigen Katzen zu empfehlen, die sich nicht genug oder nur schlecht putzen.

Fragen Sie sich also bitte, wie immer: *Mache ich das für mich oder für meine Katze?* In diesem Fall machen Sie es für Ihre Katze, da sich viele Katzen nach einer Löwenrasur deutlich wohler fühlen, auch wenn der „kosmetische" Aspekt anderes vermuten lässt.

… reich an Träumen

Schlafen sorgt für Wohlbefinden, und Katzen, die gestresst sind, leiden genauso unter Schlafentzug wie wir. Achten Sie also darauf, dass Ihre Katze ruhige und sichere Rückzugsorte hat, vor allem in aktiven Haushalten oder Mehrtierhaushalten. Es ist okay, wenn Sie Ihre Katze bei sich im Bett schlafen lassen, aber vielleicht möchte sie auch einen eigenen Schlafplatz. Bieten Sie ihr verschiedene Materialien und Arten von Körbchen an, um herauszufinden, worin sie sich am wohlsten fühlt, und denken Sie daran, dass manche Katzen gerne höher schlafen als andere. (Mehr hierzu in Kapitel 8.)

JEDER EINZELNE SCHRITT im JFTFPS-Kreislauf fügt sich nahtlos in den nächsten und sorgt für Selbstbewusstsein. Das Schöne an der Verschränkung des Ur-Katzen-Rhythmus' mit Ihrem eigenen Rhythmus ist, dass das relativ einfach funktioniert, viele Vorteile bringt und Katzen positiv beeinflusst. Und wenn die Drei Rs – Routine, Rituale und Rhythmus – den Takt angeben, der ins totale Katzenglück führt, folgt der selbstbewusster Herrschaftsanspruch über das Territorium wie von alleine.

8

Katzifizierung und Territorium: Mojofizierung der häuslichen Umgebung

ICH WEISS, ICH klinge wie eine Schallplatte mit Sprung, aber ... Territorien, ihre Ressourcen und die damit verbundenen Herrschaftsansprüche sind DIE wichtigsten Mojo-Komponenten. Wie wichtig? Na ja, sagen wir mal so, ich habe bereits zwei Bücher zum Thema geschrieben, „Catification" (2014) und „Catify to Satisfy" (2015), und in beiden ging es größtenteils darum, die Territorialinstinkte der Ur-Katze nachzuvollziehen, zu erkennen, wie sie unsere Katzen beeinflussen, und auf dieser Basis eine Welt zu gestalten, in der ihre Bedürfnisse kreativ und nicht destruktiv befriedigt werden.

Aber warum müssen wir das überhaupt? Ganz einfach, weil sich unser Leben immer mehr Richtung Stadt entwickelt hat und wir unsere Katzen dorthin mitgenommen haben. Vorher haben Territorien etwa sechs bis sieben Straßenzüge umfasst, doch seit wir unsere Katzen im Haus halten, teilweise sogar zu mehreren, haben wir ihre Territorien deutlich eingeschränkt. Ihre Welt ist kleiner geworden, aber die Ur-Katze in unserer Katze ist dieselbe geblieben, und wenn wir dieses Ungleichgewicht nicht korrigieren, geschehen böse Dinge – aus Freundschaften werden Feindschaften, das Konkurrenzverhalten nimmt zu etc. Und ich spreche hier nicht nur von Katze-Katze-Beziehungen; alle Tierarten, die mit uns leben, fühlen denselben Druck.

Die gute Nachricht ist, dass wir dieser territorialen Zwickmühle etwas entgegensetzen können. Die Kunst der **Katzifizierung** ist ein Konzept, das unsere Umgebung zu unser aller Zufriedenheit bereichert. Es ermöglicht uns, jeden Quadratmeter unseres Zuhauses zu katzifizieren, und unseren Katzen, ausgewählte Orte mit ihrem Duft zu markieren und in einer anderen Dimension – der vertikalen Welt –, Selbstbewusstsein zu tanken, ohne dass wir ästhetische Einbußen hinnehmen müssen. In einer katzifizierten Welt verliert niemand, solange Kompromissbereitschaft herrscht. Und falls nicht, geschehen, wie gesagt, böse Dinge.

ALLE KATZEN BRAUCHEN einen Ort, an dem ihr Mojo aufblühen kann. Genauer gesagt, ein ...

Basislager – einen definierten Bereich im Herzen ihres Territoriums. Meistens ist das der Ort, an dem sich unsere Katze einlebt, wenn wir sie zu uns nach Hause holen. Ihre Sicherheitszone sozusagen.

Basislager eignen sich:

- bei Umzügen
- beim Umräumen/bei Renovierungen
- wenn neue Tiere in den Haushalt einführt werden
- wenn neue Familienmitglieder eingeführt werden
- wenn Gäste zu Besuch kommen und Ihre Katze schüchtern ist
- bei allen Arten von Notfällen

Wenn Katzen ein Basislager haben, das sie jederzeit aufsuchen können, fühlt sich alles direkt weniger stressig an.

WOHIN MIT DEM BASISLAGER?

Basislager sollten Räume sein, in denen wir uns aufhalten, die sozial relevant sind und an denen sich unser Duft mit dem unserer Katze vermischen kann. Büros, Familienräume oder Schlafzimmer sind gute Basislager, Waschküchen, Garagen oder Keller dagegen weniger, da Sie dort wahrscheinlich kaum Zeit verbringen und sie entsprechend kaum nach Ihnen riechen.

Wenn Sie eine neue Katze in einen Haushalt einführen, in dem bereits eine andere Katze lebt, sollten Sie nicht gerade Ihr Schlafzimmer zum Basislager machen, vor allem, wenn dort bereits eine andere Katze schläft. Kein Ort riecht mehr nach Ihnen als Ihr Bett, der Ort ist also heiß umkämpft und Ihre ansässige Katze könnte das dem Neuzugang ziemlich übel nehmen. (Mehr Informationen, wie Sie Katzen einander gewöhnen, finden Sie in Kapitel 10.)

DAS BASISLAGER AUSWEITEN

Basislager brauchen Wegmarker. Wenn sich das Territorium Ihrer Katze ausweitet und sie immer mehr Zeit in anderen Räumen verbringt, müssen auch die Wegmarker mitwandern.

Zur Ausweitung des Basislagers kommt es, wenn Sie die Wegmarker in andere Räume bringen und Ihre Katze so mit dem restlichen Territorium vertraut machen.

Die Wegmarker und Duftquellen aus dem Basislager stellen dabei eine Ausweitung ihres Territoriums dar und befeuern das Mojo Ihrer Katze.

Wenn Ihre Katze bereit ist, das Basislager zu verlassen, können Sie einige Wegmarker – ein Körbchen, ein Kratzbaum oder ein Katzenklo – weiter entfernt aufstellen. Auf diese Weise fühlen sich die neuen Bereiche, in die sie beim Erkunden vorstößt, vertraut an.

Wann Katzen bereit sind? Katzen sind bereit, das Basislager zu verlassen, wenn sie sich sichtbar wohl darin fühlen: ihr Schwanz zeigt nach oben, sie erkunden, fressen, trinken und benutzen ihre Duftquellen. Zeigen Sie ihr über Ihre Körpersprache und Ihr Verhalten, dass Sie das Basislager ausweiten.

Basislager-Rotation: Ersetzen Sie Gegenstände, die Sie bereits außerhalb des Basislagers platziert haben, durch neue Duftquellen und Wegmarker. Auf diese Weise wird Ihre Katze immer Bereiche im Haus vorfinden, die vertraut riechen und ihr ein Gefühl für ihren Territorialanspruch vermitteln. Denken Sie über das Basislager, Wegmarker und Duftquellen hinaus – schließlich soll Ihr ganzes Zuhause zu ihrem Territorium werden.

Katzen-Daddy-Wörterbuch

1. **Wegmarker** sind Gegenstände, die für den territorialen Herrschaftsanspruch Ihrer Katze stehen und die sie – sichtbar oder mit ihrem Duft – gekennzeichnet hat, wie Kratzbäume, Katzenklos oder Körbchen.
2. **Duftquellen** sind „softe“ Gegenstände, die den Duft Ihrer Katze absorbieren und auch als Wegmarker fungieren. Sie sagen „Ich lebe hier“ und eignen sich zum daran Reiben, Kratzen oder Hineinkuscheln. Hervorragende Duftquellen sind: Körbchen, Decken, Teppiche, Kratzpappen und -bäume.

KRATZBAUM IST GLEICH WEGMARKER/DUFTQUELLE

„Meine Katze zerstört alles", höre ich oft von meinen Kunden. Was sie damit meinen, ist: „Meine Katze zerkratzt meine Möbel, ich will mir aber keine von diesen teppichbezogenen Kratztonnen hinstellen." Verständlich ...

Was viele Menschen als nervige Angewohnheit bezeichnen, ist für Katzen eine Notwendigkeit. Das Zerkratzen von Beistelltischen und Sofas ist ein gutes Beispiel, aber Katzen kratzen nicht aus Spaß (oder weil sie eine Macke haben). Wiederholen Sie: *Katzen kratzen nicht aus Spaß.* Sie dehnen auf diese Weise ihre Rücken- und Brustmuskulatur, halten sich fit, bauen Stress ab – und lösen die äußeren Schichten ihrer Krallen ab.

Katzen kratzen aber noch aus zwei weiteren, wichtigen und mojofizierenden Gründe:

1. Kratzspuren sind Zeichen ihres Herrschaftsanspruchs
2. Kratzen hilft ihnen dabei, ihren Duft mit unserem und dem anderer Katzen zu vermischen.

Um wirklich zu verstehen, warum Katzen mittels Kratzen ihren Territorialanspruch durchzusetzen, sollten Sie Folgendes bedenken: so wie wir uns gerne mit Möbeln, Kunst, Fotos, Büchern und kleinen Andenken umgeben, umgeben sich Katzen gerne mit ihrem Duft und visuellen Zeichen, die sie pflegen und „frisch" halten. Und Kratzen eignet sich hervorragend für beides.

Katzen, die viele „Kratzoptionen" im Haus haben, hinterlassen ihre Spuren und Duftmarken unter anderem eben gerne im Holz und in Bezügen, und so wie Sie gerne Ihre Familienfotos geraderücken oder das Glas abstauben, „justieren" Katzen ihre Markierungen immer wieder nach, wenn sie an ihnen vorbeikommen. Das vermittelt ihnen ein Gefühl von Sicherheit und Besitz – und verwandelt diese Stellen in aussagekräftige Wegmarker und Duftquellen.

Katzen markieren und zerkratzen aber nicht nur gerne ihr eignen Sachen, sondern auch Sachen, die ... nach Ihnen riechen. Katzen kratzen aus verschiedenen Gründen gerne an Sofas und Stühlen, wobei der wichtigste Grund ist, dass sie nicht nur gerne einen „Gruppenduft" mit anderen Katzen im Haushalt entwickeln, sondern auch mit anderen Lebewesen ...

Nein
Ja

und ganz besonders mit diesen großen, haarlosen Wesen, die sie mit Futter und Liebe versorgen. Der Versuch Ihrer Katze, ihren Duft mit dem Ihren zu mischen, birgt also den ultimativen Katzenliebesbeweis – den *geteilten* Herrschaftsanspruch.

Ach ja, außerdem sind Sofas meistens wunderbar robust, mit einem kratzfreundlichen Material bezogen und „leben" an sozial relevanten Orten im Territorium. All das können wir ihr aber auch in Form eines Kratzbaums anbieten. (Siehe Kapital 13, falls Sie Ihre Katzen beim Kratzen auf die richtige Spur bringen wollen.)

Katzen haben für gewöhnlich vier Hauptvorlieben, über die Sie Bescheid wissen sollten:

1. Ort
   Jetzt, da Sie wissen, dass Kratzen gleich Territorialanspruch bedeutet, sollten Sie darüber nachdenken, wo Ihre Katze gerne kratzt, weil Katzen gerne Dinge markieren, die einen soziale Wert für sie haben, ob das nun ein Sofa, ein Teppich oder ein Türrahmen ist.
   Wenn Sie einen Kratzbaum in einem Zimmer verstecken, in dem sich nie jemand aufhält, kratzt das nicht nur am Mojo – und führt auch zu einem zerkratzten Sofa. Und da Kratzen und Territorialanspruch wie gesagt ein- und dasselbe ist, sollten Sie mehrere Kratzoptionen verteilt bereitstellen – und sich, wie gesagt, kompromissbereit zeigen.
2. Textur
   Katzen versenken ihre gezückten Krallen gerne, zum Beispiel in Sisal, Jute, Holz, Kork, Teppich oder Pappe. Manche Katzen haben klare Präferenzen, die es immer herauszufinden lohnt. Im Zweifel können Sie ihr aber auch etwas wie das geben, an dem sie nicht kratzen soll!
3. Technik
   Beobachten Sie Ihre Katze beim Kratzen. Bevorzugt sie horizontale „Arbeitsflächen" wie Teppiche, oder geht sie lieber in die Vertikale, sprich an Ihr Sofa? Oder kratzt sie gerne an der Unterseite Ihres Bettgestells herum? Manche Katzen mögen es, über Ecken und Kanten zu kratzen, und andere mögen … alle drei Varianten.
4. Auf die Größe kommt es an
   Bieten Sie Ihrer Katze robuste Kratzoptionen. Katzen, die vertikal

kratzen, sollten auf den Hinterbeinen stehen und sich voll durchstrecken können. Freistehende Pfosten sollten daher eine stabile Basis haben. Wenn sie wackeln oder schwanken, „gewinnt“ die Couch.

STADTPLANUNG

Stadtplanung ist ein Prozess, bei dem man sein Heim so gestaltet, dass es die Bedürfnisse aller – Menschen wie Tiere – erfüllt und zur friedlichen Koexistenz einlädt. Ausschlaggebend hierfür ist ein gut geregelter Verkehrsfluss, sprich jeder muss sich ungezwungen von A nach B bewegen können.

Das Konzept eignet sich besonders in Haushalten mit Kindern und Hunden und nutzt den Vorteil für sich, dass sich Katzen in der Vertikalen genauso wohlfühlen wie in der Horizontalen. Unser Zuhause auf dieser Achse auszurichten, sorgt für einen angenehmen Verkehrsfluss, hilft uns, ihre Komfortzonen zu lokalisieren und Herausforderungslinien sinnvoll zu verschieben (siehe Kapitel 9) … und zeigt uns gleichzeitig genau an, welche Orte ihr Selbstbewusstsein stärken.

Hier einige einfache Richtlinien zur „Stadtplanung“ in den eigenen vier Wänden.

Schritt 1: Erfassen Sie die aktuelle „Landschaft“ Ihres Zuhauses.

In Städten regeln Ampeln und Straßenschilder den Verkehr der Bewohner, indem sie regulieren und Abläufe optimieren. Schauen Sie sich Ihr Zuhause genau an, prüfen Sie die Effizienz des Verkehrsflusses und achten Sie dabei auf folgende Problemzonen:

Hotspots sind Bereiche, in denen es regelmäßig zu Konflikten oder auffälligem Verhalten kommt. Untrügliche Zeichen für einen Hotspot sind Raufereien, Aggressionen oder Urinflecken außerhalb des Katzenklos. Geschieht das alles mitten im Raum? An einem der Fenster? Im/beim Katzenklo? Um diesem Rätsel etwas plastischer zu lösen, macht es Sinn, Malerkrepp zu verwenden (das sich leicht von Böden und Teppichen ablösen lässt) und alle Stellen zu markieren, an denen es heiß hergeht, und je mehr Krepp Sie brauchen, desto heißer ist der Ort, so einfach ist das. (Mehr über die sich dabei ergebenden Muster erfahren Sie mit Hilfe der Anti-Schatzkarte auf Seite 261). Übrigens: Hotspots verlangen nach Alternativen, damit sie nicht zu Sackgassen werden.

CHINESE TAKE AWAY
WORLD MAPS
NEWS
CAT DADDY
SNACKS

Nein

CAT DADDY

Ja

Hinterhalte und Sackgassen bergen ein Konfliktpotenzial, das mit den Bereichen selbst zu tun hat – mit der Anordnung der Möbel, der Architektur, der Unordnung etc. Hinterhalte sind in der Nähe von Orten mit nur einem Ein- und Ausgang, wie geschlossene Katzenklos oder Katzenklos, die am Ende eines Flurs oder hinter Waschmaschinen versteckt/aufgestellt werden. Hinterhalte erlauben Katzen, anderen Katzen den Weg zu versperren, und führen zu „Staus". Finden und eliminieren Sie Hinterhalte und Sackgassen, damit der Verkehr wieder fließen kann.

Katzen-Daddy-Tipp

Unterschlupfe blockieren

Wer Katzen hat, sollte keine Unterschlupfe haben. Unterschlupfe befinden sich, wie bereits auf Seite 84 erwähnt, an schwer zugänglichen Orten – unter Betten und Sofas, in Schränken, hinter Öfen – und ziehen ängstliche Katzen magisch an.

Um zu verhindern, dass sich Katzen „einhöhlen", sollten Sie die Unterschlupfe blockieren, in dem Sie beispielsweise den Bereich unter Ihrem Bett mit Aufbewahrungsboxen ausfüllen, den unter Ihrem Sofa mit Plexiglasstreifen abdichten oder Ihre Schränke mit einer Kindersicherung ausstatten. Blockierte Unterschlupfe ermöglichen Ihrer Katze, an anderen Orten ihr Mojo zu stärken anstatt sich den ganzen Tag zu verstecken. Und, noch wichtiger: sie helfen IHNEN dabei, sich Kokons für Ihre Katze zu überlegen – an sicheren, sozial relevanten Orten, an denen Ihre Katze zu ihrem selbstbestimmten Ich finden kann (wie auch immer das aussieht). Natürlich sollte dieser Prozess aus einer ausgeklügelten Abfolge erreichbarer Ziele bestehen, die ich **Herausforderungslinien** nenne. Mehr hierzu in Kapitel 9.

Schritt 2: Optimieren Sie den Verkehrsfluss.

Ein **Kreisverkehr** um den Hotspot lenkt den Verkehrsfluss um und beugt Konflikten vor. Kreisel können Kratzbäume oder andere Elemente sein.

Wenn Sie einen Hinterhalt oder eine Sackgasse entdeckt haben, können Sie eine **Drehtür** installieren, um den Verkehr wieder in Gang zu bringen. Hierfür eignen sich Kratzbäume oder Regalsysteme, an denen Katzen hochklettern können, um aus der Gefahrenzone zu gelangen.

Fluchtrouten verhindern, dass Katzen in Ecken getrieben werden. Hierfür eignen sich offene Katzenklos sowie alles – von Regalen über Schränken bis hin zur Abstellkammer –, solange mehrere Fluchtmöglichkeiten bestehen.

Schritt 3: Nutzen und optimieren Sie das volle Potenzial der wichtigsten Räume wie folgt:

DIE VERTIKALE WELT

Katzen lieben es, zu klettern. Wenn wir unsere Räume katzifizieren, sollten wir daher auch ihr vertikales Potenzial ausschöpfen. Katzen versuchen, jeden Bereich eines Raumes zu besetzten, und zwar vom Boden bis zur Decke, vor allem Baumbewohner, die alles mögen, was sich über dem Boden befindet – die Sitzflächen von Stühlen, Tische, Bücherregale, einfach alles, was in die Höhe führt. Überlegen Sie also, wie sich Ihre Einrichtung optimieren lässt, um diesem vertikalen Anspruch gerecht zu werden.

Katzifizierung für versehrte Katzen

Was genau kennzeichnet Katzen als „versehrt“? Ein übliches Zeichen ist – egal, ob sie alt, blind oder taub sind, neurologische Probleme haben, ihnen ein Bein fehlt oder sie mit schweren gesundheitlichen Schäden zur Welt gekommen sind –, dass es ihnen immer schwerer fällt, sich durch ihre Welt zu bewegen. Egal, welches Leiden dahintersteckt, mein Ziel ist und bleibt stets dasselbe: ihnen zu helfen, ihr Mojo zu finden und es zu maximieren.

Wenn Sie eine alte oder bedürftige Katze haben, können Sie den Katzifizierungsprozess ganz einfach an ihre Bedürfnisse anpassen:

- Sorgen Sie dafür, dass sie ohne Probleme ihr Katzenklo betreten kann, indem Sie die Vorderseite entfernen.
- Nachtlichter entlang der Fußleisten machen für Katzen, die sich nachts nicht mehr zurechtfinden, einen Riesenunterschied.
- Sanft ansteigende Rampen, Polster, rutschfeste Matten, geheizte Betten oder Kissen und interessante Aussichtspunkte erleichtern Ihrer Katze den Zugang zu mojofizierten Orten und helfen ihr, mit der vertikalen Welt und mit Katzen-TV in Kontakt zu bleiben.

Wenn Sie Ihre versehrte Katze mit JFTF und den Drei Rs beschäftigen, wird sie das ebenfalls bestärken. Denken Sie immer daran, dass sie im Hier und Jetzt lebt und Befangenheit und Mitleid niemandem helfen. Lassen Sie sich also auf sie ein und katzifizieren Sie ihre Welt so, dass Sie sie gleichzeitig schützen und herausfordern können.

DIE KATZENAUTOBAHN

Die Katzenautobahn gehört zu den spannendsten Elementen im Katzifizierungsprozess, da sie den Verkehrsfluss optimiert, Katzen Zugang in die Vertikale Welt gewährt und ihnen ermöglicht, sich durch Räume zu bewegen, ohne auch nur eine Pfote auf den Boden zu setzen.

Zu den wichtigsten Merkmalen einer wohldurchdachten Katzenautobahn gehören:

Mehrere Spuren, die unsichtbar auf der vertikalen Achse Ihrer Autobahn verlaufen und ausreichend Platz bieten, damit mehrere Katzen den Bereich konfliktfrei passieren können.

Ein-/Ausfahrten, über die Katzen auf die Autobahn gelangen und sie wieder verlassen können. Davon brauchen Sie, besonders in Mehrkatzenhaushalten, zwingend mehrere.

Reiseziele und Raststätten, die die Autobahn interessant machen und für mehr Verkehr sorgen. Reiseziele sind die Arten von Orte, die Ihre Katze gerne zum Entspannen aufsucht, wie ein Körbchen auf einem Bücherregal. Raststätten wiederum eignen sich für einen kurzen Zwischenstopp, zum Durchatmen und um den Ausblick zu genießen – das sind beispielsweise kleine Vorsprünge oder ein **Krähennest,** was im Grunde nichts anderes als ein Aussichtspunkt ist, von dem aus Ihre Katze ihr Territorium überblicken kann.

Vermeiden Sie beim Bau Ihrer Katzenautobahn Folgendes:

Schmale Spuren – wenn die Spuren zu schmal sind und Katzen nicht aneinander vorbeikommen, kommt der Verkehr zum Erliegen ... und der Ärger ist vorprogrammiert. Sorgen Sie für Spuren, die mindestens 20 Zentimeter breit sind, oder für Ausfahrten und alternative Routen.

Unerreichbare Zonen – vermeiden Sie es, Ihre Autobahn so extravagant zu bauen, dass Sie in Notfällen, oder wenn Sie mit Ihrer Katze zum Tierarzt müssen, nicht mehr an sie herankommen. Sie müssen sie jederzeit erwischen können. Das erleichtert übrigens auch das Putzen.

Hotspots, Hinterhalte und Sackgassen – auch wenn die Spuren breit genug sind, können aus vielen verschiedenen Gründen Konflikte ausbrechen. Achten Sie also darauf, dass es keine problematischen Bereiche oder Sackgassen gibt. Zusätzliche Spuren, Ein- und Ausfahrten etc. sorgen dafür, dass Probleme gar nicht erst entstehen und der Verkehr friedlich vor sich hinfließen kann.

DAS SAHNEHÄUBCHEN

Okay, das Basislager ist fertig. Wir haben die Spielwiese stadtplanerisch aufgewertet, indem wir für einen munter fließenden Verkehr durch die Räume gesorgt und horizontal wie vertikal das volle Potenzial ausgeschöpft haben. Und wir haben das Terrain durch strategisches Platzieren unserer Duftquellen und Wegmarker mojofiziert. Kommen wir nun zu zwei weiteren essenziellen Katzifizierungen, die für ein völlig neues Lebensgefühl sorgen werden:

Die Katzensonnenuhr

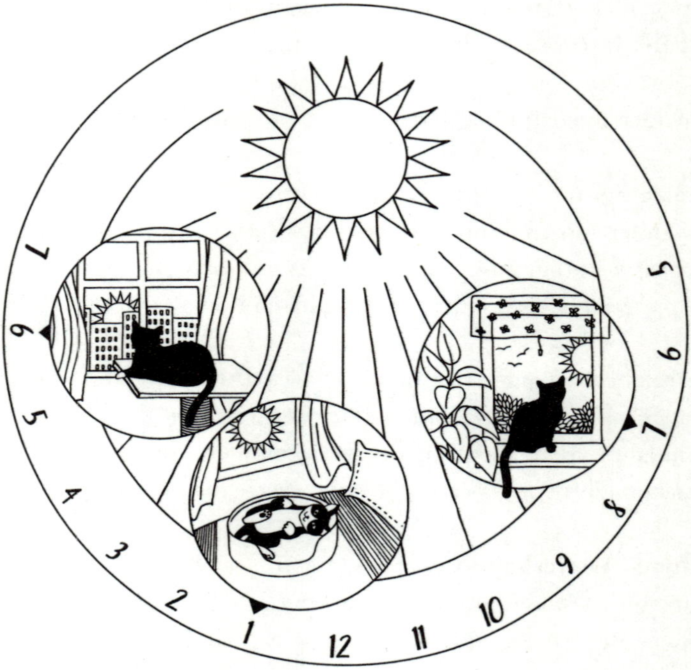

Katzen haben die Tendenz, sich mit der Sonne durch ihr Territorium zu bewegen. Finden Sie heraus, durch welche Fenster je nach Tageszeit das meiste Licht fällt und verteilen Sie entsprechend ihre Duftquellen – Körbchen, Kratzbäume, Aussichtspunkte, Hängematten, Kratztonnen et cetera pp.

Wenn Sie Ihrer Katze in diesen besonders begehrten Bereichen genügend Ressourcen zur Verfügung stellen, werden sich Ihre Katzen automatisch in der feinen Kunst des Abhängens (beziehungsweise des Time-Sharings) üben. Helfen Sie ihnen dabei, zu teilen anstatt um ihre territorialen Ressourcen zu kämpfen.

Katzen-TV

Fernseher spielen beim Entspannen eine große Rolle. Egal, wie viel wir zu tun haben, egal wie chaotisch unser Tag war – wir können uns vor dieses allgegenwärtige Ding pflanzen und, vorausgesetzt die Unterhaltung stimmt, der Welt entfliehen, auch wenn es nur für 30 Minuten ist. Es geht dabei nicht nur um das „Versacken"; der Fernseher gibt uns die seltene Gelegenheit, gleichzeitig zu entspannen und zu partizipieren. Wir schauen nicht nur, sondern lassen unsere Fantasie spielen, verfolgen eine Handlung und nehmen am Geschehen teil, jedoch auf eine entspannte Art, sodass der Spaß den Stress einer tatsächlichen Partizipation überwiegt.

Abgesehen von der angenehmen Wärme, die der Fernseher ausstrahlt, interessiert Katzen das Gerät jedoch herzlich wenig. Das heißt aber nicht, dass ihnen das Konzept fremd wäre. Katzen-TV heißt, sich die wichtigste Tätigkeit unserer Katze – die Jagd – herauszupicken und in eine andere Art von Rahmen zu stecken, damit auch sie den Genuss unserer TV-Entspannung erleben können. Ich bezeichne das als „passive Partizipation".

Katzen-TV findet meist vor dem Fenster statt, wenn Katzen ihre Beute beobachten. Der wichtigste Aspekt ihrer Jagdstrategie als Lauerjäger besteht darin, zu beobachten und auszuwerten. Tatsächlich ist der Angriff nur ein kleiner Teil des JFTF-Zyklus', während das Auswerten der Beute und Planen des Angriffs eine Katze den halben Tag beschäftigen kann. Haben wir nicht alle schon beobachtet, wie fast schon obsessiv unsere Samtpfote eine Motte an der Decke anstarren kann? Wirklich, Katzen können Stunden damit zubringen, zu warten, bis sich die Motte endlich bewegt (oder einen taktischen Fehler begeht).

So wie der Fernseher in Ihrem Wohnzimmer an einer zentralen Stelle steht, sollten Sie auch für Katzen-TV nach geeigneten Fenstern Ausschau halten und gegebenenfalls Dinge davor platzieren, die natürliche Beute wie Vögel oder Insekten anlocken. Ein Vogelbad für Vögel,

Blumen für Bienen, Futterspender für Eichhörnchen ... Machen Sie aus dem Fenster ein Reiseziel, mit Katzenbaum, Aussichtspunkt oder Katzenbett, damit Ihre Katze nach Herzenslust komaglotzen kann.

Denken Sie dabei auch an die Katzensonnenuhr und richten Sie Ihr Katzen-TV nach dem Lauf der Sonne. Auf diese Weise maximieren Sie Ihre Chancen, dass Ihre Katze ihren TV-Ausguck auch tatsächlich nutzt.

Wenn Sie in einer Wohnung wohnen, haben Sie es natürlich etwas schwerer, da die wenigen Fenster höher im Kurs stehen und die Möglichkeiten, Futterspender, Vogelhäuschen etc. aufzustellen, eingeschränkt sein dürften. Optionen gibt es aber immer. Ich bin ehrlich gesagt kein großer Fan von Aquarien, aber sie können durchaus zum TV-Erlebnis werden (passen Sie nur gut auf die Fische auf!). Es gibt sogar ganz coole Attrappen mit Plastikfischen und -quallen, die total echt wirken und tolle Katzen-TV-Unterhaltung bieten können. Trotzdem sollten Sie versuchen, die Fenster, die Sie haben, so einladend wie möglich zu gestalten, damit Ihre Katze die Ameisenmenschen da unten beobachten kann, was eine faszinierende Beschäftigung für sie sein kann.

Unser Zuhause mit verschiedenen Katzen-TV-Stationen auszustatten, hat sowohl für Katzen als auch für uns unmittelbare Vorteile, da es, wenn Katzen tagsüber alleine sind, gegen Langweile, Ängste und Stress vorbeugt. Und, was genauso wichtig ist: es ergänzt Ihre täglichen Spielrituale. Natürlich ist und bleibt die beste Methode, um Energie aus ihrem Katzenheißluftballon abzulassen, tatsächlich mit ihr zu spielen, aber die Zeit dazwischen mit Möglichkeiten zur passiven Partizipation aufzufüllen, dürfte verhindern, dass sich der Heißluftballon zu schnell füllt oder in dem Moment explodiert, in dem Sie zur Tür hereinspazieren. Wie gesagt, jeder gemeinsame Moment birgt die Möglichkeit, den Ballon entweder mit Energie aufzuladen oder sie abzulassen, und Katzen-TV hilft dabei aus der Distanz, während das Territorium dazu beiträgt, dass ihr Mojo im Takt bleibt.

DIE MOJO-KARTE

Bisher habe ich mich auf die Komponenten eines ordentlich katzifizierten Katzenhaushalts konzentriert. Will man jedoch 1:1 nachvollziehen, wie diese Komponenten den *Flow* im Territorium optimieren, gibt es nichts Besseres, als eine Mojo-Karte.

Was kommt in die Karte?

Ebene 1: Die Bereiche, die Ihre Katze nutzt

Ebene 2: Die Dinge, die Sie ihr zur Verfügung stellen

- alle Elemente der Katzifizierung
- Katzen-TV
- der Verkehrsfluss durch die Räume
- die Bereiche, in denen sie ihr Geschäft verrichtet, frisst, schläft und patrouilliert
- die Bereiche, in denen Sie gemeinsam Zeit verbringen
- die territorialen „Throne" für Mensch und Katze (Bett und Sofa)
- die Bereiche, in denen sie viel Zeit verbringt statt nur durchzuflitzen
- die Katzensonnenuhr
- Fenster und Türen

Fangen Sie mit dem Grundriss an. Es gibt sogar Apps, die Ihnen dabei helfen können, oder Sie machen es sich einfach und greifen ganz klassisch zu Papier und Stift. Zeichnen Sie Fenster und Türen ein und wo sie hinführen, und schon kann es losgehen.

Die Mojo-Karte wird Ihnen dabei helfen, aktiv sozial relevante Bereiche (oder SRBs) zu determinieren – Throne, begehrte und oft umkämpfte Katzenmöbel, stark frequentierte Bereiche, die in Mehrkatzenhaushalten oft zum Kriegsschauplatz werden –, um Muster (und mögliche Blockaden) zu identifizieren, die im Katzifizierungsprozess Fragen beantworten wie *wo Sie die Katzenklos hinstellen und wo Sie vielleicht noch einen Katzenbaum hinstellen sollten.*

Um das Verhalten und die Vorlieben Ihrer Katzen besser analysieren und darauf reagieren zu können, verwende ich gerne diese Sternchen-Aufkleber aus der Grundschule, die man auf die beliebtesten Orte kleben kann. Wo schlafen Ihre Katzen länger als ein paar Stunden am Tag? Wo spielen sie? Wo kratzen sie (auch wenn sie es da nicht sollen)? In Mehrkatzenhaushalten können Sie jeder Katze einen Aufkleber in ihrer Farbe geben, damit Sie die jeweiligen territorialen Zentren klar unterscheiden und nachvollziehen können, wie sie mit denen der Menschen und der anderen Katzen überlappen, und welche Bereiche keine größere Rolle spielen.

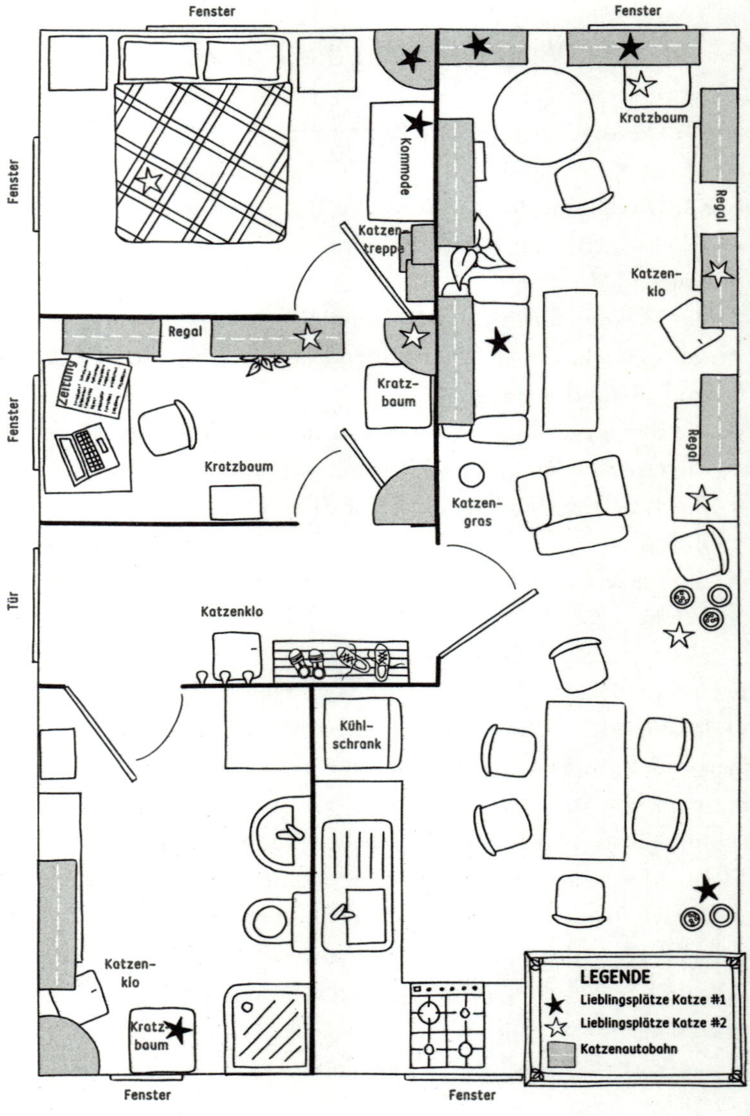

Apropos Menschen – in welchen Räumen halten *wir* uns oft auf und wo finden unsere täglichen Rituale statt? Verbringen Sie oder Ihre Familie die meiste Zeit in der Küche? Arbeiten Sie zuhause, in Ihrem Büro? Gibt es ein Fernsehzimmer, in das Sie sich abends zurückziehen? Machen die Kinder ihre Hausaufgaben am Esszimmertisch, während Sie im Bett oder auf dem Sofa Ihr Buch lesen? Diese Momente stehen für einen gemeinschaftlichen territorialen Herrschaftsanspruch und sind ausschlaggebend im Katzifizierungsprozess: Räume, die Ihre Familie wichtig sind, sollten auf der Karte als genauso wichtig für Ihre Katzen zu erkennen sein.

Die Mojo-Karte wird Ihnen helfen, die Kerngebiete Ihrer Katze zu identifizieren. Das ist, als würden Sie einen Stein ins Wasser zu werfen und die dabei entstehenden Kreise katzifizieren. Und wenn Sie Ihre SRBs mit denen ihrer Katze vergleichen, werden Sie ganz schnell erkennen, welche Bereiche zusätzlich katzifiziert werden müssen.

Werfen Sie nun einen Blick auf Ihre „Geschütze" aus dem Basislager. Wo stehen die Näpfe? Wie die Katzenklos? Die Kratzbäume? Der Katzenbaum? Die Körbchen? Haben Sie eine Autobahn? Tragen Sie alles in Ihre Karte ein. Dieser Prozess wird Ihnen offenbaren, was Sie für Ihren Katzifizierungsprozess noch alles brauchen. Wenn Sie feststellen, dass sich der ganze „Katzenkram" in einer Ecke befindet, haben Sie jetzt die Gelegenheit, neue Botschaften zu senden, alle Vorlieben zu berücksichtigen und herauszufinden, wo was hingehört, damit alle territorialen Ansprüche erfüllt werden und der Verkehr ordentlich fließen kann. In einer perfekt katzifizierten Welt sollten alle Wegmarker, Duftquellen, Sonnenuhr- und Katzen-TV-Elemente gleichmäßig in der Wohnung verteilt sein.

Merken Sie sich, dass es im Katzifizierungsprozess ALLEIN darum geht, den Raum gleichermaßen menschen- wie tierfreundlich zu gestalten, mit der Betonung auf „gleichermaßen", denn wenn wer seine Katze nicht aktiv in ihrem Territorium mojofiziert, bewirkt das komplette Gegenteil. Eins ist nämlich klar: *Wer nicht ordentlich katzifiziert, wird zugesprayt.*

DIE KARTE LEBT

Während Sie weiterbauen und sich dabei auf Ihre Karte beziehen, werden Sie feststellen, dass sie „lebt"; sie ist fließend wie die Beziehungen, die sie dokumentiert. Präferenzen wandern wie die Sonne, die über das Jahr unterschiedliche Stellen wärmt, und denen Ihre Katzen folgen werden, um sich neue Lieblingsplätze zu sichern, die Sie ebenso verzeichnen. Wie praktisch, dass Sie Ihre Karte haben und allen einen Schritt voraus sind. Denn je schneller Sie Ihre Stadtplanung auf den neuesten Stand bringen, desto mehr Selbstvertrauen bauen Sie auf (und bewahren Sie) und desto seltener wird der territoriale Protektionismus sein hässliches Haupt erheben.

Wegmarker und Duftquellen, sollte also unser Mantra lauten, wenn wir uns die Planung unseres gemeinsamen Territoriums betrachten. Die offensichtlichen Grundelemente sind Körbchen, Kratzbäume in allen Materialien, Formen und Größen, Türme, Näpfe, Trinkbrunnen und, richtig, unsere alten Pullover. Fehlt nur noch der König aller Wegmarker und die Mutter aller Duftquellen: das Katzenklo.

Das hört sich nicht gerade ermutigend an, ich weiß. Ich *weiß*. Aber glauben Sie mir einfach. Ich wette nämlich, Sie haben noch nicht so oft wie ich aus erster Hand miterlebt, welchen Grad der Zerstörung ein 60 × 60 Zentimeter großes Katzenklo anrichten kann. Und ich spreche nicht einmal von kleinen und großen Geschäften, sondern von ihrem immensen Konfliktpotenzial, das sich auf alle Beziehungen auswirken kann, und zwar auf Mensch-Mensch-, Katze-Mensch- und sogar Mensch-Zuhause-Beziehungen. Deshalb möchte ich Ihnen alles, wirklich alles, was ich zu diesem Thema weiß, vermitteln, denn je mehr Sie wissen, desto weniger Kummer wird diese quadratische Plastikbox Ihnen, Ihrer Katze und Ihrer Familie bereiten können.

KLEINES KATZENKLO-1×1 UND MEHR

Glauben Sie an Zauberei? Als Sie miterlebt haben, wie Ihre Katze zum ersten Mal ihr Katzenklo benutzt und instinktiv ihr Geschäft verscharrt hat, haben Sie doch sicher einen Moment der Ehrfurcht verspürt, oder?

Katzen, die in der freien Natur unterwegs sind, verrichten ihr Geschäft jedoch nach Lust und Laune, und nicht zwangsläufig am selben Ort. Als Ed Lowe 1947 Katzenstreu erfand, revolutionierte das auf zwei Arten unsere Beziehung zu unseren Katzen: Erstens intensivierte sich die Bindung, da Katzen von nun an viel mehr Zeit zuhause verbringen konnten, was aber, und damit kommen wir zu zweitens, direkten Einfluss auf unsere Erwartungshaltung nahm. Typisch Mensch, erwarteten wir von nun an, dass unsere Katzen ihr Geschäft nur noch in ihren Boxen verrichteten. Nach Jahrhunderten des Laissez-faire stellten wir also eine Erwartung an unsere Katzen, die sich auf der Zeitleiste unserer Beziehung wie ein Fingerschnippen ausnahm. Und wieder typisch Mensch, gingen wir dabei auch noch ziemlich ungeduldig vor. Wenn man aber bedenkt, dass wir Katzen erst vor Kurzem ins Haus geholt und dann direkt auf diese Box gezeigt und „Ab jetzt machst du hier rein!“ gesagt haben, kann man wirklich von einem Wunder sprechen, dass sie es überhaupt tun.

DER ELEFANT IM RAUM

Wenn Sie mich fragen – oder jemanden, der denselben Job hat –, dann gibt es meinen Job hauptsächlich wegen dieser Pipi-Kaka-Geschäfte außerhalb des Katzenklos. Denn nichts motiviert meine zukünftigen Kunden mehr, mich oder das Tierheim anzurufen, als eine „Serientäter-Katze“, die nonstop auf das Sofa, den Teppich, das Bett oder sogar auf … na ja, Sie wissen schon. Lassen Sie uns also mit einigen bewährten Methoden loslegen, um die kleinen und großen Geschäfte mit der richtigen Katzifizierung des Katzenklos wieder unter Kontrolle zu bringen.

Zuvor möchte ich aber noch eine Sache loswerden: Katzenklos (sowie Anzahl und Standorte) sind wie der sprichwörtliche Elefant im Raum, *das* Thema also, über das niemand reden möchte. Ich habe sogar Kunden, die lange darüber nachgedacht haben, ob sie nicht lieber mit dem Geschäft auf dem Teppich leben wollen, als *noch* ein Katzenklo im Haus zu haben. Das muss natürlich jeder für sich entscheiden, da erfahrungsgemäß nichts mehr unsere Kompromissbereitschaft erfordert, aber wenn Ihnen das Wohl Ihrer Katze am Herzen liegt, werden Sie sich hoffentlich zum richtigen Kompromiss durchringen. Es gibt jedoch noch ein Argument, das Sie im Zuge Ihrer elefantösen Überlegungen im Hinterkopf behalten sollten: Wenn Sie meine Anleitung jetzt befolgen, werden Sie in den meisten Fällen keine Katzenklo-Probleme haben. So einfach ist das.

Über die Bedeutung von Duftquellen für das Mojo Ihrer Katze haben wir bereits gesprochen. Diese territorialen Marker sind wie all die kleinen Dinge, die Ihr Zuhause ausmachen. Die Andenken, die Reisesouvenirs, die Fotos an der Wand, die ganzen kleinen Details, über die Sie sich den Kopf zerbrochen haben, ja, sogar die Garderobe, die unter den Mänteln, Jacken,

Hüten und Taschen zusammenzubrechen droht – an all diesen Dingen gehen Sie jeden Tag vorbei und fühlen sich mit jeder Faser Ihres Körpers zugehörig. Alles scheint leicht, denn Sie sind *zuhause*.

Und nun stellen Sie sich bitte die Frage, was Sie mit auf eine längere Reise nehmen würden, um weniger Heimweh zu verspüren.

Als jemand, der etwa ein Drittel des Jahres unterwegs ist – und auch Heimweh verspürt – kann ich Ihnen nur empfehlen, mit Ihrem Badetuch zu reisen. Klar, es ist toll, Fotos von seiner Frau und seinen Tieren mitzunehmen und sie auf den Nachttisch zu stellen, aber ein Badetuch ist *der* ultimative menschliche Marker, wenn man in einem fremden Hotel aus der Dusche steigt und sich in seinen Duft und damit den seines Zuhauses hüllt. Für Sie sind solche Marker vielleicht Ihre Hausschuhe oder Ihr Kissen – aber für Katzen ist es definitiv ihr Katzenklo.

Denken Sie mal darüber nach: Für Ihre Katze könnte sich jeder Raum in Ihrem Zuhause so fremd wie ein Hotelzimmer oder so intim wie ein Schlafzimmer anfühlen. Wenn Sie ihr Mojo maximieren wollen, sollten Sie daher in jeden für Sie und Ihre Katze wichtigen Bereich ein Katzenklo stellen. Wenn wir nach Hause kommen, sitzen wir meistens auf dem Sofa, bevor wir ins Bett gehen. Das sind unsere wichtigsten Duftquellen, und sie zwingen Katzen geradezu dazu, ebenfalls Zeit an diesen Orten zu verbringen, ihren Duft mit unserem zu vermischen und aus dem Wohn- und Schlafzimmer die wichtigsten Räume des Hauses zu machen. Also, ja – *das* sind die Räume, in die Sie ein Katzenklo stellen sollten.

Ich weiß, das fühlt sich an, als hätte ich die Katzenklo-Bombe direkt über Ihrem Kopf explodieren lassen. Aber diese Bombe könnte Ihre Situation radikal und zu ihrer beider Gunsten verändern. Ihre Bereitschaft, Ihr Zuhause an die Bedürfnisse Ihrer Katze anzupassen, ist ein zentraler Aspekt in der Katzifizierung, und der Vorteil eines Katzenklos, das Sie nicht an den Rand, sondern mitten ins Wohnzimmer stellen, ohne dabei einen Gedanken an die Ästhetik zu verschwenden, wird definitiv der sein, dass

Urinieren aus territorialer Unsicherheit, was übrigens der Hauptgrund für diese Art von Problem ist, deutlich reduziert wird und vielleicht sogar ganz aufhört.

Falls Sie die Vorstellung von überall im Haus verteilten Katzenklos immer noch ausflippen lässt, können Sie das Ganze ja auch als Experiment sehen, schließlich wird Ihre Katze nicht alle Katzenklos benutzen, sondern nur die, die ihrer Meinung nach in den sozial relevanten Bereichen stehen, was bedeutet, dass Sie die Zahl am Ende wieder reduzieren können.

Katzen-Daddy-Wörterbuch: Katzenklo-Verbitterung

Ich habe Ihnen gerade empfohlen, Katzenklos überall im Haus aufstellen. Was ich aber nicht möchte, ist, dass Ihnen dieser Kompromiss so schwer fällt, dass er einen Keil zwischen Sie und Ihre Katze treibt. Ich spreche hier von einem inneren Prozess, den ich **Katzenklo-Verbitterung** nenne: Sie gehen durchs Haus, blicken nach unten, sehen das Katzenklo – und nehmen es ihr übel. Genauso wie Sie es an einem besonders schlimmen Tag Ihrem Kind übel nehmen, wenn Sie über eines seiner Spielzeuge stolpern. Das schreit nach einer Intervention.

Sie sind nämlich auch gerade darüber gestolpert, dass nicht nur Katzen territoriale Ansprüche haben ... Wir wollen zwar, dass sie glücklich sind, finden aber den Gedanken, dass sie mitten im Wohnzimmer ihr Häufchen verrichten, unerträglich. Aber so wie Kinder ihr Spielzeug für ihre Entwicklung brauchen, brauchen Katzen Ihr Katzenklo für ihr Mojo. Doch zum Glück gibt es für alles eine Lösung, und genau dieses lösungsorientierte Denken wird Sie vor der Katzenklo-Verbitterung bewahren.

KATZEN-DADDYS ZEHN KATZENKLO-GEBOTE

Die Gebote sind zwar eher Tipps, aber mir haben sie bei fast allen Katzenklo-Problemen geholfen, denen ich in den letzten 20 Jahren begegnet bin. Nur Mut, die Katzenklo-Gebote haben die Macht, Sie von der Last ruinierter Teppiche zu befreien und mit den fügsamsten aller Kätzchen zu belohnen.

Du sollst +1 Katzenklo pro Katze haben

Diese Formel könnte auch direkt in Stein gemeißelt werden, wie die echten Zehn Gebote. Ich gebiete Ihnen zwar nicht, rate Ihnen aber, die „Plus-eins-Empfehlung" umzusetzen, spricht wenn Sie eine Katze haben, sollten Sie zwei Katzenklos aufstellen, wenn Sie zwei Katzen haben, drei Katzenklos etc. Mit dieser Formel denken Sie in den richtigen Dimensionen. Wo wir gerade dabei sind …

Du sollst deine Katzenklos nicht nebeneinanderstellen

Es kommt immer wieder vor, dass ich in das Haus eines Kunden zurückkehre, dem ich bei meinem letzten Besuch die obige Formel als Hausaufgabe gegeben habe, und feststellen muss, dass die Räume immer noch seltsam „katzenklobefreit" aussehen, zumindest auf den ersten Blick. Doch dann werde ich in die Garage geführt, und da stehen sie: vier Katzenklos, ordentlich aufgereiht zu einer Art Katzenklo-Kolonie. Willkommen im Katzenklo-Resort, wo Sie die Hektik der Großstadt hinter sich lassen können! Nicht schlecht, Klo-Hasser! Katzenklos sollen das Territorium jedoch definieren und ihren Zweck als Wegmarker erfüllen, indem sie an verschiedenen Orten im Haus aufgestellt werden. So wie Fußmatten. Die stapeln Sie ja auch nicht alle vor der Eingangstür, sondern legen vor jede Tür eine – vorne, hinten und gegebenenfalls an der Seite – um andere Willkommen zu heißen und Ihnen als Wegmarker zu dienen.

Es heißt also: Standort, Standort, Standort! Das Katzenklo in die Garage, die Waschküche oder den Eingangsbereich zu stellen, bedeutet, dass Sie Ihrer Katze entweder nicht bei ihrem Geschäft zusehen möchten, nicht möchten, dass sie es im Haus erledigt, oder finden, dass ein oder mehrere Katzenklos hässlich in ihrem schön eingerichteten Zuhause aussehen. Also verlangen Sie von Ihrer Katze, in den Keller zu gehen, durch eine Katzenklappe zu steigen oder über einen kalten Garagenboden zu einer kleinen, geschlossenen Box am Rand ihres Territoriums zu gehen. Das klingt nach Plumpsklo, ist unpraktisch, nicht erstrebenswert und sollte dringend vermieden werden. Solche abgelegenen Orte haben aber noch andere Nachteile, wie sich öffnende Garagentore, rumpelnde Waschmaschinen etc. Sie erschrecken und geben Ihrer Katze das Gefühl, dass dort schlimme Dinge passieren können, sodass sie im Endeffekt nicht mehr zu ihrem Katzenklo gehen.

Ich wiederhole: *Standort, Standort, Standort!*

Meiner Erfahrung nach haben Sie einfach keine andere Wahl: das Katzenklo muss dorthin, wo es Ihrer Katze hilft, und nicht Ihnen. Versuchen Sie, es als das kleinere Übel zu sehen. Entweder Sie nehmen das Katzenklo in Kauf, oder Sie haben Pipi auf Ihrem Teppich.

Du sollst nicht den König der Duftquellen tarnen

Ihre Katze hat 200 Millionen Duftrezeptoren (im Vergleich zu unseren 56 Millionen), was ziemlich viel darüber aussagt, wie wichtig (und sensibel) dieser Sinn ist. Entsprechend sollten wir auf ihre Bedürfnisse und Abneigungen eingehen. Meine Empfehlung ist, möglichst neutrale Katzenstreu ohne desodorierende Stoffe zu verwenden und in der Nähe von Katzenklos auf Duftsprays zu verzichten, da ich die Erfahrung gemacht habe, dass starke, künstliche Gerüche Katzen eher vom Katzenklo fernhalten. Sehen Sie es mal so: Wenn Sie Ihre Katze von Dingen fernhalten möchten, wie einem Weihnachtsbaum, würde ich Ihnen empfehlen, einen Duft zu nehmen, den sie nicht mag, im Großen und Ganzen sind das Zitrusdüfte, und zum Beispiel ein wenig geriebene Zitronenschale in einen perforierten Frischhaltebeutel mit Zipper zu geben, den Sie unter den Baum zu legen. Das hat in etwa denselben Effekt, wenn Sie einen Raumerfrischer in der Nähe eines Katzenklos verwenden: Sie vertreiben Ihre Katze.

Wenn es um parfümierte Katzenstreu und Raumerfrischer geht, können bereits getroffene Kompromisse schnell auf der Kippe stehen. Gleiches gilt für andere Verschleierungstaktiken, zum Beispiel als Topfpflanzen getarnte Katzenklos, selbstreinigende Toiletten oder sogar Toilettentraining. Das mag alles schön für uns sein, funktioniert aber selten für Katzen, da Katzenklos aufgrund ihres Eigengeruchs eine wichtige Duftquelle darstellen, ohne dabei, solange wir sie regelmäßig reinigen, unangenehm riechen zu müssen. Mehr zu diesem Thema gleich.

Du sollst deine Streu ehren

Bei der Textur von Katzenstreu kommt es auf die Präferenzen Ihrer Katze an, aber wenn wir uns dem Thema aus der Ur-Katzen-Perspektive nähern, dürfte direkt einiges klarer werden: Wenn Freigängerkatzen die Wahl haben, ihr Geschäft auf steinigen oder erdigen Untergründen zu verrichten, wählen die meisten letztere Option. Wenn Hauskatzen also das Substrat in ihrer Box meiden, werden sie sich wahrscheinlich weichere Untergründe suchen, wie Badematten, Bettwäsche – und Ihre Kleidung. Viele entkrallte und ältere Katzen reagieren zudem sehr empfindlich auf die raue Oberfläche von Silikatstreu, Pellets und viele andere mineralische Produkte.

Wie beim letzten Gebot gilt es auch hier, mit gesundem Menschenverstand auf die Bedürfnisse der Ur-Katze in unserer Katze einzugehen und die Sache so einfach wie möglich zu halten, denn je ausgefeilter das Produkt, desto mehr kann schiefgehen.

Du sollst nicht stumpf das Katzenklo auffüllen

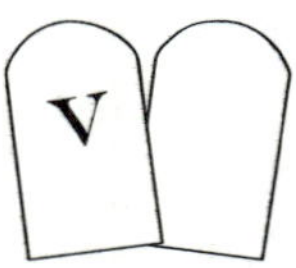

Wahrscheinlich füllen wir deshalb oft zu viel Streu ein, weil wir glauben, dass viel auch viel hilft. Natürlich ist da jede Katze anders, aber wenn wir individuell auf unsere Katzen eingehen und sie beobachten, dürfte sich schnell das richtige Maß finden lassen.

Bedenken Sie auch, dass eine zu volle Box für arthritische, alte Katzen unangenehm sein kann, besonders beim großen Geschäft, weil sie sich dabei in die Streu festkrallen, um im Gleichgewicht zu bleiben. Übergewichtige Katzen können zudem zu tief einsinken.

Langhaarkatzen wiederum mögen es meistens nicht, die Streu an ihren Schenkeln, am Hintern oder an ihrem Bauch zu spüren. Wie wir gelernt haben, haben Katzen hochsensible Haarfollikel, die ein starkes Kribbeln auslösen können, wenn sie in der Hocke mit Streu in Berührung kommen. Manchen Langhaarkatzen reicht das schon, um sich eine weichere Oberfläche zu suchen.

Füllen Sie zunächst nur zwei bis fünf Zentimeter ein, bevor Sie die Menge anpassen. Die Lektion an dieser Stelle lautet, wirklich alles rund ums Katzenklo, von der Art der Streu bis hin zur Menge, bewusst anzugehen.

Du sollst das richtige Katzenklo ehren

Buddelt Ihre Katze ewig im Katzenklo oder steigt ganz vorsichtig hinein, als würde sie mit Tretminen rechnen? Muss sie von oben hineinsteigen, obwohl sie alt oder gehandicapt ist? Oder ist sie übergewichtig und die Box gerade groß genug für ein Kätzchen? Denken Sie immer daran, dass das Katzenklo ansprechend und praktisch sein sollte, sprich ein schöner Ort, den sie gerne aufsucht.

Idealerweise haben Katzenklos mindestens die eineinhalbfache Länge Ihrer Katze. Sie sollte sich also darin drehen, buddeln und saubere Stellen finden können, ohne ständig gegen die Schale zu stoßen.

Auch sollte sie sich nicht verrenken müssen, um hinein und wieder hinauszugelangen. Ein Einstieg oben hört sich vielleicht toll an und ist für gelenkige Katzen kein Problem, aber selbst der größte Akrobat macht sich das Leben nicht unnötig schwer, wenn es auch einfach geht – ich sage nur Teppich!

Junge Katzen sowie ältere, übergewichtige und behinderte Katzen können auch Probleme mit hohen Einstiegen haben. Katzenklos für Kätzchen (flache Schalen mit niedrigem Rand) eignen sich wunderbar für ältere und eingeschränkte Katzen. Sie können aber auch die Seiten Ihres Katzenklos entfernen, um ihnen den Einstieg zu erleichtern.

Du sollst nicht überdachen

Ich bin kein großer Fan von geschlossenen Katzenklos. Die Vorstellung, dass Katzen für ihr Geschäft ihre Privatsphäre brauchen, ist *die* Projektion schlechthin, weil *wir* alleine sein wollen, wenn wir auf Toilette gehen. Falsch gedacht! Freigänger verrichten ihr Geschäft sogar gerne öffentlich – vor einem Busch, auf einer Auffahrt, mitten im Garten und und und.

Manche Katzen mag der Deckel egal sein, aber beachten Sie, dass Deckel schnell zu Hinterhalten und Sackgassen werden können, vor allem in Haushalten mit Hunden, Kindern und anderen Katzen. Außerdem verschmutzen sie schnell und sind umständlich zu reinigen. Und langhaarige und größere Katzen können sogar einen elektrischen Schlag bekommen, wenn Sie beim Betreten oder Verlassen die Schale berühren. Deckel haben ziemlich viele Nachteile – warum sie also nicht gleich weglassen?

Du sollst nicht eintüten

Sie glauben, dass Katzentoilettenbeutel Ihnen das Leben angenehmer machen? Vielleicht. Viele Katzen können das Plastik aber nicht ausstehen und sich darin sogar mit den Krallen verfangen. Die Beutel reißen auf, Urin läuft aus – und das Chaos ist perfekt. Sie bedeuten einfach nur noch mehr Arbeit, also lassen Sie die Finger davon.

Du sollst das Katzenklo sauber halten

Wann haben Sie das letzte Mal im Katzenklo geschippt? Ich verstehe ja, dass Sie keine Lust haben, nach Katzengold zu suchen, und Ihrer Katze geht es da nicht anders. Laut einer aktuelle Studie sollen Katzen, die die Wahl haben, sogar viel lieber saubere als verklumpte Katzenklos aufsuchen. Tja, manchmal brauchen wir wohl doch die Wissenschaft, um uns vor Augen zu halten, was wir längst wissen: Du sollst jeden Tag das Katzenklo schippen.

Du sollst deine Katze andere Katzenklos begehren lassen

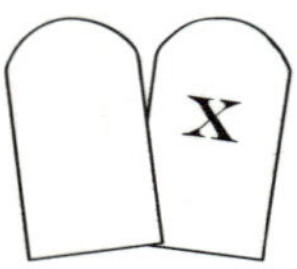

Der beste Weg, um herauszufinden, wie für Ihre Katze ein ordentliches Katzenklo auszusehen hat, ist, sie es aussuchen zu lassen (hinsichtlich Größe, Art, Ort und Streu) und ihre Klos entsprechend anzupassen. So einfach ist das.

Katzen-Daddy-Gezeter: Kaka-Politik

Wenn Sie Ihren Hund spazieren führen, sehen Sie, was aus ihm herausfällt, sammeln das dampfende Häufchen auf und spüren es automatisch durch die dünne Tüte in der Hand. Diese „Erfahrung aus erster Hand" sorgt für Vertrautheit – und dafür, dass wir beim kleinsten Problem sofort reagieren können.

Bei Katzen jedoch scheinen wir lieber auf das „Was ich nicht weiß, macht mich nicht heiß"-Prinzip zu setzen und ständig ihre doch normalen körperlichen Bedürfnisse „wegdeodorieren" zu wollen, damit wir uns bloß nicht mit ihren Ausscheidungen auseinandersetzen müssen. Manch einer greift dafür sogar auf Roboter in Form von automatischen Katzenklos zurück. Doch wenn Sie einen Roboter Ihren Job machen lassen, wissen Sie nicht, was mit Ihrer Katze los ist. Der Roboter lässt zwar das Pipi und Kaka verschwinden, doch damit verschwindet auch Ihr Überblick über Ihre Katze. (Und wieso einen Haufen Geld für diese automatischen Toiletten ausgeben, die am Ende doch verdrecken? Sie können sogar anspringen, wenn Ihre Katze noch in ihnen sitzt, sodass sie panisch zu fliehen versucht.)

Als Hüter Ihrer Katze *müssen* Sie ihre Befindlichkeiten anhand ihres Geschäfts beurteilen können. Das Reinigen des Katzenklos kann dabei wichtige Aufschlüsse liefern, wenn Sie wissen, wie ihr Kot normalerweise aussieht und riecht, wie viele Klümpchen normal sind etc. Und wenn Blut dabei ist oder es in Ihrem Haus nach ihrem Geschäft wie nach einem Giftgasangriff riecht, empfehle ich Ihnen, schnellstens einen Tierarzt aufzusuchen.

Fein gebuddelt – Was treibt meine Katze da eigentlich?

Viele Leute fragen mich, was dieses ganze Buddeln und Scharren in der Box eigentlich soll. Erst scharren sie ein bisschen, dann noch ein bisschen, dann noch ein bissen mehr, und hören gar nicht ehr auf. Was das Ganze so interessant macht, ist, wie unterschiedlich Katzen sein können. Manche „seilen ab“, scharren ein bisschen Sand darüber – und fertig, während andere sich bis nach China buddeln und dabei sogar an den Seiten und am Boden herumscharren.

Andere Hüter interessieren sich wiederum dafür, wie sie ihrer Katze antrainieren können, ihre Häufchen zu vergraben oder abzudecken. Das kann man aber nicht wirklich – entweder sie machen es, oder nicht. Manche machen es jedoch nicht, weil sie die Streu nicht mögen. In diesem Fall kann bereits eine saubere Box Abhilfe schaffen: keine Katze scharrt gerne, wenn sie sich dabei die Pfoten schmutzig macht oder die Häufchen von anderen Katzen ausbuddelt. Andere haben vielleicht nie richtig gelernt, in die Box zu machen, und eine Verhaltensstörung entwickelt. Sprich wenn es mit einer saubereren Box oder anderer Streu nicht klappt, werden Sie die Gewohnheiten Ihrer Katze gegebenenfalls nicht ändern können und mit ihnen leben müssen.

Katzen decken ihren Kot ab, um ihren Duft vor anderen Raubtieren zu verstecken. Dabei handelt es sich um ein Ritual, das sie so verinnerlicht haben, dass es egal ist, ob es im Haus noch Sinn macht. Wahrscheinlich ist dieses spezielle Verhalten aber noch viel komplexer. So decken freilaufende Katzen ihren Kot eher im Zentrum ihres Territoriums ab – in den Bereichen, in denen sie fressen und schlafen – als an den Rändern. Ganz abgesehen davon, dass Urin und Kot anderen Katzen wichtige Informationen liefern. Alleine diese Punkte lassen erahnen, wie vielschichtig das Thema ist, und dass es einfach keinen Sinn macht, eingreifen zu wollen. Verbuchen Sie es einfach als ein weiteres Mojo-Mysterium.

Ärger im Kaka-Paradies

Ein Teil ihrer Katzenklo-Detektivarbeit beinhaltet, dass Sie wissen, was Ihre Katze alles treibt, wenn sie in der

Box hockt – und wie sie sich da drinnen fühlt. Wissen Sie zum Beispiel, was genau passiert, wenn sie ihre Streu nicht mag?

Hier einige verräterische Zeichen, wenn Ihrer Katze irgendetwas an ihrer Box oder der Katzenstreu missfällt:

- sie setzt keinen Fuß in die Box
- sie scharrt weder vor noch nach ihrem Geschäft in der Streu
- sie saust aus der Box, als würde sie verfolgt

Wenn Sie eines dieser Verhaltensmuster feststellen, sollten Sie schnellstens einen Tierarzt aufsuchen, um ausschließen, dass sie krank ist, bevor Sie die Gebote abklappern und gegebenenfalls noch ein paar Tests mit der Streu fahren.

DAS KATZENKLO SÄUBERN

Damit mache ich mich jetzt bestimmt unbeliebt, aber ich bin felsenfest davon überzeugt, dass Sie Ihrer Katze keinen guten Dienst erweisen, wenn Sie nonstop ihr Katzenklo desinfizieren. Wenn Sie drei Mal täglich Häufchen schippen und jede Woche schrubben und desinfizieren, sollten sie wenigstens zugeben, dass Sie es nur für sich machen.

Denken Sie mal drüber nach: Fast jeder Ratschlag, der mit dem Verhalten von Katzen zu tun hat, läuft darauf hinaus, dass wenn wir wollen, dass sie eben *nicht* an den Ort zurückkehren, an dem sie ihr Geschäft erledigen, wir diesen komplett von ihrem Geruch befreien müssen.

Katzen wollen und müssen sich aber selbst riechen. Ihr Pipi und Kaka sind *die* Territorialmarker schlechthin. Sie sagen „Das gehört mir" und vermitteln ihnen symbolisch Sicherheit, wie Wangen- oder Körpermarkierungen, oder Kratzen am Kratzbaum.

Der Herrschaftsanspruch über das eigene Territorium ist für Katzen von zentraler Bedeutung. Wenn sie sich im Haus nirgendwo mehr riechen können, werden sie das garantiert wieder ändern. Zum Beispiel, indem sie überall hinpinkeln …

Entfernen Sie also einfach nur jeden Tag die Klümpchen. Mehr nicht. Es reicht, die Box einmal im Monat zu leeren und heiß auszuspülen. Das sollte den meisten Katzen genügen (und Ihnen auch).

KURZE NOTIZ ZUM TOILETTENTRAINING

Ich habe mir Videos von Katzen angesehen, die darauf trainiert wurden, Toiletten zu benutzen. Ich weiß, dass viele das süß finden oder zumindest fasziniert davon sind, dass Katzen auf solche Dinge trainiert werden können. Vielleicht fangen manche auch an, sich auszumalen, wie ihre Welt ohne Katzenklo und die damit einhergehenden Pflichten aussehen könnte. Ich wusste erst nicht, was genau mich an diesen Videos störte, bis ich feststellte, dass ich ihnen den physischen und, ja, auch psychischen Stress förmlich ansehen konnte. Da war so ein Ausdruck in ihren Augen, der besagte: „Ich mag das nicht, das liegt nicht in meiner Natur, ich fühle mich verletzlich und sehr unwohl."

Klar gibt es die eine oder andere Katze, die spontan unsere Toilette benutzt. Und die Opportunisten unter uns denken direkt: Wenn die das kann, kann meine das doch auch, oder? Mittlerweile gibt es viele Produkte, die Hilfe beim Toilettentraining versprechen. Ich habe sogar Katzen gesehen, die gelernt haben, zu spülen, wenn sie fertig sind. Aber wenn Ihre Katze nach ihrem Geschäft Lust hätte, zu spülen, hätte Sie Ihnen das längst mitgeteilt. Sie können ihr vielleicht beibringen, eine Toilette zu benutzen, die Mojo-Pleite ist damit aber garantiert. Katzen sind dazu bestimmt, überall hinzupinkeln, um ihr Revier zu markieren, und die Ur-Katze in ihnen käme gar nicht erst auf die Idee, eine Toilette zu benutzen. Auf die kommen nur wir – aus Eigennutz.

WIR SIND NUN in alle Winkel der Katze-Mensch-Beziehung vorgedrungen, von den Zehn Geboten über die Werkzeuge bis hin zur empathischen Wahrnehmung. Wir können nun mit Fug und Recht behaupten, zu wissen, wie ein mojofiziertes Katzenleben aufgebaut, gehegt und für immer gepflegt wird. Das Gelobte Land ist in Reichweite – aber nur, wenn wir uns als Hüter unserer Katzen sehen und uns immer wieder vorbeten: *wir besitzen nicht, wir erziehen nur.*

9

Die Kunst der Katzenerziehung

In Kapitel 6, „Willkommen im Werkzeugkasten", habe ich Sie auf dieses Kapitel eingestimmt, indem ich Sie ermutigt habe, sich als Erzieher und nicht als „Besitzer" oder „Trainer" zu sehen. Jetzt ist es an der Zeit, auf das (Beziehungs-)Sprungbrett zu steigen und mit einem doppelt gedrehten Salto in die Methoden einzutauchen, die das Mojo Ihrer Katze stärken und für ein harmonisches Miteinander sorgen werden.

Was jedoch für Hunde gilt, nämlich dass sie Geborgenheit und Sicherheit in einer Trainingsdynamik finden, gilt noch lange nicht für unsere Katzen. Was glauben Sie wohl, warum wir Menschen, die mit Hunden arbeiten, „Trainer" nennen, und Menschen, die Ähnliches mit Katzen machen, „Verhaltensforscher"?

Bei Hunden wirkt sich ein gutes Training stabilisierend aus und bildet das Fundament unserer Beziehung, während wir bei Katzen eher versuchen, maximalen Einfluss auf ihr Verhalten zu nehmen und gleichzeitig kompromissbereit zu sein.

Von außen mag zwar ein „Sitz!" bei beiden gleich aussehen, ist aber bei Katzen nur eine Annäherung an die Hund-Mensch-Beziehung, da sie ihrem Wesen treu bleiben. Für sie bedeutet die Ausführung eines Kommandos eine abgeschlossene Handlung, auf die zwingend eine Belohnung folgen muss, was bei Hunden nicht unbedingt der Fall ist, für die die Ausführung bereits Belohnung genug sein kann. Und für uns ist es mehr als ein Sieg, weil wir es geschafft haben, dass unsere Katze uns ansieht *und* eine Handlung ausführt, die wir eingefordert haben. Unser Sieg nährt also die Beziehung, *erfüllt* sie aber nicht unbedingt so wie ein Hund.

Man könnte sogar sagen, dass Hunde im Vergleich zu Katzen trainiert werden *müssen*, damit sie sich wohl fühlen, da ihnen das Training aufgrund ihrer starken Bindung zum Menschen im Blut steckt und ihnen hilft, mit Erwartungen umzugehen und alle möglichen Herausforderungen zu meistern.

Kompromissbereit zu sein bedeutet, sich in der Mitte zu treffen, an jenem bereits erwähnten Zaun, während der „Trainingsprozess" unsere Bemühungen insofern maximiert, dass unsere Katzen sich bereitwilliger dem Zaun nähern – was nicht selbstverständlich ist. Erwarten Sie daher nie, dass Ihre Katze so gefällig sein wird wie ein Hund. Unser Mantra lautet daher „maximieren und kompromissbereit sein" – was im Grunde nichts anderes bedeutet, als dass beide Parteien gleich viel zu sagen haben. Typisch Katze eben.

Die Prinzipien der positiven Verstärkung, die wir in diesem Prozess anwenden, sind zwar universell, doch wäre es naiv, davon auszugehen, dass sie auf jede Art die gleiche Wirkung haben. Hunde und Katzen sind unterschiedlich strukturiert und motiviert und gehen Probleme unterschiedlich an, weswegen wir unterschiedliche Erwartungen an sie stellen sollten.

Schauen Sie sich vergleichend Eltern-Kind-Beziehungen an: Bei Kindern sprechen wir von „guter Erziehung" (statt von „gutem Training"), wenn es darum geht, ihnen beizubringen, sich anständig zu verhalten oder ihre Hausaufgaben zu machen. Bevor Sie jedoch alles als Wortklauberei abtun, möchte ich Sie bitten, kurz darüber nachzudenken, wie sich Ihr Ansatz verändern würde, wenn Sie Ihre Katze „erziehen" und nicht „trainieren" würden. Diese feine Unterscheidung verändert tatsächlich alles, wenn es darum geht, mehr positives Feedback zu bekommen.

BESTRAFEN ODER BELOHNEN – DAS IST HIER DIE FRAGE

Die Prinzipien der Verhaltensmodifikation via operante Konditionierung können auf alle Tierarten angewendet werden – auf Vögel, Hühner, Ratten, Delfine, Wale und, ja, sogar auf Katzen und Menschen. Die Grundlagen stammen von B. F. Skinner, einem Psychologen und Verhaltensforscher, der ausgehend von dem Prinzip, dass bestimmte Ereignisse die Wahrscheinlichkeit eines Verhaltens in der Zukunft wiederholen, eine Theorie der Verstärkung formulierte, wobei Verstärker die Zunahme eines Verhaltens bewirken und Bestrafungen die Abnahme eines Verhaltens.

Heutzutage gelten positive Verstärker als die effektivste Methode, um ein bestimmtes Verhalten zu verändern. Bestrafungen versprechen zwar temporären Erfolg, motivieren Katzen jedoch nicht und erklären ihr auch nicht, was sie stattdessen tun soll. Ebenso können Bestrafungen alle möglichen Ängste und Aggressionen auslösen und eine auf Vertrauen basierende Beziehung unterwandern.

Trotz dieser bestechenden Logik wird mir immer wieder folgende Frage gestellt: „Aber wie soll ich meine Katze disziplinieren, wenn ich sie nicht bestrafen darf?" Meine Antwort: Katzen lassen sich nicht disziplinieren. Sie verstehen nicht, *warum* Sie mit ihr schimpfen oder sie verscheuchen oder mit einer Wasserflasche bespritzen. Außerdem müssten Sie, damit Bestrafungen wirken, unerwünschtes Verhalten immer sofort bestrafen. Seine Katze rund um die Uhr im Blick zu haben, ist jedoch absolut unmöglich – und wer will das schon?

Unser Ziel ist, das Mojo und damit das Selbstbewusstsein unserer Katze zu stärken, während Bestrafungen und Erniedrigungen das Gegenteil von Selbstbewusstsein sind. Noch schlimmer ist diese Praxis, sich über Bestrafungen selbst zum „Alphatier" zu machen. Also noch einmal: Alle Arten von Bestrafungen, egal unter welchem Deckmantel, sind immer *antimojo,* und alles, was den Zweck erfüllt, seine Katze zu dominieren, ist ebenfalls immer *antimojo.*

Erfolgreiche Beziehungen bauen nicht auf Dominanz auf; dieses Buch soll Mojo möglich machen und nicht unmöglich. Unsichtbare Katzenzäune, elektronische Schutzmatten, Elektrohalsbänder, das Entfernen der Krallen und, ja, auch die allgegenwärtige Wasserflasche sollten also spätestens jetzt der Vergangenheit angehören.

Time-out vs. Kätzchen-Knast

Behalten Sie immer im Hinterkopf, dass überstimulierte Katzen nicht bewusst aggressiv reagieren, sondern im Kampf-oder-Flucht-Modus der Ur-Katze sind. Time-outs sind keine Bestrafung, auch wenn sie so klingen, sondern sollen einfach nur beruhigen. Und dann gibt es den Kätzchen-Knast ...

Der Kätzchen-Knast wird fälschlicherweise oft als Time-out bezeichnet, was er aber ganz klar nicht ist, da Time-outs von Herzen kommen und dafür sorgen, dass sich Katzen nach einer Ur-Katzen-Explosion wieder sammeln können, während der Katzen-Knast eine Bestrafung darstellt und die Katzen-Bombe erst zündet.

Zum Kätzchen-Knast kommt es, wenn Hüter in ihrer Frustration und Ungeduld nicht mehr weiter wissen – ob Katzen nicht miteinander klarkommen, überall hinpinkeln oder nachts keine Ruhe geben, spielt dabei keine Rolle. Sie sind mit ihrem Latein am Ende. Also sperren sie sie ins Bad und entfernen sie damit aus allen sozial relevanten Orten. Sie bestrafen sie.

Wie wir aber mittlerweile wissen, machen Bestrafungen bei Katzen keinen Sinn. Vielleicht fühlen *Sie* sich danach kurz besser, aber das Problem ist damit nicht vom Tisch. Katzen assoziieren nicht und begreifen entsprechend nicht, dass sie eine Stunde im Bad festsitzen, weil sie zehn Minuten zuvor etwas angestellt haben. Sie lernen dabei rein gar nichts. Das ist, wie wenn Sie das Gesicht Ihrer Katze in ihr eigenes Pipi drücken. Sie kapiert es nicht.

Wenn Sie Ihre Katze aus dem Schlafzimmer entfernen, weil sie immer wieder auf Ihr Bett pinkelt, verstehe ich das, aber dabei kann es sich nur um eine Notlösung handeln. Kätzchen-Knast ist wie ein Boomerang – er kommt zurück und schlägt Ihnen alle Zähne aus.

Wenn Ihre Katze in den Kampf-oder-Flucht-Modus schaltet, aggressiv wird oder wegen etwas oder jemandem ausrastet, können Sie sie in einen kleinen, abgegrenzten Bereich mit gedämpftem Licht führen, in dem alles ruhig ist und der sie nicht zusätzlich stimuliert. Diese Ruhezone hilft ihr, wieder zu sich kommen und sich zu sammeln, damit ihr ätherischer Körper wieder mit dem physischen Körper verschmelzen kann. Und das ist ein Time-out. Der fünf bis zehn Minuten dauern sollte. Sinn und Zweck ist, Ihre Katze aus DEFCON 1 ... aus dem Kampf-oder-Flucht-Modus zu bekommen und wieder in der realen Welt zu verankern. TIPP: Wenn Ihre Katze zu überdreht ist, um sich in die Ruhezone führen zu lassen, sollten Sie sie NICHT hochheben und hintragen. In diesem Fall muss der Berg zum Propheten kommen beziehungsweise muss der Raum, in dem sich Ihre Katze gerade befindet, zur Ruhezone werden. Machen Sie das Licht aus und gehen Sie. Das sollte als sicheres Time-out auch funktionieren.

Und nicht vergessen: Time-outs sind für Ihre Katze und nicht für Sie. Auch darin unterscheidet sich ein Time-out vom Kätzchen-Knast. Ersteres ist für Ihre Katze und ihr seelisches Gleichgewicht, und zweiteres für Sie, damit Sie Ihre Katze nicht umbringen.

WEG MIT DER FLASCHE

Die gute alte Sprühflasche – heutzutage scheint jeder eine zu besitzen. Bei manchen Kunden habe ich sogar schon eine in jedem Raum gesehen. Irgendwie haben sie sich zur Bestrafung genauso durchgesetzt wie ein lautes „Nein!“ (was im Übrigen genauso wenig hilft).

Vielleicht denken Sie jetzt: „Aber es hilft doch, ich spritze und meine Katze springt von der Küchenzeile. Sie läuft sogar schon weg, wenn ich nur die Flasche in die Hand nehme.“ Aber was genau hat Ihre Katze gelernt? Dass sie nicht auf der Küchenzeile springen soll? Nein, sie hat gelernt, nicht hochzuspringen, wenn *Sie* da sind und eine Sprühflasche in der Hand halten, oder, schlimmer, Angst vor *Ihnen* zu haben. Anders formuliert: Ihre Katze reagiert, sobald sie Sie mit der Flasche sieht und verknüpft *Sie* mit dem unangenehmen Gefühl.

Erinnern Sie sich an unser Mantra „Mojo maximieren und Kompromissbereitschaft zeigen“? Die Sprühflasche ist genau das Gegenteil davon. Sprühflaschen-Diplomatie ist Diplomatie für die Tonne. Sprühflaschen gründen in dieser immer schon dagewesenen Überzeugung, dass sich Tiere unserem Willen zu beugen hätten. Wenn Ihre Katze vor Ihnen kuscht, dann nur, weil sie davon ausgeht, dass Sie ihr gleich etwas antun werden, und nicht, weil sie ihre Lektion gelernt und Ihr Konzept von Gut und Böse absorbiert hat.

Es gibt immer bessere Alternativen, als mit einer Sprühflasche Ängste zu schüren. Wenn Ihre Katze (oder Ihr Hund, Ihr Ehepartner oder Ihre Kinder, wenn wir schon dabei sind) Sie fürchten, ist das weder positiv, noch bringt es Ihnen etwas. Im Gegenteil, wenn Sie Ängste schüren müssen, um sich durchzusetzen, machen Sie etwas grundsätzlich falsch.

Wissen Tiere, wenn sie etwas falsch machen?

Menschen behaupten oft, dass ihre Gefährten wissen, wenn sie etwas falsch gemacht haben. Aus diesem Grund untersuchte Dr. Alexandra Horowitz in einer Studie, ob der „schuldbewusste Blick“ bei Hunden tatsächlich etwas mit Schuldbewusstsein zu tun hat, oder ob er nicht doch nur eine Reaktion auf Schimpfen ist.

Im Rahmen dieser Studie wurden Hundehüter angehalten, ihren Hunden ein Leckerli zu zeigen, ihnen mit einem strengen „Nein!" zu bedeuten, es nicht zu fressen, es auf den Boden zu legen und den Raum zu verlassen.

Der Experimentator nahm dann das Leckerli weg oder erlaubte dem Hund, es zu fressen. Als die Hüter kurze Zeit später zurück in den Raum gerufen wurden, informierte man sie entweder falsch oder sagte ihnen die Wahrheit. Gingen die Hüter davon aus, dass ihre Hunde ihnen gehorcht hatten, grüßten sie sie freundlich, oder schimpften sie im umgekehrten Fall aus.

Dabei deuteten die Hüter es als Schuldeingeständnis, wenn ihre Hunde vermieden, ihnen in die Augen zu sehen, sich auf den Rücken drehten oder entfernten, wobei sie dieses Verhalten *nur* zeigten, wenn sie ausgeschimpft wurden – also völlig unabhängig davon, ob sie das Leckerli gefressen hatten oder nicht.

Das Experiment zeigte, dass sich Hunde nicht schuldig fühlen, weil sie etwas getan haben, das man ihnen verboten hat, sondern dass es sie belastet, von ihren Hütern ausgeschimpft zu werden. Wenn Sie also das nächste Mal den „schuldbewussten Blick" bei Ihrer Katze zu entdecken meinen, können Sie getrost davon ausgehen, dass es ihr genauso geht wie den Hunden aus dem Experiment.

DAS KLEINE KATZEN-1×1 – MOJO-STYLE

Lassen Sie uns einen kurzen Blick auf Ihre Schulzeit werfen: Wer war Ihr absoluter Lieblingslehrer? Und warum gerade er? Weil Ihnen der Unterricht bei ihm besonderen Spaß gemacht hat? Weil er sich um Sie bemüht und Ihre Begeisterung für das Thema geweckt hat? Wie auch immer die Antwort lautet, wahrscheinlich hat er sie nicht stumpf auswendig lernen und das Gelernte für eine gute Note wiederkäuen lassen, sondern das Thema emotional in Ihnen verankert.

Wie in jeder wohlmeinenden Beziehung, ergeben sich auch mit Ihren Katzen zahllose Gelegenheiten, erzieherisch auf sie einzuwirken. Damit das Gelernte aber auch hängenbleibt, sollten Sie jeden Moment bewusst

reflektieren – und wie jeder gute Lehrer bestätigen kann, sind wir erst dann auf dem richtigen Weg, wenn wir offen genug sind, beim Lehren selbst zu lernen. Ich möchte Sie deshalb bitten, im weiteren Verlauf immer wieder inne zu halten und sich daran zu erinnern, dass die Erziehung unserer Katzen eine Zweibahnstraße sein kann und uns viele Gelegenheiten beschert, auch etwas über uns zu lernen.

Bei meiner Arbeit mit Katzen ging es von Anfang an um drei Dinge: praktische Erfahrung, genaues Observieren und jede Menge Bücherwissen. Das Problem mit Letzterem war, dass es damals nur wenig Literatur gab und noch viel weniger Kollegen, von denen ich etwas hätte lernen können. Also wendete ich mich an meine Freundin Nana Will, die die Cheftrainerin unserer Hunde im Tierheim war und nicht nur ein unglaubliches Gespür hatte, sondern auch ein wandelndes Lexikon war, wenn es um das vielschichtige Verhalten von Tieren und die Methoden der operanten Konditionierung ging.

Ich folgte Nana wie ein Schatten und sah genau hin, wenn sie mit den Hunden aus dem Tierheim und denen ihrer Kunden arbeitete. Ich übernahm so viel von ihrer Technik, wie ich nur konnte, und wendete alles auf meine Katzen an, als wollte ich Hunde aus ihnen machen. Eine der wichtigsten Lektionen, die mir Nana erteilte, ergab sich jedoch völlig unerwartet.

Wir waren auf dem Weg zur Bank, um unsere Gehaltsschecks einzuzahlen. Es war der Tag nach dem Memorial Day – was bedeutete, dass es in der

Bank drunter und drüber ging. Alle waren mies drauf, weil es für einen ersten Arbeitstag nach dem langen Wochenende viel zu heiß war, und die Schlange zog sich bis auf die Straße. Es fehlte also nur noch der berühmte Funke ...

Wir stellten uns in die Schlage und Nana erzählte mir etwas über positive Verstärkung und wie sie sie bei ihren Hunden anwendete. Wie es der Zufall so wollte, warteten genau vor uns ein etwa vierjähriges Mädchen und seine Mutter. Auf einmal rastete das Mädchen aus und fing an, wie verrückt nach einem Eis zu schreien, und mit Schreien meine ich in jeder erdenklichen Tonlage und Lautstärke (sie variierte sogar das Tempo) „ICH WILL EIS!" zu brüllen. Als diese drei Wörter nicht zogen, folgte ein Tobsuchtsanfall wie aus dem Bilderbuch: erst riss sie heftig an den Hosen ihrer Mutter, während sie weiter kreischend ihr Eis einforderte, dann rutschte sie auf alle viere und trommelte wie eine wild gewordene Comicfigur mit ihren Fäusten auf den Boden und rollte sich schließlich auf den Rücken, um den Boden nun mit den Füßen zu malträtierten und, natürlich, damit fortzufahren, uns mit ihrem Gejaule die Ohren vollzuheulen. Es bot sich uns also ein ziemliches Spektakel, was sich nicht gerade positiv auf eben erwähnte miese Stimmung nach dem Feiertag auswirkte.

Was jedoch alle einschließlich mir zur Weißglut brachte, war, dass die Mutter diese Ausgeburt der Hölle einfach ignorierte. Ich war mittlerweile so sauer, dass ich etwas sagen wollte, aber Nana griff nach meinem Arm und flüsterte: „Nein, warte." Als das Mädchen endlich ihr ganzes Repertoire abgespult hatte, sah sie erschöpft auf zu ihrer Mutter und stand wortlos auf. Nach etwa fünf Sekunden drehte sich die Mutter um und sagte: „Na, was wollen wir heute zu Mittag essen?"

Besser ging es nicht. Als Nana spürte, dass ich mich entspannte, ließ sie meinen Arm los. Ich hatte verstanden. Mit einem Zen-artigen Lächeln im Gesicht sagte sie: „Siehst du, so geht das. Entweder wir belohnen den Lärm oder die Stille. Alle lernen auf dieselbe Art."

Ich habe Nanas Lektion nie vergessen – selbst 20 Jahre später ist sie der Dreh- und Angelpunkt meiner Lehrmethode. Ob Hunde, Katzen, Hühner, Beutelratten, Esel, Schildkröten ... oder Menschen, ob wir nun für unseren Lärm oder unsere Stille belohnt werden, *wir lernen alle auf dieselbe Art.*

DIE KATZEN-MOJO-WERKZEUGE

Meine Trainingsmethode besteht aus einigen wenigen Techniken (mangels eines besseren Wortes), die da wären: Vertrauensbildung, Klickertraining, die Nein/Ja-Technik und die Herausforderungslinie, wobei die positive Verstärkung alles untermalt und Vertrauen natürlich das Thema ist, über das wir die ganze Zeit schon sprechen. Lassen Sie uns aber nun einen Blick auf die anderen drei werfen:

Klickertraining

Als ich meine Hundetrainerfreundin Nana auf ihre Arbeit mit dem Klicker ansprach, erklärte sie mir sofort, dass sie absolut keine Klickererfahrung mit Katzen hätte. Was absolut okay war, schließlich wollte ich nicht aus Katzen Hunde machen, sondern mir erst alle Werkzeuge ansehen, die ich finden konnte, bevor ich darüber nachdachte, wie ich damit effektiv am Katzen-Mojo-Haus basteln könnte.

Klickertraining basiert auf den Ideen der operanten Konditionierung nach B. F. Skinner, die in den 1940er-Jahren von zwei seiner Studenten, Marian und Keller Breland, aufgegriffen wurden, um Tiere für ihren IQ-Zoo zu trainieren.

Warum ihre Trainingsmethode so effektiv war? Weil sie ein Geräusch einsetzten, wenn ihre Tiere ein gewünschtes Verhalten zeigten. Dafür benutzten sie einen kleinen „Krachmacher", der – große Überraschung – ein klickendes Geräusch verursachte. Die Brelands trainieren mit dieser Methode Tausende von Tieren: Hühner, die Baseball spielten, Schweine, die Geld in Sparschweine steckten, Tauben, die lernten, Raketen zu steuern (wirklich wahr!) und viele mehr.

Ihre Methode setzte sich aber erst in den frühen 1990er-Jahren richtig durch, als Karen Pryor die ersten Kurse anbot, in denen Sie Hunde mit Klickern trainierte. Heute ist das *die* Methode, um Tiere artgerecht und effektiv zu trainieren.

Also, wie funktioniert Klickertraining? Ganz einfach.

1. Bringen Sie Ihrer Katze bei, das Geräusch des Klickers mit einer Belohnung zu assoziieren. Man spricht hierbei vom „Aufladen" des Klickers. Wiederholen Sie, damit Ihre Katze die Assoziation verinnerlicht: Klick – Belohnung. Klick – Belohnung.
2. Ergänzen Sie nun das Verhalten. Klicken Sie jedes Mal, wenn Ihre Katze ein gewünschtes Verhalten zeigt. Das Verhalten kann „natürlich" sein (wenn Sie sie bei etwas erwischen, das Sie fördern möchten) oder „konstruiert". Und wenn Sie das Verhalten zeigt: Klick – Belohnung.

So einfach ist das: Verhalten – Klick – Belohnung. Der Klicker befiehlt nicht und ist auch keine Fernbedienung, sondern leitet zu einer Belohnung über und dient als Antwort auf ein gewünschtes Verhalten. Das Verhalten wird positiv verstärkt und dadurch in der Zukunft häufiger von Ihrer Katze ausgeführt.

Was *ich* mit dem Klicker trainiere? Für mich ist der Klicker ein Werkzeug, das ich nur einsetze, wenn es passt, zum Beispiel in Tierheimen, um Katzen einfache Tricks wie Sitzen, Warten und High five beizubringen. Der Klicker hilft mir, Katzen in dieser fremden Umgebung zumindest ein bisschen zu mojofizieren, und kann sie sogar ermutigen, im Käfig nach vorne zu kommen, um potenzielle Adoptiveltern zu begrüßen. Klickern beschäftigt ihren Verstand und ihren Körper, fördert eine stärkere Bindung und führt zu einer „adoptierbareren" Katze.

Außerhalb von Tierheimen arbeite ich allerdings weniger mit dem Klicker. Verstehen Sie mich nicht falsch – aus Spaß zu trainieren, lohnt sich für Menschen und Katzen. Ich liebe ich es zum Beispiel, Agility-Kurse zu organisieren, da sie jede Katze ein bisschen mehr „mojito" machen, und dafür ist Klickertraining wie gemacht. Agility-Kurse für Katzen unterscheiden sich jedoch von denen für Hunde, weil wir auch den vertikalen Raum nutzen können. Und wenn eine Katze, die noch nie die vertikale Welt erforscht hat, plötzlich die Katzen-Autobahn nimmt, als hätte sie nie etwas anderes getan, ist das der Hammer – ein echter Mojo-Booster.

Einer Katze dagegen mit dem Klicker beizubringen, während dem Abendessen auf dem Katzenbaum statt auf der Tischplatte zu sitzen, ist nicht nur nützlich, sondern löst zwei Probleme auf einmal: Ihre Katze will die Situation überblicken, und *Sie* wollen, dass sie nicht auf dem Tisch sitzt und mit der Pfote nach Ihrer Gabel schlägt.

Klickertraining eignet sich aber auch, um das Selbstbewusstsein unserer Katzen zu stärken, wenn es darum geht, bestimmte Dinge zu akzeptieren: in eine Transportbox ein- und auszusteigen und sie nicht zu fürchten; sich die Krallen schneiden zu lassen; Medikamente zu schlucken; oder sogar neue Familienmitglieder kennenzulernen. Das sind die gebräuchlichsten und sinnvollsten Anwendungen, wenn es um Klickertraining und Ihre Beziehung zu Ihrer Katze geht. Mit der Betonung auf sinnvoll.

Ach, und übrigens: ich bin ein Riesenfan der Ur-Katze. Was logischerweise heißt, dass ich kein Fan davon bin, wenn Katzen mit dem Klicker erniedrigende Tricks beigebracht bekommen. Die Rollenverteilung beim Klickertraining setzt sehr viel Vertrauen von Seiten Ihrer Katze voraus – und sehr viel Einfühlungsvermögen von Ihnen. Die Frage, die wir uns daher im Vorfeld immer stellen sollten, ist, wie hilfreich eine bestimmte Übung für das Mojo unserer Katze *und* für unsere Beziehung ist.

Es ist wirklich wichtig, zu begreifen, dass es hier um Macht geht, die einfach missbraucht werden kann. Eignet sich Klickertraining für Katzen, die unbedingt nach draußen wollen und deswegen an ein Geschirr gewöhnt werden müssen? Natürlich. Aber sollen wir unserer Katze auch antrainieren, ein Hotdog-Kostüm zu tragen, nur um in den Sozialen Medien damit zu punkten? Nach allem, was ich Ihnen über Mojo und wie wir es in unseren Katzen fördern und stärken gesagt habe, kann ich nur hoffen, dass Sie die Antwort auf diese Frage auch alleine finden.

Natürlich ist diese Einführung ins Klickertraining relativ oberflächlich, und so einfach die Methode auch ist, es lohnt sich, in die Tiefe zu gehen. Es gibt unendlich viele Videos, Webseiten und Bücher zum Thema, und für den Anfang kann ich Ihnen alles empfehlen, was Karen Pryor dazu geschrieben hat.

Der Jackpot!-Effekt

Falls ich mich noch nicht verständlich genug ausgedrückt haben sollte, erkläre ich es Ihnen gerne noch einmal:

Katzen sind nicht wie Hunde. Es motiviert sie nicht, Ihnen eine Freude zu machen. Das einzige, was sie im Großen und Ganzen motiviert, ist Futter. Und je mehr sie ein bestimmtes Produkt mögen, desto motivierter sind sie, sich von Ihnen beeinflussen und überzeugen zu lassen. Nennen Sie es, wie Sie wollen, zielgerichtete Motivation oder Bestechung, aber wenn es darum geht, mit Katzen zu arbeiten, ist Futter nicht nur irgendein Werkzeug, sondern Ihr bester Freund.

Beim „Trainieren" Ihrer Katze geht es, zumindest meiner Meinung nach, zuallererst darum, *das* Produkt zu finden – *das* Futter, das die Motivation transzendiert, mystische Sphären erreicht und Ihre Katze dazu veranlasst, „JACKPOT!" zu schreien.

Manches Verhalten wie „Sitz!" oder „High five" lässt sich zwar auch mit ganz normalen Leckerli erreichen, aber wenn Sie Ihre Katze herauszufordern und bestimmte Aufgaben positiv verknüpfen möchten, sollten Sie definitiv einen Jackpot! bereithalten.

Jetzt, da wir wissen, wie wichtig der Jackpot! ist, gilt es, die erste Hürde zu überwinden: die Pingeligkeit unserer Katze. Das klingt jetzt nach der sprichwörtlichen Nadel im Heuhaufen (oder auch nicht – manche Katzen sind regelrechte Staubsauger!), aber der Jackpot! ist irgendwo da draußen. Hier einige Tipps, wie Sie ihn schneller finden.

- **Der leere Magen macht den Unterschied:** Es macht absolut keinen Sinn, auf Jackpot!-Mission zu gehen, wenn Ihre Katze satt ist. Schüren Sie lieber ihren Hunger und füttern Sie feste Mahlzeiten anstatt ihren Napf immer wieder nachzufüllen. Sonst finden Sie ihren Jackpot! nämlich nie.
- **Geschmack voran:** Katzen, die rohes Fleisch und/oder rohen Fisch angeboten bekommen (also nicht in Form von Leckerli oder Katzenfutter), dürften definitiv auf eins von beidem anspringen. Fangen Sie also „roh" an. Steht sie auf Lachs, Rind oder Hühnchen? Sie werden es wissen, wenn Sie diesen „Blick" bekommt – diese

geweiteten Augen und diese hyperaktive Nase, die sagt: „Hey, was ist *das* denn?!"

- **Der Textur-Test:** Für viele Katzen spielt aber auch die Textur eine große Rolle. Wenn Sie zum Beispiel ihren Geschmack mit Lachs getroffen haben, müssen Sie jetzt nur noch die richtige Textur finden – und davon gibt es viele. Katzenfutter gibt es als Pasteten, mit kleinen Stücken, großen Stücken, in Streifen, mit viel Soße, wenig Soße ... Was jedoch diese „knusprigen" Texturen angeht, die viele Katzen motivieren – ich bin kein großer Fan von Trockenfutter ... zumindest nicht zu den Mahlzeiten. Aber wenn für Ihre Katze „knusprig" gleich Jackpot! bedeutet, dann nur zu! Geben Sie ihr statt Trockenfutter zu den Mahlzeiten von jetzt an lieber knusprige kleine Leckerli als Jackpot!
- **Frisch vom Tisch:** Keine Ahnung, wer auf die Idee gekommen ist, dass Katzen keine menschliche Nahrung fressen sollen. Vielleicht weil Salz, Zwiebeln, Knoblauch und andere Gewürze häufig in unserem Essen vorkommen und Katzen schaden können. Trotzdem, wenn unsere Katze einen Hang zu Fisch oder Fleisch hat, das für den menschlichen Verzehr gedacht ist, sollte uns das beim Jackpot!-Effekt nicht im Weg stehen – solange wir auf möglichst natürliche Produkte wie bestimmte Aufschnitte etc. zurückgreifen. Außerdem *verfüttern* Sie diese Jackpot!-Leckerli nicht, sondern bieten sie dezidiert und im richtigen Maß an.
- **Hallo Ur-Katze:** Es gibt nicht nur viele Gründe, sich beim Füttern von Weizenprodukten fernzuhalten, sondern auch bei der Suche nach dem richtigen Leckerli, da Kohlehydrate satt machen und der Motivation schaden. Deswegen verwende ich gefrorene Leckerli aus Fleisch so gerne. Sie enthalten nur das, was Ihrer Katze bekommt, reichen an die „knusprige" Textur heran, die unsere Trockenfutter-Junkies mögen, und lassen sich in kleine Stückchen brechen, damit sie länger ihren „Biss" behalten.

Wenn Sie ihren Jackpot! gefunden haben, sollte er auch ein Jackpot! bleiben. Es ist absolut wichtig, darauf zu achten, *wie viel* und *wie oft* Sie Leckerli anbieten. Leckerli sollten immer etwas Besonderes sein, einen hohen Stellenwert haben und nur zu speziellen Anlässen gezückt werden. Ich sehe viel zu oft wohlmeinende Hüter, die ihre Katzen mit Leckerli vollstopfen, weil sie so süß sind, oder aus schlechtem Gewissen, weil sie den ganzen Tag weg waren, oder einfach nur so. Auf diese Weise verlieren Leckerli ihre magische Wirkung – und Sie eine der wenigen Möglichkeiten, Ihre Katze effektiv zu beeinflussen.

Die Nein/Ja-Technik

Manchmal habe ich das Gefühl, dass der größte Teil einer ersten telefonischen Konsultation (oder eines Gesprächs mit Wildfremden, die mich auf der Straße anhalten) immer um das ewige „Nein!" kreist: „Jackson, wie bringe ich meine Katze dazu, dass sie nicht mehr ..." oder „Wie erkläre ich meiner Katze, dass [*bitte ausfüllen*] falsch ist?" Wenn Sie Ihre Frage schon so formulieren, dann sitzen Sie wahrscheinlich ziemlich in der Patsche! Statt ein Pflaster auf einen Haifischbiss zu klatschen, sollten Sie herausfinden, welche ursprüngliche Motivation hinter dem unerwünschten Verhalten steckt, um es zu beenden. Das allein reicht aber nicht, da jedes Verhalten auch belohnt werden will. Sprich hinter jedem „Nein" muss ein „Ja" stehen.

Der beste Weg, die Nein/Ja-Technik zu beschreiben, ist, wie so oft, sie mit der Eltern-Kind-Dynamik zu vergleichen. Sagen wir, Sie schrubben regelmäßig Ihre Wände, weil Ihr dreijähriges Kind sie immer wieder vollschmiert. Dann können Sie es bestrafen, anschreien, auf sein Zimmer schicken, die Stifte wegnehmen ... oder eine Staffelei kaufen. Wenn Sie sich für Letzteres entscheiden, bringen Sie das Beste in Ihrem Kind zum Vorschein und sorgen dafür, dass seine natürlichen Impulse befriedigt werden. Sie können den Deckel noch so fest auf die Zahnpasta drehen, wenn Sie auf die Tube *treten*, wird sie sich eben hinten rausdrücken. Sprich Sie sagen nicht „nein" zum Impuls, sondern „nein" zur Ausführung. Sie erklären Ihre Bedürfnisse und Ihre Hausregeln *und* zeigen Ihrem Kind Alternativen auf. Auf das „Nein" folgt ein „Ja", und beides zusammen sorgt für das richtige Maß.

Kommen wir nun zur am häufigsten gestellten Katzenfrage: „Wie halte ich meine Katze von den Arbeitsflächen fern?" Natürlich können Sie in

diesem Fall einfach „Nein“ sagen, aber wie lässt sich das Verhalten nachhaltig verändern? Eine gute Möglichkeit sind Luftbehälter, die mit einem integrierten Sensor auf Bewegungen reagieren und *jedes Mal*, wenn Ihre Katze auf Ihre Arbeitsflächen springt, ein wenig Luft ausströmen lassen, was ganz harmlos ist, aber effektiv. Sie können auch Platzdeckchen mit doppelseitigem Klebeband bekleben – und wieder werden *jedes Mal* die hochfliegenden Pläne Ihrer Katze vereitelt, wenn sie auf einer Oberfläche landet, auf der sie nichts zu suchen hat. Da haben Sie ihr „Nein!“.

Doch wie im Fall Ihres kleinen Wandartisten, ist auch dieses „Nein“ nur die halbe Miete. Wenn Sie ihrem Kind keine Staffelei geben, wird es sich eben eine andere Oberfläche zum „Malen“ suchen, zum Beispiel die Eingangstür oder den Esszimmertisch. Der kreative Impuls lässt sich nicht unterdrücken, sondern sucht sich immer neue Orte.

Im Fall unserer Küchenablagen besteht die Herausforderung also eindeutig darin, nicht nur „Nein!“ zu sagen, sondern auch „Ja!“ – indem wir herausfinden, was unsere Katze dazu motiviert, diesen Ort überhaupt aufzusuchen.

Die grundlegende Motivation dürfte die „Höhe“ sein – die vertikale Welt. Sprich auch wenn Ihre Katze kein Baumbewohner im traditionellen

Sinn ist, scheint sie ihr Mojo über dem Boden finden zu wollen, weshalb wir „vertikal" in unsere „Ja"-Rezeptur aufnehmen sollten.

Eine weitere Zutat sind: Ressourcen. Was ist da oben, das Ihre Katze so anzieht? Auf Arbeitsflächen befindet sich meistens ... Essen. Unser „Nein" beinhaltet folglich, alles Essen wegzuräumen, damit es unsere Katze nicht in Versuchung führt – und sie zum Scheitern verurteilt. Und unser „Ja" ...

... beinhaltet als dritte Zutat: *uns*. Wenn unsere innere Uhr mit der unserer Katze im Takt ist, bedeutet das, dass wir unsere energetischen Höhepunkte synchronisiert haben, die sich hauptsächlich morgens und abends in der Küche abspielen dürften (wenn wir frühstücken, zu Abend essen etc.). Und da unsere Katze mittendrin statt nur dabei sein möchte, springt sie auf die Arbeitsflächen (oder den Esstisch).

Offensichtlich beinhaltet das „Ja", dass Sie Ihre Katze am Geschehen und an Ihren Ressourcen teilhaben lassen sollten, solange sie nicht auf den Arbeitsflächen herumturnt. Meine Vorschlag in einem solchen Fall ist, einen Katzenbaum aufzustellen, der nah genug ist, um ihr diesen Wunsch zu erfüllen, und weit genug, dass er nicht zum Sprungbrett auf die Küchenzeile wird. Wenn Sie einen Katzenbaum aufstellen, sollten Sie Ihre Katze unbedingt während der energetischen Höhepunkte Ihrer Familie an das Möbelstück gewöhnen und nur dann den Jackpot! einsetzen, wenn sie es auch tatsächlich nutzt.

Wir haben also ein „Ja" eingebettet, das dem „Nein" die Spitze nimmt – und aus der Nein/Ja-Technik eine Win-win-Situation gemacht.

Löschungstrotz

Sie haben sich geschworen, nicht mehr auf Ihren „Schlafräuber" zu reagieren, was zum nächtlichen Ritual geworden ist. Die letzten Nächte waren hart, aber Sie sind nicht eingeknickt. Sie legen sich schlafen, und um vier Uhr geht das übliche Miauen wieder los. Sie beißen die Zähne zusammen, liegen da und warten, dass es aufhört. Tut es aber nicht. Es ist sogar schlimmer als sonst. Und dann steigt Ihre Katze auch noch über Ihr Gesicht und fegt alles von Ihrem Nachttisch. Mittlerweile ist es fünf, Sie sind völlig entnervt und denken: „Ich kann nicht mehr. Ich füttere sie einfach, damit ich weiterschlafen kann." Sie knicken ein.

Halt! Wenn Sie aufhören, ein bestimmtes Verhalten zu belohnen, wird Ihre Katze zunächst umso mehr versuchen, Ihnen eine Reaktion abzutrotzen. Das nennt sich Löschungstrotz und ist ein *temporär* vermehrt auftretendes Verhalten, wenn eine Verstärkung aufgehoben wird. Um unerwünschtes Verhalten erfolgreich zu „löschen", müssen Sie Ihrer Katze klarmachen, dass ihr Miauen völlig sinnlos ist, da Sie es nicht belohnen werden. Das heißt zwar, dass Sie sich durch den Löschungstrotz quälen müssen, aber es lohnt sich, weil Sie danach garantiert wieder ruhig durchschlafen werden. (Mehr zum Thema „Schlafraub" erfahren sie in Kapitel 16.)

Und nun kommen wir zum wichtigsten Werkzeug für eine effektive Erziehung.

Die Herausforderungslinie

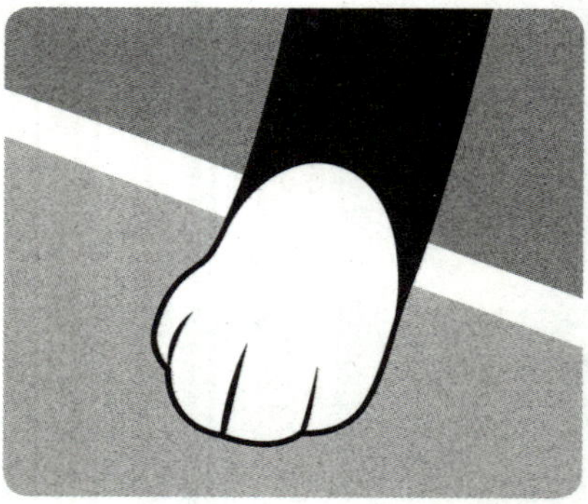

Ich habe angefangen, in einem Tierheim mit Katzen zu arbeiten, das viele Jahre wie ein Zuhause für mich war. Ich habe dort alles gelernt, und das trotz des physischen wie psychischen Stresses, der an diesen Orten herrscht. Meistens arbeitete ich mit Katzen, die komplett dichtgemacht hatten – Mauerblümchen der schlimmsten Sorte. Dazu zählten Katzen, die wahrscheinlich schon in ihrem letzten Zuhause Mauerblümchen gewesen waren oder, was oft der Fall war, seit Jahren kein Zuhause mehr von innen gesehen hatten, und, noch schlimmer, misshandelte Katzen. Selbst wenn ich es schaffte, sie so weit aufzupäppeln, dass sie für eine Adoption in Frage kämen, stand ich direkt vor dem nächsten Problem: Wie brachte man sie dazu, sich von ihrer besten Seite zu zeigen und keine „Zwingermacken" zu entwickelten, während sie, manchmal viele Monate lang, in einem beengten Edelstahlkäfig auf ihr endgültiges Zuhause warteten?

In dieser Zeit im „Hexenkessel“ erkannte ich, dass ich dieser Aufgabe nur gewachsen war – und die Katzen ihr Mojo finden würden – wenn ich sie dazu bringen konnte, eine Schwelle zu überschreiten, die ich später als Herausforderungslinie bezeichnen würde.

Da ich schon viel zu viele Blockaden bei viel zu vielen Katzen miterlebt hatte, fing ich an, meine Abläufe zu zerlegen – und stellte fest, dass ich große Schwierigkeiten hatte, sie an ihre individuelle Herausforderungslinie heranzuführen, die ihre Verwandlung einleiten sollte. Die Herausforderungslinie könnte aber auch Komfortlinie heißen, da sie direkt an die Komfortzone angrenzt – ein Pfötchen über die Linie bedeutet Herausforderung, eins dahinter Komfort, wobei Komfort ein irreführendes Wort ist. Im Fall meiner Tierheimkatzen (das gilt aber auch für Tausende anderer Katze, die ich seitdem kennengelernt habe), bedeutete Komfort so viel wie Unsichtbarkeit. Sich hinten im Käfig verstecken, von der Tür abwenden ... Wir wissen doch alle, was es heißt, sich möglichst klein und unsichtbar zu machen. Es ist *einfacher*, aber einfach bedeutet auch Stillstand und dass wir uns nicht weiterentwickeln.

Als mit klar wurde, dass ich diese Katzen herausfordern musste, fühlte ich mich wahnsinnig unter Druck. Ich meine, nach allem, was sie durchgemacht hatten – *wie sollte ich das anstellen?*

Forderte ich sie jedoch nicht heraus, würden Sie das Tierheim vielleicht nie verlassen. Und falls doch, würde sie ihr potenziertes Mauerblümchendasein daran hindern, in ihrem neuen Zuhause aufzublühen, und sie zu „Höhlenkatzen“ verdammen, die sich in Schränken oder unter Betten versteckten, wenn man sie bis dahin nicht längst wieder zurück ins Tierheim gebracht hatte. Ich musste ihnen also unbedingt bei ihrer Verwandlung helfen.

Mein Ziel für jedes dieser Tiere war, herauszufinden, wo genau diese Linie bei ihnen verlief, und wie ich sie an diese Linie gewöhnen *und* dazu bringen konnte, sie ein Pfötchen nach dem anderen zu überqueren, ohne sich zu fühlen wie ein Kind, das man am tiefen Ende des Schwimmbeckens ins Wasser stößt.

Kinder können Sie mit dem Versprechen, dass ihnen nichts passieren wird, in den Pool locken. Diese Tiere kannten diese Gewissheit nicht, sondern hatten vielmehr gelernt, dass wenn sie tapfer waren und sich trauten, in Erscheinung zu treten, schlimme Dinge geschahen. Also fing ich an, ihre Komfortzonen auszubauen und sie aus der Reserve zu locken.

Aber indem ich die Linie verschob, definierte ich sie. Und manchmal ist die Herausforderungslinie sogar sichtbar und kann mit Klebeband am Boden markiert werden. Hier ein typisches Beispiel dafür, wie die Herausforderungslinie funktioniert.

DIE LINIE ÜBERSCHREITEN

Vor kurzem habe ich mit einer Katze gearbeitet (nennen wir sie Daisy), die sehr schüchtern im Umgang Menschen und anderen Tieren war. Mit einer Ausnahme, Dexter, ihrem besten Katzenfreund, der so etwas wie ihr Mentor war, ihre „soziale Brücke", dem sie folgen und dessen Mojo sie, zumindest bis zu einem gewissen Grad, nacheifern konnte.

Als Dexter starb, schnappte Daisy wie ein Gummiband in ihr Höhlendasein zurück. Also kamen ihre Hüter auf die Idee, ihr ein paar neue Katzenfreunde zu besorgen, damit sie wieder zu ihrem Mojo, das sie mit Dexter hatte, zurückfinden konnte.

Das funktionierte leider ÜBERHAUPT nicht.

Ihre Hüter adoptierten nämlich ein eingespieltes Team, Alex und Possum, die sofort das Territorium übernahmen und Daisy jagten, sobald sie sich auch nur einen Schritt aus ihrer Höhle herauswagte. Ihre Hüter fühlten sich so schuldig, dass sie eine Art mitfühlendes Anti-Mojo-Monster schufen, indem sie anfingen, sie an ihren „sicheren Orten" zu füttern und ihr ein Katzenklo unter das Bett stellten, sodass Daisy gar keinen Grund mehr hatte, darunter hervorzukommen und sogar dort blieb, wenn die beiden Jungs sie in Ruhe ließen.

Meine Herausforderung bestand also darin, sie aus ihrer Höhle zu locken und sich wieder ins Wohnzimmer zu trauen, und zwar bis in die Mitte des Raums statt sich an den Wänden entlangzudrücken oder über den Boden zu robben und sich damit zur Zielscheibe zu machen. Das waren viele Herausforderungen für mich – und viele Herausforderungslinien für Daisy.

Aber dank Jackpot!-Leckerli, Unterschlupf-Blockaden und graduellen Katzenklo-Verschiebungen, manchmal nur um wenige Zentimeter (während ich parallel mit ihren Peinigern und deren Ängsten arbeitete), haben wir es geschafft, jede einzelne Linie zu überschreiten. Jeder Schritt war so angelegt, dass er Daisy *nicht* einfach fiel, damit sie sich beweisen konnte, dass es okay ist, ein bisschen Angst haben und trotzdem Mojo aufzubauen, und so gelang es ihr nicht nur, in die Mitte des Wohnzimmers zu kommen, sondern Alex irgendwann auch einen Klaps auf den Kopf zu geben und sich zu behaupten. Dieser Mojo-Move veränderte die Dynamik nachhaltig und bereicherte Daisys Welt.

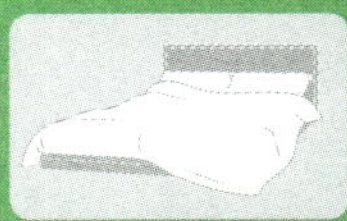

Unterschlupfe blockieren: Eine Reprise

Wie in Kapitel 8 erwähnt, sind Unterschlupfe jene schwer zu erreichenden Orte, unter die sich verängstigte Katzen flüchten – wie Betten, Sofas, Tische, Sessel etc. – und die entsprechend eingeschränkt werden müssen.

Dieses Werkzeug ist insofern einzigartig, da es sowohl Aspekte der Herausforderungslinie als auch der Nein/Ja-Technik beinhaltet. Indem Sie verhindern, dass sich Ihr Mauerblümchen versteckt, „zwingen" Sie es, sich seinen Ängsten zu stellen und sich an die unterschiedlichen Herausforderungslinien heranzuwagen. Und indem wir „Nein" zu den „Höhlen" sagen, sagen wir gleichzeitig „Ja" zum „Kokon", der den Schutz verspricht, den sie benötigt, jedoch von uns überwacht werden kann. In beiden Fällen ermutigen wir sie, sich weder unsichtbar noch unbedeutend zu fühlen – und geben ihr ihre emotionale und territoriale Freiheit zurück.

Benehmen Sie sich dabei aber nicht wie der Elefant im Porzellanladen – wenn Sie alle Unterschlupfe gleichzeitig versperren, geht das ziemlich sicher nach hinten los, und Sie haben keine schüchterne Katze mehr, sondern eine absolut panische. Blockieren Sie die Unterschlupfe einen nach dem anderen, damit sich Ihre Katze an ihre veränderte Umgebung gewöhnen kann.

Herausforderungslinien zu verschieben bedeutet, zu desensibilisieren und zu exponieren, und nicht, unser ängstliches Kind einfach am tiefen Ende des Schwimmbeckens ins Wasser schubsen. Es geht nicht darum, unsere Katzen abzustumpfen oder über die Linie zu schubsen, sondern darum, sie zu *ermutigen*, die Linie selbst zu überschreiten und ihre Sicherheitszone sukzessive auszuweiten. Bei traumatisierten Tieren ist diese Zone so eingeschränkt, dass sie sich wie eine zweite Haut anfühlen kann. Dieser Prozess wird ihnen jedoch das Mojo geben, das seine Kraft aus den kleinen Erfolgen zieht, und ihnen immer wieder beweisen, dass jeder Schritt nach vorn etwas Positives ist.

Vielleicht zucken Sie beim Gedanken an Herausforderungslinien zusammen, aber sehen Sie es doch mal so: Als Eltern fordern wir unser Kind ja auch heraus und lassen es an seinem ersten Schultag alleine im Klassenzimmer zurück, obwohl es uns aus tränenfeuchten Augen hinterhersieht und stumm sagt: „Warum tust du mir das an? Ich dachte, du *liebst* mich!“ Autsch ... Trotzdem wissen wir, dass Kinder in die Schule gehen *müssen*, da sonst ihre soziale und geistige Entwicklung und ihre Fähigkeit, sich Herausforderungen zu stellen, auf dem Spiel steht.

Und was passiert? Sie finden neue Freunde, lernen und blühen auf. Sie haben ihnen geholfen, das Beste aus sich herauszuholen. Genau das machen wir, wenn wir die Herausforderungslinien unserer Katzen verschieben. Da wir jedoch nicht mit ihnen reden können, müssen wir ihnen eben immer und immer wieder *zeigen*, wie es sich anfühlt, diese Linien zu überschreiten, vor denen sie sich fürchten. Nur so werden Sie zu eingetragenen Mitgliedern im Mojo-Club.

DIESE LINIE IST AUCH IHRE LINIE

Die Herausforderungslinie unserer Katze fordert natürlich auch uns heraus, da es nie einfach ist, die, die wir lieben mit dem Versprechen auf ein besseres Leben über diese Linie in einen Bereich zu schubsen, in dem sie sich zunächst unwohl fühlen werden. Trotzdem ermahne ich immer wieder dazu, da ich die Erfahrung schon mit zahllosen Tieren gemacht habe – und es sich immer gelohnt hat.

Wenn Sie mit Herausforderungslinien arbeiten, sollten Sie immer so tun, als wäre alles gar kein Problem, da sich die Ängste unserer Katzen direkt verzehnfachen können, wenn wir angestrengt oder gar besorgt wirken. Behalten Sie daher stets im Hinterkopf, dass Katzen Energie förmlich in sich aufsaugen – und wenn Sie ausstrahlen, dass es für sie gefährlich werden kann oder sie sogar versagen könnte, wird sie diese Energie absorbieren und sich entsprechend verhalten.

Wenn Sie also möchten, dass Ihre Katze selbstbewusst agiert, müssen Sie das auch, damit sie Ihr Verhalten spiegeln kann. Und nicht vergessen: es handelt sich „nur" um eine Linie, nicht um eine Klippe, über die wir sie ins eiskalte Meer stoßen. Wir wollen nur ein Pfötchen – nur eins – über der Linie sehen und bieten dafür Lob und Leckerli im Überfluss.

Nach einer Weile werden Sie Veränderungen an ihrer Katze feststellen. Aus Zögern wird, oft sogar schlagartig, Vertrauen. Manchmal dauert es einen Monat, um die Linie um wenige Zentimeter zu verschieben – das ist wie dieses „tick, tick, tick" bei der ersten Steigung auf der Achterbahn –, und plötzlich macht es *wusch*, und alles ist *in Bewegung*. Das ist der Moment, in dem sich Ihre Geduld und selbstbewusste Erziehung bezahlt machen und sich die vielen positiven Erfahrungen Ihrer Katze beim Überschreiten der Linien verstärken und ihr Mojo befeuern.

Herausforderungen bringen uns immer wieder an unsere Grenzen, ob wir nun zwei oder vier Beine haben. Zu den größten Herausforderungen im Leben gehört jedoch, neue Beziehungen zu knüpfen. Für Menschen heißt das zum Beispiel, sich an einen neuen Mitbewohner zu gewöhnen (wovon sicher jeder ein Liedchen singen kann) oder in einer Beziehung den nächsten Schritt zu wagen und sich neu aneinander anzupassen. Katzen fällt das alles noch schwerer, da ihr Mojo mit ihren territorialen Herrschaftsansprüchen steht und fällt und sie die Vorstellung, Territorium zu teilen, genauso abschrecken kann wie uns. Im nächsten Kapitel werden wir uns mit der „Brady Bunching"-Herausforderungslinie beschäftigen und lernen, dass einen Gang herunterschalten sogar dazu führen kann, dass man schneller ins Ziel kommt – oder zumindest unfallfrei.

10

Mojo in Katze-Tier-Beziehungen

Einführungen, Ergänzungen und fortlaufendes Verhandeln

Wenn sich Ur-Katzen in einem Haushalt einleben, müssen sie sich durch ein Potpourri aus Beziehungen und Verhältnissen kämpfen. Katze-Katze, Katze-Hund, Katze-Kind – moderne Familien bieten eine bunte Mischung an Persönlichkeiten (das gilt für Menschen und Tiere), weshalb es unsere Aufgabe als Hüter ist, die komplexe und unberechenbare Dynamik unterschiedlichster Herrschaftsansprüche zu regulieren. Sprich sind alle Persönlichkeiten kompatibel, oder kann es knallen? Das Wichtigste dabei ist, jeden Einzelnen zu respektieren – seine Vorlieben und Abneigungen, seine Gewohnheiten, seine Persönlichkeit etc. Mein Modus Operandi dürfte ja mittlerweile bekannt sein: nie nach Schema F, sondern immer individuell an die Sache herangehen.

KATZE-KATZE-BEZIEHUNGEN: EINE KOMPLIZIERTE ANGELEGENHEIT

In Teil 4 werden wir einige der üblichen Probleme (oder Chancen) besprechen, die sich in Katze-Katze-Beziehungen ergeben, sobald sie im

Familienverbund leben. Fangen wir jedoch von vorne an, indem wir uns zunächst genauer ansehen, welche Schwierigkeiten entstehen können, wenn wir eine oder mehrere Katzen in unsere Familie integrieren.

SOLL ICH MIR ÜBERHAUPT NOCH EINE KATZE ZULEGEN?

Kunden, die nur eine Katze haben, stellen mir häufig folgende Frage: „Ich arbeite zwölf Stunden am Tag und bestimmt langweilt sich meine Katze. Ich fühle mich so schuldig ... Braucht sie einen Freund?"

Diese Frage besteht aus verschiedenen Komponenten, die wir uns genauer ansehen sollten. Ich persönlich bin davon überzeugt, dass Katzen mit anderen Katzen zusammenleben sollten (auch wenn Sie in meiner Show leider meistens nur die schlimmsten Fälle zu Gesicht bekommen, die das lieber nicht sollten). Aber im Allgemeinen mögen Katzen Gesellschaft, auch wenn sie gerne als eigenbrötlerische Einzelgänger stigmatisiert werden. Wie Wildkatzen, leben Ur-Katzen in Verbunden, lösen Probleme gemeinschaftlich und sind nur beim Jagen allein unterwegs. Natürlich gibt es auch Katzen, die es nicht stört, alleine zu sein, aber das sind Einzelfälle.

Aber um die Frage zu beantworten: In einem Punkt stimme ich Ihnen zu – Katzen, die zwölf Stunden alleine sind, müssen mehr gefordert werden. Um herauszufinden, ob sich Ihre Katze langweilt, sollten Sie jedoch zuerst einen gründlichen Langweile-Check machen. Geben Sie ihr alles, was sie braucht, damit sie sich nicht langweilt und ihr Territorium erkundet, und sorgen Sie für Katzen-TV.

Wenn Sie abends nach Hause kommen, können Sie Katzendetektiv spielen und eine Bestandsaufnahme machen. Wurde etwas zerstört? Etwas als Spielzeug missbraucht, das keines ist? Wurden Gegenstände verschluckt? Tja, dann haben Sie wohl eine gelangweilte Katze.

Ein weiterer Aspekt Ihrer Frage hat mit Ihrem Schuldgefühl zu tun. Egal, wie sehr sie Ihr Zuhause umgestalten und katzifizieren, es ersetzt nicht die wertvolle, gemeinsam verbrachte Zeit. Selbst wenn Sie morgens nur kurz mit ihr spielen und abends ein wenig kuscheln, macht das für Ihre Katze – und Ihr Schuldgefühl – bereits einen Riesenunterschied. Außerdem sollten Schuldgefühle der letzte Grund sein, um ein neues Familienmitglied zu adoptieren. Brechen Sie das Ganze mal herunter: Möchten Sie gerne noch eine Katze haben? Und abgesehen von Ihrer Schuld, glauben Sie, dass es Ihrer Katze helfen würde? Lautet die Antwort ja, dann nur zu! Finden Sie, was zusammengehört!

PARTNERVERMITTLUNGS-MYTHEN & -LEGENDEN: FRAGEN SIE IHREN KATZEN-DADDY

Wenn es darum geht, den Familienverband um eine oder mehr als eine Katze zu ergänzen, kommt es gerne und häufig zu Fehleinschätzungen. Hier einige Beispiele:

Soll ich einer zwölf Jahre alten Katze ein Kätzchen zum Bemuttern besorgen?
Bei solchen Fragen generalisiere ich gerne ein wenig. Sprich wenn Sie eine betagte Katze haben – lassen Sie es. Das passt meistens vom Energielevel nicht, vor allem, wenn man bedenkt, wie überdreht Kätzchen sein können. Und wenn sie nach etwa sechs Monaten zu Teenagern herangewachsen sind, fangen sie an, alles Gelernte umzusetzen um herauszufinden, wie weit sie gehen können. Was ältere Katzen gar nicht lustig finden.
Es kann auch vorkommen, dass eine jüngere Katze eine ältere aus Spaß jagt – was die ältere Katze aber nicht als Spaß versteht. Wie die meisten Menschen, kommen auch Tiere irgendwann in ein Alter, in dem sie den Weg des geringsten Widerstandes gehen. Junge Katzen bedeuten jedoch maximalen Widerstand, wie ... Welpen. Oder Babys. Sie verstehen schon. Ich glaube, dass die Vorstellung von Mütterlichkeit größtenteils eine menschliche Projektion ist. Will sagen: unsere Katze verbringt ganz sicher nicht ihren Tag damit, über ihre mütterlichen Gefühle zu sinnieren. Wir dürften also ziemlich sicher schlussfolgern können, dass Kätzchen nicht den Mutterinstinkt in ihren älteren Katzen wecken, sondern sie viel eher in den Wahnsinn treiben.
Falls Sie bereits eine jüngere Katze mit einer älteren kombiniert haben und es nicht gut läuft – oder falls Sie kurz davor sind, es zu tun – siehe Kapitel 14.

Wie wäre es dann mit zwei Kätzchen und einer älteren Katze?
Das ist schon besser, da die Kleinen zumindest miteinander Spaß haben können und sich wunderbar sozialisieren können. Aber auch wenn diese

Kombination Ihrer alten Katze weniger Kopfzerbrechen bereiten dürfte, ist auch das nicht die optimale Lösung für sie.

Weibchen oder Männchen? Jung oder erwachsen?

Ich kann mir nicht vorstellen, dass es bei der „Partnersuche" wichtig ist, zum Beispiel speziell nach einem sechs Jahre alten Kater Ausschau zu halten. Meiner Erfahrung nach sind Parameter wie Alter und Geschlecht zu vage, und halten davon ab, sich auch die anderen Katzen im Tierheim anzusehen. Außerdem werden die meisten Katzen schon früh kastriert, weshalb Faktoren wie Hormone oder Geschlecht in Katzenbeziehungen keine größere Rolle spielen dürften. Mich interessiert da eher der größere Zusammenhang, über den wir gleich ausführlicher sprechen werden.

Ich habe eine FIV-positive Katze. Darf ich eine Katze adoptieren, die FIV-negativ ist?

Ein Glück, dass wir aufgeklärte Menschen sind, zumindest im Fall von FIV (Feline Immundefizienz-Virus)! In den meisten Tierheimen lässt man mittlerweile von der Vorstellung ab, dass FIV-positive Katzen im Heim oder bei der Unterbringung in Familien von nicht infizierten Katzen ferngehalten werden sollten.

FIV-positive und FIV-negative Katzen können wunderbar und unproblematisch zusammenleben – es sei denn, die erkrankte Katze ist sehr aggressiv, da bei tiefen Bisswunden die Wahrscheinlichkeit steigt, dass der Virus auf die gesunde Katze übertragen werden könnte. Genereller Kontakt sowie gemeinschaftlich genutzte Näpfe und Katzenklos sind jedoch kein Problem.

Ich habe eine entkrallte Katze. Darf ich eine Katze adoptieren, die nicht entkrallt wurde?

Machen Sie sich Sorgen, dass sich Ihre entkrallte Katze nicht zur Wehr setzen kann? Das brauchen Sie nicht. Nach meiner Erfahrung gleichen Katzen, die ihre Hauptwaffe eingebüßt haben, diesen Nachteil durch doppelt so schnelles Zubeißen aus. Also was auch immer Ihre Katze in einer Konfliktsituation mit ihren Krallen tun würde, wird ihre entkrallte Katze mit ihren Zähnen *ganz sicher* tun.

Außerdem sind entkrallte Katzen meistens nicht an allen Pfoten entkrallt, und bei Raufereien entsteht der größte Schaden nicht über die Vorder-,

sondern über die Hinterläufe, mit denen sie kraftvoll wie ein Hase austreten können. Das kratzt dann nicht mehr, sondern weidet aus ...
Raufereien sollten allerdings ganz unten auf Ihrer Sorgenliste stehen, wenn Sie nach dem geeigneten Partner für Ihre Katze suchen. Statt über Krallen oder keine Krallen nachzudenken, heißt es unterm Strich: Wenn Sie regelmäßig die alle Krallen stutzen, die gestutzt werden müssen wird sich ihre entkrallte Katze schon selbst zu helfen wissen.

Welche Rolle spielt das „Alphatier"-Konzept bei der Adoption?
Die Beziehungen zwischen Katzen sind äußerst komplex, und es gibt hierzu noch viel zu lernen. Ich glaube allerdings, dass Konzepte wie „Alphatier", „Dominanz" oder „Hierarchie" unserer Wahrnehmung von Katzenbeziehungen schaden.
Viele Menschen dichten Katzen immer wieder eine „Rudelmentalität" an. Statt zu dichten, sollten wir jedoch von dem ausgehen, was wir bereits über Katzen wissen, und empathische, auf Tatsachen beruhende Vermutungen anstellen. Und wie bereits in Kapitel 5 angesprochen, sollten Kriterien wie „Alphatier" etc. in unserem Adoptionsprozess keine Rolle spielen.

EINE NEUE KATZE WÄHLEN

Okay, Sie haben bereits eine Katze und sind bereit, eine weitere Katze zu adoptieren, und wir haben einige beliebte „Mythen und Legenden" aus dem Weg geräumt. Also, welche Katze sollten Sie adoptieren?

Meiner Meinung nach ist das Hauptkriterium bei der Partnervermittlung das Energielevel – es ist sogar wichtiger als die Geschichte der Katze, die Sie im Blick haben. Und bevor Sie überhaupt ins Tierheim gehen, sollten Sie über die Persönlichkeit Ihrer Katze zuhause nachdenken, und welcher Typ wohl am besten zu ihr passen könnte.

Wenn Ihre Katze zum Beispiel fünf Jahre alt ist und eine totale Nervensäge, die ständig Ärger macht und immer nur spielen will, wie der Junge im Film „Dennis – Der Quälgeist", dann sollten Sie keinen Mr. Wilson nach Hause bringen, der in seinen Gewohnheiten festgefahren ist und kaum mit dem Hintern aus dem Sessel kommt. Und natürlich auch kein Mauerblümchen. Eine Katze, die genauso verspielt ist, wie Ihre, passt da schon eher. Wenn Sie sich also in einem Tierheim umsehen, in dem alle Katzen in einem großen Käfig oder in einem Raum untergebracht sind, sollten Sie immer erst die Katzen in Augenschein nehmen, die direkt zur Tür kommen.

Natürlich ist es nicht verkehrt, den Neuankömmling als Chance zu sehen, um den Horizont Ihrer Katze (und damit ihre Komfortzone) zu erweitern. Aber wenn Ihre Katze schüchtern ist, können Sie keinen Dennis gebrauchen, der sie mit seinen ständigen Spielaufforderungen quält – wobei eine aufmerksame Nicht-ganz-so-Dennis-Katze durchaus zur „sozialen Brücke" werden und das Mojo Ihrer Katze stärken kann.

Generell sollten Sie versuchen, Ihre Katze zu ergänzen statt eine Kopie Ihrer „alten" Katze nach Hause zu bringen. Letzten Endes zählt aber nicht nur die richtige Technik bei der Partnerwahl, sondern auch, wie wir den neuen Partner in unseren Katzenhaushalt einführen – mehr hierzu gleich.

HALTEN SIE IHRE EIGENEN VORLIEBEN IM ZAUM

Meiner Erfahrung nach fällt es uns schwer, bei der Partnerwahl objektiv zu blieben – irgendwie schleichen sich immer unsere Vorlieben in den Auswahlprozess ein, und plötzlich heißt es, statt sich darauf zu konzentrieren, was für alle das Beste wäre: „Ich will eine langhaarige, schwarze Katze!" Vielleicht haben Sie auch gerade Ihre geliebte Katze verloren und suchen nach einer Katze, die aussieht oder sich verhält wie sie, um über den Verlust hinwegzukommen. Dann gehen Sie ins Tierheim und suchen nach genau dieser Katze, auch wenn sie gar nicht zu Ihrer anderen Katze passt, um die es doch eigentlich gehen sollte.

Erwartungen spielen aber auch eine Rolle. Viele meiner Kunden glaubten, versagt zu haben, wenn ihre Katzen nicht miteinander kuscheln oder beste Kumpel sind, und vergessen, dass es eigentlich in erster Linie darum ging, dass sie einander tolerieren. Ich habe aktuell auch keine Katzen, die kuscheln, dabei sind Wurfgeschwister darunter. Was okay ist, weil sie miteinander klarkommen und Ruhe herrscht – was für jemanden, der die ganze Zeit mit Katzenkonflikten zu tun hat, ein Segen ist. Passen Sie also Ihre Erwartungen über Beziehungen und wie sie unter Katzen aussehen sollten, an die Realität an.

ZEICHEN VON KATZENFREUNDSCHAFTEN
Gemeinsam Zeit verbringen
Gegenseitiges Putzen
Sich mit erhobenem Schwanz begrüßen
Nasenküsse
Gemeinsam spielen
Anlehnen

WENN KATZEN SIE WÄHLEN: EINE FÜGUNG DES SCHICKSALS

Manchmal bekommt man die beste aller Katzen, wenn man sie sich nicht selbst aussucht.

Vielleicht sind Sie gerade an einem Punkt in Ihrem Leben, an dem Sie definitiv keine weitere Katze adoptieren möchten – und plötzlich taucht eine auf Ihrer Türschwelle auf. Die Katze ist zur richtigen Zeit am richtigen Ort, der Himmel klart auf, und Ihnen wird klar, dass obwohl Sie gerade keinen potenziellen Störfaktor oder nicht noch mehr Verantwortung in Ihrem Mehrkatzenhaushalt gebrauchen können, das Schicksal Ihnen diese Katze in die Hände gespielt hat. Aber so ist das Leben, und es spricht vieles dafür, sich in einem solchen Moment öffnen zu können. Am Anfang läuft vielleicht nicht alles glatt, aber am Ende kann etwas wirklich Schönes daraus entstehen.

Katzen-Daddy-Gezeter: Kätzchen-Adoptionen

Wenn Sie die Möglichkeit haben, statt ein Kätzchen auch zwei aufnehmen zu können, sollten Sie immer zwei nehmen. Einen Katzenfreund zu haben, ist gut für die Kätzchen – und für Sie. Und auch wenn es Ihnen noch so widerstrebt, es bedeutet garantiert *weniger* Arbeit!

Katzen sind sehr viel sozialer, als wir denken. Dr. Sharon Crowell-Davis' Studien über verwilderte Katzenkolonien belegen sogar, dass das Sozialverhalten von Katzen sehr viel komplexer ist, als bisher angenommen wurde. Die Vorstellung von Katzen als Eigenbrötler hat nicht nur dazu geführt, dass sich die Forschung jahrelang nicht näher damit befasste, wie Katzen interagieren, sondern auch dazu, dass wir üblicherweise nur einzelne Kätzchen adoptieren. Die Leute kommen ins Tierheim, sagen „Ich bin auf der Suche nach einem Kätzchen“, und wir fragen nicht einmal, ob sie nicht lieber direkt zwei Kätzchen adoptieren möchten.

Dr. Cromwell-Davis vertritt sogar die These, dass es die soziale Entwicklung erwachsener Katzen beeinflussen kann, wenn sie als Kätzchen von ihren Wurfgeschwistern getrennt wurden, da Katzen im sozialen Verbund lernen. Sie lernen *voneinander* wie man jagt, wie man spielt und wie man mit anderen Katzen interagiert.

Damit will ich nicht sagen, dass das Kätzchen, das Ihnen aus welchem Grund auch immer in den Schoß geplumpst ist, zwangsläufig eine Störung entwickeln wird. Es gibt unzählige Ein-Katzen-Haushalte, in denen sich die Katzen ganz normal entwickelt haben. Ich will damit nur sagen, dass wenn Sie mehr als ein Kätzchen aufnehmen können, Sie mindestens zwei nehmen *sollten* – und müssten, wenn es mein Tierheim wäre.

NACH HAUSE KOMMEN: SCHRITTWEISES KENNENLERNEN

Meiner Meinung nach führt die alte Weisheit, Katzen „die Sache unter sich regeln zu lassen" nicht nur ins Chaos, sondern befeuert auch die Vorstellung von Katzen als Einzelgänger, auf die man nicht einwirken kann. Funktioniert es trotzdem manchmal? Klar, aber das ist wie Russisch Roulette für Katzen, weil wenn es *nicht* funktioniert, wir bei unserer Katze umfassende territoriale Ängste auslösen und quasi auf den roten Knopf der Ur-Katze drücken – was Krieg bedeutet.

Die folgenden Schritte werden ihnen zeigen, wie zielführend es sein kann, stattdessen einen Gang herunterzuschalten. Auf diese Weise minimieren wir nicht nur die Risiken und verhindern, dass sich Katzen mit Misstrauen begegnen, sondern bauen Freundschaften schrittweise und nachhaltig auf!

Mein Rezept zur erfolgreichen Integration hat sich schon hundertfach bewährt. Wenn Sie die Anleitung Schritt für Schritt befolgen, dürfte also bei der Integration nichts schiefgehen.

Schritt 1: Vorbereitungsphase

Bevor Sie Ihre neue Katze nach Hause bringen, sollten Sie folgende Punkte umsetzen, um sich einen ordentlichen Vorsprung zu verschaffen.

A. **Schluss mit vollen Näpfen:** Wie in Kapitel 3 empfohlen, sollten Sie Ihre Katze zu festgelegten Zeiten füttern statt ihren Napf immer wieder nachzufüllen. Wie Sie mittlerweile wissen dürften, ist dieser Punkt für meine Herangehensweise von entscheidender Bedeutung, besonders in der Kennenlernphase, wie wir gleich sehen werden.

B. **Proaktive Katzenfiguration:** An dieser Stelle integrieren wir einige wichtige Katzifizierungen aus Kapitel 8 und passen sie an.
   - **„Kindersicher machen“:** Dieser Ausdruck dürfte am besten auf den Punkt bringen, worum es bei „proaktiver Katzenfiguration“ alles geht. Wie Babys, bewegen sich Katzen ungeniert durch den Haushalt und tappen dabei zwangsläufig in alle möglichen Fallen. Zwar sollten Sie Ihren Neuzugang am Anfang isolieren, aber man kann nie früh genug anfangen, die Umgebung „katzensicher“ zu gestalten. Es gibt jedoch kleine Unterschiede: Wenn Sie eine Katze haben, kann es zwar reichen, Kindersicherungen nur an den Schränken, auf den Herdplatten, an der Backofentür etc. anzubringen, bei zwei oder mehr Katzen ist es jedoch fast noch wichtiger, die Unterschlupfe zu sichern/blockieren. Wer schon einmal versucht hat, zwei kämpfende Katzen unter dem Bett voneinander zu trennen, weiß genau, wovon ich rede! Gehen Sie daher ruhig mit diesem Bild im Hinterkopf noch einmal meine Vorschläge zur Katzifizierung in Kapitel 8 durch.
   - **Territoriale Diversität:** Katzen nehmen ihr Territorium vom Boden bis zur Decke wahr, zu 360 Grad. Sorgen Sie daher wenn möglich für „viel Luft nach oben“. Wenn Sie ihr Territorium umfassend

katzifiziert haben, können Ihre Katzen aus einer sicheren Entfernung Kontakt aufnehmen, ohne ihre jeweilige Komfortzone verlassen zu müssen. Wenn Sie Ihr Zuhause jedoch erst noch katzifizieren müssen, sollten Sie sich ein Konzept überlegen, das unterschiedlichen Orten auf der vertikalen Achse dieselbe Bedeutung beimisst, da Sie ja noch nicht wissen, wie sich Ihr Neuzugang entwickeln wird, ihm aber trotzdem helfen wollen, seine Komfortzone *irgendwo* zu finden, bevor Sie Ihr Konzept sukzessive optimieren.

- **Stadtplanung live:** Wo wir gerade von Komfortzonen und der Struktur des Territoriums sprechen: Die Kennenlernphase ist *der* Moment, um den Verkehrsfluss zu optimieren und mögliche Konflikte zu verhindern, die bei einem Stau entstehen können. Eine Katzenautobahn in den sozial relevanten Räumen – meistens im Wohn- und Schlafzimmer – spielt dabei eine grundlegende Rolle, da mehrere Verkehrsspuren mit genügend Auf- und Abfahrten allen mehr (vertikale) Raum zum Atmen geben, während Tunnels, Kokons und gut positionierte Katzenklos, die nicht zu Hinterhalten oder Sackgassen werden können, für einen besseren Verkehrsfluss in der horizontalen Welt sorgen. Und vergessen Sie nicht, Katzenbäume mit mehreren Ebenen strategisch an den Fenstern zu platzieren! Eine gute Stadtplanung lädt Katzen dazu ein, ihr Territorium zu erkunden und mehr Zeit miteinander zu verbringen – und sorgt für eine möglichst konfliktfreie Eingewöhnungs-/Kennenlernphase.

Katzen-Daddy-Wörterbuch: Katzenschach

Katzenschach beschreibt die strategische Eingewöhnungsphase unserer Katze. Katzen suchen sich Aussichtspunkte, von denen aus sie Informationen über ihre Umgebung sammeln können. Zum Beispiel müssen sie alle Ecken und Sackgassen kennen, um ihre Beute in die Falle locken zu können oder um nicht selbst in die Falle geraten.

Katzen denken immer drei Schritte voraus: *Was hat mein Gegner vor und wie kann ich darauf reagieren?* Im Grunde geht es immer um dieselbe Frage – wie jage und töte ich beziehungsweise wie vermeide ich es, gejagt und getötet zu werden? Es geht um die hohe Kunst des Kämpfens oder Flüchtens, um ein Spiel mit hohen Einsätzen (und vielleicht sogar um Leben oder Tod).

Katzenschach kann auch von zwei Katzen gespielt werden. In einer feindseligen Napoleon-Mauerblümchen-Beziehung wird Katz und Maus gespielt, Jäger und Beute, nennen Sie es, wie Sie wollen. Die angreifende Katze überwacht dabei einen ihren Bereich des Territoriums wie ein Schachbrett, um ihr Opfer bei jeder Gelegenheit Schachmatt zu setzen. Große Jäger planen voraus, antizipieren jeden Schritt ihres Gegners und schneiden ihm alle Fluchtwege ab. Am Ende verlassen sie das Schlachtfeld ohne einen Kratzer und suchen sich ihr nächstes Opfer.

Unsere Aufgabe ist es, in dieses Spiel einzusteigen und Schachgroßmeister zu werden. Die beste Methode ist, zunächst zur Mojo-Mappe zu greifen und alle Routen und Muster auszuwerten. Ist das erledigt, setzen wir unsere Katzen schachmatt, indem wir alle Hindernisse aus dem Weg räumen, für einen besseren Verkehrsfluss sorgen und das Territorium ausweiten – damit ein weiteres Schachmatt unmöglich wird.

Schritt 2: Basislager und *obligatorische* Isolation

Dieser Schritt ist etwas langwierig und aufwändig, aber nicht vergessen: Der erste Eindruck zählt! Will heißen ...

A. **Nicht spitzeln!** Einer der wichtigsten Aspekte während der Kennenlernphase ist, dass *sich die alte und die ansässige Katze fürs Erste nicht sehen dürfen*. Das ist nicht verhandelbar. Ignorieren Sie das, geht alles auf Ihr Konto!

B. **Basislager aufschlagen:** Überlegen Sie, wo Sie das Basislager Ihrer neuen Katze aufschlagen möchten. Das kann in Ihrem Schlafzimmer, Büro oder, aus Mangel an Alternativen, sogar im Bad sein. Hauptsache,

Ihr Geruch ist dort stark genug, damit Ihre Katze ein Heimatgefühl entwickeln und ihren Geruch mit dem Ihren vermischen kann.

Und jetzt kommt er, der wunderbare, aufregende Moment ... in dem Sie Ihre neue Katze nach Hause bringen! Haben Sie Ihre ansässige Katze in einem Raum untergebracht, von dem aus sie nicht sehen kann, wie Sie die neue Katze hereintragen? Dann können Sie direkt zum Basislager gehen. Machen Sie es dort Ihrem Neuankömmling so gemütlich wie möglich und vergessen Sie nicht, dass egal was aus dem Tierheim – eine Decke, ein Spielzeug, etwas Streu – ihren Duft trägt und während der Eingewöhnungsphase immens hilfreich und tröstlich sein kann.

Ran an den Speck

Ist alles soweit fertig und aufgebaut? Dann geht es jetzt ans Eingemachte – die Einführung kann beginnen. Lassen Sie sich für die Schritte 3 bis 7 so viel Zeit, wie nötig – und los!

Schritt 3: Fütterung „auf beiden Seiten der Tür"

Katzen haben hochentwickelte Sinne, daher sollten Sie Neuzugänge immer Sinn für Sinn einführen, um Ärger zu vermeiden, und mit ihrem berüchtigten Geruchssinn anfangen. Ich habe mein Fütterungsritual, das für positive Assoziationen zwischen der neuen und der alten Katze sorgen soll, über die Jahre weiterentwickelt, und es hat immer gut funktioniert. Wie? Ganz einfach: Stellen Sie zu den Essenszeiten einen Napf auf jede Seite der geschlossenen Tür. Die Näpfe sollten weit genug von der Tür entfernt sein, dass Ihre Katzen zu ihren Näpfen gehen, fressen und sich wieder entfernen können, ohne sich gestört zu fühlen – aber trotzdem nah genug an der Tür stehen, dass sie die Katze auf der anderen Seite mitbekommen. Rücken Sie im weiteren Verlauf die Näpfe immer näher zur Tür.

A. **Getrennte Mahlzeiten:** Stellen Sie die Näpfe – einen für die neue und einen für die ansässige Katze – in der gleichen, respektvollen Entfernung zur „Fütterungstür" auf.

- Stellen Sie sicher, dass auf beiden Seiten der Tür, für die Sie sich entscheiden, genug Platz ist, da es sein kann, dass Ihre Katzen zu Beginn jeweils mindestens zwei Meter Abstand von der Tür brauchen, um in Ruhe fressen zu können. Anders formuliert, wenn Sie sich für die Kellertür entschieden haben und eine der Katzen ziemlich weit unten auf der Treppe fressen muss, ist das vielleicht nicht die richtige Tür (üblicherweise eignet sich am besten die Tür zum Basislager).
- Mit „respektvoller Entfernung" meine ich den Mindestabstand, den jede Katze von der Tür braucht, damit sie zu ihrem Napf gehen, fressen und sich wieder entfernen kann, ohne das Gefühl zu haben, sich umsehen, zur Tür rennen, dagegenschlagen, fauchen, zischen oder sonstigen stressbedingten Unfug anstellen zu müssen. Diese Entfernung ist, zumindest am Anfang, der Sweetspot, an dem sie die andere Katze zwar wahrnehmen, sich aber weder von ihr bedroht fühlen, noch von ihr ablenken lassen.

Wenn Ihre Katzen einander über diesen „distanzierten Händedruck" kennenlernen, riechen Sie jedes Mal Futter, wenn sie sich begegnen ... Futter, das Sie *immer nur dann riechen, wenn Sie sich begegnen.* Und genau darum geht es, wenn man positive Assoziationen schaffen möchte: andere Katze ist gleich Fressen ist gleich gut.

Sehen Sie es doch mal so: Wenn jedes Mal ein 20-Euro-Schein vom Himmel fallen würde, wenn Sie einem Fremden begegnen, würden Sie wahrscheinlich auch denken, dass da oben jemand will, dass sie die Person gut finden. Und genauso wirksam setzen Sie Nahrung bei Ihrer Katze ein.

B. **Verschieben Sie die Herausforderungslinie:** Wenn Sie den Sweetspot gefunden haben, wird er automatisch zur Herausforderungslinie Ihrer Katzen, die Sie von nun an mit jeder Mahlzeit einen weiteren Schritt überschreiten können – indem Sie die Näpfe jedes Mal ein Stückchen näher zur Tür rücken und den Abstand auf beiden Seiten verringern, werden sich Ihre Katzen immer mehr aneinander gewöhnen ... während sie zufrieden vor sich hin mampfen.
   - Wenn Sie die Näpfe nähergerückt haben und feststellen, dass eine oder beide Katzen zur Tür starren, ihren Schwanz hin- und herbewegen und irritiert wirken, sind Sie wahrscheinlich auf der falschen Seite der Linie, weil Ihre Katze kurz davor steht, das Abendessen für heute ausfallen zu lassen. Ist dem so, sollten Sie den Napf zurück an den letzten Sweetspot stellen. (Ich empfehle Ihnen, den Spot auf beiden Seiten der Tür mit Kreppband zu markieren, da eine Visualisierung der Herausforderungslinie die Fortschritte Ihrer Katzen wunderbar dokumentiert.)
   - Das Ziel ist, so nah wie möglich an die geschlossene Tür heranzukommen, mit immer demselben vorhersehbaren Ergebnis. Verschieben Sie die Herausforderungslinie erst, wenn beide Katzen tiefenentspannt fressen und dabei keinen Mucks von sich geben. Und wenn sie auch nach zwei, drei Mahlzeiten keinerlei Reaktion zeigen, können Sie die Linie wieder ein Stückchen verschieben. Überstürzen Sie aber nichts, sonst ist das Geschrei groß ist und Sie müssen wieder bei Null anfangen. Schalten Sie auch hier lieber einen Gang runter, um schneller ins Ziel zu kommen.
   - Wenn Sie es geschafft haben, dass beide Katzen jeweils etwa dreißig Zentimeter von der Tür fressen und sich ohne Zwischenfälle entfernen, ist es Zeit für die nächste Phase: Erlauben Sie Sichtkontakt.

ARBEITEN SIE PARALLEL zu Ihrem Fütterungsritual auch mit duftbasierten, Mojo bestärkenden Techniken:

Schritt 4: Düftetausch

Auf diese Weise können Sie Katzen mit dem Duft anderer Katzen vertraut machen, ohne dass sie sich auch nur entfernt bedroht fühlen müssen. Das ist genauso einfach, wie es klingt.

A. **Ein „Geschenk" für Ortsansässige:** Nehmen Sie eine „Duftquelle" aus dem Basislager des Neuankömmlings – eine Decke oder ein Spielzeug aus weichem Material (etwas, das leicht den Duft annimmt), oder sogar so etwas wie ein Donut-Bett, und lassen Sie es von ihrer ansässigen Katze inspizieren. Sie können auch eine saubere Socke oder einen Waschlappen nehmen und damit sanft über das Gesicht der neuen Katze streichen, um ihren Duft aufzunehmen, und das als Duftquelle verwenden, *vorausgesetzt, es stört sie nicht, dass Sie in ihrem Gesicht herumreiben.*

B. **Ein „Geschenk" für Neuankömmlinge:** Nehmen Sie hierfür eine Duftquelle Ihrer ansässigen Katze und legen Sie sie in die Nähe Ihrer neuen Katze. In beiden Fällen geht es darum, ihnen den Duft nicht aufzudrängen, sondern sie ihn in ihrem Tempo erforschen zu lassen.

Keine Sorge, sie werden schon hingehen, und es wird die Kennenlernphase beschleunigen. Stellen Sie sich den Düfte-Tausch einfach als eine andere Form des „distanzierten Händedrucks“ vor.

C. **Wegmarker:** Und wieder kommt ein Element aus dem Katzifizierungsprozess zum Tragen, um Ihnen durch die Kennenlernphase zu helfen. In diesem Fall sollten Sie jedoch eine bedeutendere Duftquelle aus dem Basislager aussuchen, zum Beispiel einen Kratzbaum, und ihn beispielsweise vor einem der Wohnzimmerfenster positionieren. Auf diese Weise kann Ihre ansässige Katze das Objekt mit ihrem Duft markieren, damit er von beiden in gutem Einvernehmen genutzt werden kann.

Kleiner Tipp: Sie können auch noch einen drauflegen und zum Doppel-Duft-Keulenschlag ausholen – indem Sie eines Ihrer „Geschenke“ auf den Wegmarker legen!

Schritt 5: Ortstausch

Wenn sich Ihre neue Katze im Basislager pudelwohl fühlt, ist es höchste Zeit für Schritt 5: Ortstausch. Woher Sie wissen, dass ihre Katze mojomäßig im Basislager angekommen ist? Sie wird zu 100 Prozent zufrieden damit sein, am Fenster zu sitzen und den Vögelchen zuzusehen, statt über den Boden zu robben, unter Möbel zu flüchten oder jedes Mal zusammenzuzucken, wenn die Tür aufgeht. Und, ganz offensichtlich: sie sitzt vor der Tür und versucht, an ihnen vorbeizuflitzen, wenn Sie die Tür öffnen, oder kratzt oder miaut an der Tür.

Ein Ortstausch ermöglicht Katzen, das Territorium der anderen Katzen zu erforschen, ohne dass sie sich sehen oder begegnen. Bei dieser Gelegenheit können sie auch wichtige Wegmarker wie Kratzbäume oder Katzenklos mit ihrem Duft markieren oder die Düfte vermischen. Und so spielt sich das Ganze ab:

1. Tragen Sie den Neuankömmling aus dem Basislager ins Badezimmer und schließen Sie die Tür.
2. Lassen Sie die ansässige Katze ins Basislager und schließen Sie hinter ihr die Tür.

3. Lassen Sie den Neuankömmling den Rest Ihres Zuhauses erforschen.
4. Wiederholen Sie.

Ab hier ist es nur noch eine Frage der Zeit, bis sich Ihre Katzen in der jeweiligen Umgebung wohlfühlen werden. Lassen Sie ihnen alle Zeit der Welt.

Achten Sie jedoch darauf, zu vorhersehbaren Urzeiten zurückzutauschen, damit Ihre ansässige Katze nicht allzu lange im abgesperrten Basislager verbringen muss und Ihre neue Katze nicht von Anfang an überall im Haus ein ausgedehntes Nickerchen hält.

Idealerweise lernen sich Ihre Katzen im Zuge dieses Prozesses sehr gut kennen, bevor sie zum ersten Mal aufeinandertreffen. Was im nächsten Schritt passieren wird …

Katzen-Daddy-Tipp:

Beim Ortstausch gibt es keine festen Regeln, kein wie lange und wie oft, solange Sie sie konsequent sind. Tauschen Sie nicht ohne Konzept, und achten Sie darauf, dass sie es sich nicht zu gemütlich beim anderen machen. Sie können jeden Tag, alle paar Tage oder sogar mehrmals am Tag tauschen, je nachdem, wie Ihre Katzen darauf reagieren. Hauptsache, es kommt keine Langeweile auf.

Schritt 6: Sichtkontakt herstellen

Wenn sich beide Katzen an den Duft des anderen gewöhnt haben, ist es an der Zeit, den ersten Sichtkontakt herzustellen. Sie haben bislang erreicht, dass sich Ihre Katzen bei jeder Mahlzeit ein „duftendes“ (oder zumindest ein duldsames) Pfötchen reichen und ansonsten ruhig verhalten. Falls Sie jedoch glauben, dass sie sich beim ersten Sichtkontakt genauso freundlich verhalten, täuschen Sie sich aber gewaltig! Gehen Sie stattdessen zurück auf Los! und verschieben Sie die Herausforderungslinie wieder so weit nach hinten, dass sie sich zwar sehen können, aber beim Fressen nicht oder nur wenig gestört fühlen, und arbeiten Sie sich von diesem ersten Sweetspot wieder vor zur Tür.

Zuerst müssen Sie allerdings eine Entscheidung treffen. Möchten Sie die Tür zum Basislager einen Spalt offen lassen? Oder lieber ein Absperrgitter oder eine Fliegengittertür montieren?

Option 1: Oft reicht es schon aus, die Tür einen Spalt zu öffnen. Besorgen Sie sich hierfür einfach diese keilförmigen Türstopper aus Gummi, die man in jedem Baumarkt bekommt, und schieben Sie sie von beiden Seiten unter die Tür (um sicherzustellen, dass sie Tür nicht einfach aufstoßen). Irgendein Puffer, der die Tür einen Spalt offen hält, geht natürlich auch. Der Spalt sollte gerade so breit sein, dass sie keinen größeren Schaden anrichten, falls sie versuchen sollten, sich durch den Spalt mit den Pfoten zu bekriegen.

Option 2: Ich persönlich finde, dass man in dieser Phase des Kennenlernens lieber ein Tiergitter oder eine Fliegengittertür verwenden sollte. Tiergitter sind in diesem Fall besser als die üblichen Kindergitter, da sie deutlich höher sind und eine Klappe haben.

Der Vorhang hebt sich

Wenn Sie entschieden haben, ob Sie ein Tiergitter oder eine Fliegengittertür verwenden möchten, können Sie das Tiergitter mit einem Laken abdecken oder das Fliegengitter verhängen. Auf diese Weise lässt sich der Sichtkontakt viel besser kontrollieren, zum Beispiel, indem Sie mit einem winzigen Spalt am Boden starten und den Vorhang mit der Zeit immer weiter anheben. Vielen Katzen vermittelt dieser Prozess Sicherheit und gibt ihnen das Selbstvertrauen, das sie benötigen, um ihr Pfötchen über diese spezielle Herausforderungslinie setzen zu können.

Der Screening-Prozess

Wie Sie vielleicht schon in meiner Show gesehen haben, installiere ich lieber Fliegengittertüren als Tiergitter. Das mag jetzt nach einem großen Unterfangen klingen, ist es aber nicht, und die Kosten für eine stabile Tür, halten sich auch im (Tür-)Rahmen. Man muss nur kurz die Ärmel hochkrempeln, die entsprechende Tür aushängen und das Gitter montieren. Das sollte sogar in Mietwohnungen erlaubt sein. Ich empfehle Fliegengittertüren, da sie uns die maximale Kontrolle über die Kennenlernphase geben. Außerdem entfallen Tiergitter, über die gesprungen werden kann, Türstopper, die aus dem Weg geräumt werden, und eigentlich viel zu schmale Türspalte, durch die sich wütend gequetscht wird.

Katzen-Daddy-Tipp:

Für welche Methode auch immer Sie sich entscheiden, um den Sichtkontakt herzustellen, folgende Tipps werden Ihnen dabei helfen:

- Bei manchen Katzen sollten Sie mit null Sichtkontakt anfangen, bevor Sie ihn schrittweise herstellen (womit wir wieder bei der Laken- und Vorhangtechnik wären). Die Herausforderungslinien, die Sie in diesem Fall verschieben müssen, reichen von „Ich weiß zwar, dass du da bist, aber ich kann dich nicht sehen“ bis zum Fressen in der Blickachse der anderen Katze.
- Wenn eine von beiden frisst wie ein Staubsauger oder nur kurz in ihrem Fressen pickt und dann weggeht, kann das schnell zu Störungen im Ablauf führen. Im Fall des Staubsaugers können Anti-Schling-Näpfe helfen, und im Fall der Pingeltante sollten Sie ihr zwischen den Mahlzeiten nicht zu viele Leckerli zustecken oder ihren Appetit mit Jackpot!-Leckerli anregen.

- Eine spaltbreit geöffnete Tür weckt grundsätzlich den Jagdtrieb Ihrer Katzen, da sie sich aufgrund des Winkels immer nur in Ausschnitten sehen und die Körpersprache der anderen Katze nicht richtig lesen können. Eine Fliegengittertür zeigt dagegen *alles* – und sendet die richtigen Signale.
- Dieser Schritt kann Wochen dauern, oder nur Tage. Ihre Katzen werden Ihnen zeigen, wenn sie sich wohl fühlen, und wenn Sie ihre Körpersprache lesen und Entspannung von Anspannung unterscheiden können, werden Sie immer wissen, wann Sie weitermachen können.

Wenn Sie den Vorhang komplett „hochgezogen" haben, voller Sichtkontakt besteht und die Katzen relativ nah beieinander essen, sind Sie bereit für den nächsten Schritt. (Und nicht vergessen: Sie können nicht mir nichts dir nichts von zwei sich fremden Katzen erwarten, dass sie völlig entspannt zwei Meter voneinander entfernt herumsitzen und fressen, auch wenn Sie eine Gittertür trennt. Aber das wird schon.)

Schritt 7: Fressen Spielen Liebe

Ich bin ein Rieseneishockeyfan. Seit meiner Kindheit in den 70ern hat sich das Spiel jedoch dramatisch verändert. Hockey war damals ein supergefährlicher Sport, gelinde ausgedrückt – und das nicht nur, weil man mit Karacho auf breiten Metallkufen über das Eis schoss, dabei einen Holzschläger hielt und versuchte, einem Hartgummigeschoss auszuweichen, das Geschwindigkeiten von bis zu 170 km/h erreichen konnte. Nein, die eigentliche Gefahr bestand darin, dass die Spieler nicht zweimal überlegten, einen windelweich zu prügeln, wenn sie in Fahrt waren. Gut, Prügeleien gehören immer noch dazu, aber damals *war* die Prügelei quasi das Spiel.

Abgesehen von der unvermeidlichen Gewalt nach dem Startpfiff, faszinierten mich am meisten die Rituale davor, genauer gesagt die Aufwärmphase, wenn beide Teams über das Eis kurvten. Die Teams blieben dabei immer auf ihrer Seite der Eisbahn, zogen getrennt durch die rote Mittellinie enge Kreise, wärmten sich auf und feuerten auf ihr Tor. Und warfen ab und an grimmige Blicke auf das gegnerische Team auf der anderen Seite der Linie, das auch über das Eis glitt und sich aufwärmte. Eingeschworene Gegner, die, lediglich von einer roten Linie getrennt, beide genau dasselbe taten. Was hielt sie angesichts dieser Energie, in ihnen kochte, davon ab, nicht direkt über einander herzufallen? Es war das Ritual selbst, dass diesen zerbrechlichen Frieden wahrte; die Spieler wussten, dass das zum Spiel dazugehörte und nicht zu ändern war.

Dieses Bild hatte ich beim nächsten Schritt der Kennenlernphase im Kopf, den ich Fressen Spielen Liebe (FSL) nenne und der eine Erweiterung des Fütterungsrituals darstellt. Ging es bisher nur darum, Nahrung positiv zu assoziieren, geht es jetzt um die große Raubtierfütterung. Fressen Spielen Liebe steht für alle positiven Momente, die unsere Katzen über den Tag verteilt von uns erfahren. Wenn dieses Übung ins Spiel kommt, sollten wir alle drei Elemente bewusst zurückhalten und sie zu einem Riesenspektakel zusammenfassen. (So gut es geht natürlich, schließlich können wir nicht einfach in einen Kuschelstreik treten – das wäre lächerlich!). Ich meine das ernst – wenn Sie dieses Ritual beherrschen, wird sich jeder Tag wie Weihnachten anfühlen. Und das, obwohl sie eine fremde Katze im Raum haben!

FSL geht ganz einfach: Sie bringen eine Katze in einen Raum, in dem sich, hinter der „roten Linie", bereits eine andere Katze befindet, die dort eifrig ihre Kreise zieht. Die Herausforderung besteht darin, beide Katzen mit Hilfe von Leckerli, positiver Verstärkung, Spielen und … nun ja … *Liebe,* möglichst lange auf ihrer Seite zirkulieren zu lassen, ohne dass sie – übereinander herfallen.

Feueralarm

Der erste „Feueralarm“, an den ich mich erinnere, war 1973. Ich war sechs und mein Bruder zwei oder drei. Wir lebten in einer Wohnung in New York City, was meinen Vater total paranoid machte, da die Gebäude bei einem Brand schnell zum Gefängnis werden konnten. Um zu überleben, musste man es also herausschaffen ... Unser Vater sorgte dafür, dass wir alle Schritte kannten, die uns lebend nach draußen brachten, und zeichnete uns auch ein detailliertes, sehr grafisches Bild der Konsequenzen, wenn wir diese Schritte nicht befolgten. Wir waren also hochmotiviert.

Natürlich musste er noch einen draufsetzen. Und brachte den Feueralarm ins Spiel, indem er mitten in Nacht in unser Schlafzimmer stürzte, alle Lichter anschaltete, mit einem Holzlöffel gegen einen Topf schlug und „Feuer! Feuer! Feuer!“ schrie.

Mein Bruder und sprangen dann aus dem Bett, nachdem wir uns in die Pyjamas gepinkelt hatten, und direkt in den Fluchtmodus. Die ersten Male waren wir noch halb hysterisch und total benommen, und wir versuchten krampfhaft, uns an das Protokoll zu erinnern. Aber nach dem dritten oder vierten Mal assoziierten wir Topfschlagen, Lichtdisko und Gebrüll mit *auf den Boden legen.* Wir legten uns flach auf den Boden, mein Bruder kletterte auf mich drauf, und ich wurde zur Schildkröte. Ich kroch zur Tür, griff nach dem Knauf, um zu prüfen, ob er heiß war, und wenn er es nicht war, ging es im Schildkrötengang weiter. Wir prüften auf unserem Weg durch die Wohnung jeden Türnauf, bis wir die Wohnungstür erreicht hatten. War dieser auch nicht heiß, rannten wir durch den Flur zum Treppenhaus – nie zum Fahrstuhl! – und sausten hinunter in den Eingangsbereich unseres Gebäudes. Und da standen wir dann, um drei Uhr nachts. Quasi auf dem verdammten Broadway.

Das ist jetzt fast 45 Jahre her, aber ich erinnere mich noch immer, als wäre es gestern gewesen. Meine Muskeln erinnern sich. Und wenn heute jemand in mein Schlafzimmer stürzen, mit einem Holzlöffel gegen einen Topf schlagen und „Feuer!“ rufen würde, käme ich todsicher ohne einen Kratzer aus dem Haus. Danach würde ich zwar wahrscheinlich wieder zu mir kommen und den Spinner festnehmen lassen, aber das ist nicht der Punkt. Der Punkt ist, immer bereit zu sein und seine Ängste im Griff zu haben, wenn etwas erledigt werden muss.

Dieses Konzept lässt sich wunderbar auf Ihre Katzen übertragen, zum Beispiel wenn sie Tabletten nehmen oder in eine Transportbox steigen sollen (mehr dazu in Kapitel 12). Doch wie lässt es sich auf unsere aktuelle Situation anwenden? „Feueralarm" in einem Mehrkatzenhaushalt bedeutet, mit seinen Katzen alle Eventualitäten durchzuspielen, und zwar lange, bis sie, bildlich gesprochen, um drei Uhr nachts auf dem verdammten Broadway stehen.

Was ich damit sagen will, ist, dass alle Schritte der Kennenlernphase, die wir auf den letzten Seiten besprochen haben, in Fleisch und Blut übergehen müssen, bevor Sie Vertrauen aufbauen können. Die folgende Checkliste wird Ihnen helfen, Ihren Katzen in diesem Prozess die nötige Sicherheit zu vermitteln, und, was mindestens genauso wichtig ist, Sie dabei unterstützen, den Überblick zu behalten. Katzen spüren, wenn sich die Energie im Raum ändert beziehungsweise wenn Sie sich unsicher fühlen und sich ständig fragen, was sie in dieser oder jenen Situation tun sollten, und diese Unsicherheit kann das Fass zum Überlaufen bringen.

Aus diesem Grund ist es wichtig, Konfliktsituationen im Vorfeld durchzuspielen und sich auf sie einzustellen. Wenn Sie dann an den Punkt kommen, an dem Sie Ihre Katzen – barrierefrei – „aufeinander loslassen", werden Sie instinktiv wissen, was zu tun ist, wenn sich Konflikte anbahnen oder der Feueralarm in Ihrem Kopf losschrillt.

Die Fressen-Spielen-Liebe-Checkliste

1. **Unterschlupfe und Ausgänge** – Wenn wir bei Übungen wie FSL die Kontrolle abgeben, geben wir sie oft an die Umgebung ab. Ich spreche da aus Erfahrung: Kämpfe beginnen mit einer Jagd, und Jagden enden meistens in einem Raum, einem Schrank, unter dem Bett oder unter irgendeinem Möbel, von dem Sie in Ihren wildesten Träumen nicht gedacht hätten, dass da eine Katze darunter passt. Sie können das

Chaos jedoch kontrollieren, indem Sie die Umgebung kontrollieren – und das heißt, die Unterschlupfe zu blockieren und die Ausgänge zu versperren. Wenn Ihre FSL-Sitzung im Wohnzimmer stattfindet, versperren Sie die Ausgänge, indem Sie alle Türen und sonstigen Ausgänge schließen, und verschaffen sich so eine „Spielweise" zu Ihren Bedingungen. Und blockieren Sie die Unterschlupfe – der einzige Weg, seine Hände vor wirbelnden Klauen und Fängen zu schützen, ist, Kämpfe unter Betten oder Sofas im Vorfeld zu unterbinden.

2. **Sichtschutz bereithalten** – Ein Sichtschutz sollte (a) Ihren Katzen den Blick versperren, (b) stabil genug sein, dass Sie ihn zwischen die beiden stellen und sie ihn nicht einreißen können, und (c) hoch genug sein, dass Sie sich beim Aufstellen nicht zwischen Ihren Katzen bücken müssen und Ihre Hände schnell in Sicherheit bringen können, wenn es zum Kampf kommen sollte. Zu einer Wand zusammengeklebte Kartons funktionieren für mich immer ganz gut, aber Sie können sich zum Beispiel auch eine stabile Hartschaumplatte besorgen. Verwenden Sie aber auf keinen Fall ein Laken oder sonst irgendetwas Dünnes, durch das Ihre Katzen einfach durchrennen können.

   Deutliche Zeichen einer Katastrophe sind, wenn Ihre Katzen sich plötzlich nicht mehr bewegen und anfangen, sich niederzustarren. Dann heißt es *Game over* und Sichtschutz *down*. Wenn Sie die Kontrolle weder mit Leckerli noch mit Spielzeug zurückgewinnen können, sollten Sie sie trennen, indem Sie ruckzuck den Sichtschutz aufstellen und eine von beiden aus dem Raum bringen. Ihr Ziel ist, wie immer, die Übung zu einem schönen Abschluss zu bringen, und nicht zu einem Ab*schuss*.

3. **Die letzte Instanz** – Falls die Situation trotz aufgestelltem Sichtschutz und eifrigster Ablenkungsversuche eskaliert und es zum Kampf kommt, kann ein Laken wahre Wunder vollbringen: Werfen Sie es über eins der Monster, schnappen Sie es sich und tragen Sie es weg. Ein anderes, sehr praktisches Werkzeug ist eine leere Getränkedose mit Münzen und zugeklebter Öffnung. Statt Ihre Stimme einzusetzen, was angesichts der aufgeheizten Stimmung nur für negative Assoziationen sorgen würde, können Sie versuchen, Ihre Katzen durch Schütteln der Dose aus der Schockstarre zu befreien. Was beide Methoden gemein haben? Sie sorgen dafür, dass Sie nicht Ihrem

ersten, panischen Instinkt folgen und losschreien – und die Hände in den Katzenmixer stecken. Das endet nämlich nie gut.

4. **Feuer! Feuer!** – Platzieren Sie Sichtschutz, Münzdosen und Laken so, dass Sie Ihre Utensilien immer schnell zu fassen kriegen, und geben Sie gleichzeitig Ihren Katzen den nötigen Raum, um sich zu beschnuppern. Bedrängen Sie sie nicht durch zu viel Nähe – Sie sind selbstbewusst genug, um einen Schritt zurückzutreten, cool zu bleiben gegebenenfalls die Situation zu entschärfen. Genau deswegen spielen wir im Vorfeld alle Eventualitäten durch und legen uns unsere Werkzeuge zurecht. Fragen Sie sich immer, wo es am wahrscheinlichsten zum Kampf kommen kann und wo er enden könnte, und platzieren Sie dort Ihre Utensilien. Auf diese Weise können sofort in Aktion treten, wenn die Situation eskaliert. Der springende Punkt ist, dass Sie vorbereitet sind und alles so oft durchgespielt haben, dass Sie kontrolliert und der Situation angemessen reagieren – und nicht panisch und emotional.

Kurze Notiz – Zum Feueralarm in der Kennenlernphase gehören natürlich immer zwei. Ihr Partner bei dieser Übung sollte daher immer auf Ihrer Seite sein, Abschnitt für Abschnitt und Satz für Satz.

ZIEL DES GANZEN Unterfangens ist, für möglichst umfassende positive Assoziationen zu sorgen, damit Ihre Katzen am Ende gänzlich ohne sichtbare Barrieren klarkommen (spätestens jetzt dürfte sich die Eishockey-Metapher erklären) und gemeinsam in einem Raum ihre Mahlzeiten einnehmen können. Wenn das klappt, haben Sie die letzte Hürde der Kennenlernphase genommen.

Hier die Schritt-für-Schritt-Anleitung, um das hinzukriegen:

A. **Kenne deine Mitspieler:** Finden Sie heraus, mit wem Sie es zu tun haben.
   - Welche Spielertypen sind Ihre alte und neue Katze? Eher Blechliesel? Oder Sportwagen? (Mehr Informationen zu den unterschiedlichen Katzentypen finden Sie in Kapitel 7.)

- Motiviert sie eher Fressen oder Liebe/Aufmerksamkeit?
- Was hat auf der Jackpot!-Skala den höchsten Wert? Was gefällt ihnen *so sehr*, dass Sie sie damit garantiert „abholen" können? Ist es ein Jackpot!-Leckerli, ein besonderes Spielzeug oder so etwas wie gebürstet/gestreichelt werden? Merken Sie sich, dass diese Aufmerksamkeiten ihre Katze auch dann noch motivieren müssen, wenn andere Katzen ihren Raum okkupieren.

B. **Kurbele den Jackpot! an:** Lieblingsleckerli oder Lieblingsspielsachen werden erst dann zum „Jackpot!", wenn sie weg sind. Sprich bevor sie die FSL-Sause steigen lassen können, müssen Sie Ihren Katzen zuerst ihre Lieblingssachen wegnehmen. Ich weiß, verweigern ist hart, vor allem, wenn sie einen aus großen, traurigen Augen anschauen und kläglich „Warum hasst du mich so?" miauen. Aber geben Sie auf keinen Fall nach! Zurückgehaltene Belohnungen machen aus allem eine Jackpot!-Party!

C. **Ritualisiere optimale Spielrunden:** Wenn Sie erst einmal die Vorlieben eines jeden Spielers herausgefunden haben, sollten Sie zunächst mit jeder Katze eine erfolgreiche Spielrunde alleine absolvieren, damit Sie wissen, wie jede aussieht, wenn sie konzentriert spielt oder abgelenkt ist. Auf diese Weise können sie die FSL-Übung mit beiden Katzen im Raum auswerten und beaufsichtigen, und, was mindestens genauso wichtig ist, die Übung zu einem schönen Abschluss bringen. Neben einem Jackpot!-Leckerli benötigen Sie aber auch ein Jackpot!-Spielzeug, Ihre Katze anzukurbeln. Oder mehrere. Wechselndes Spielzeug „füttert" den Ur-Katzen-Rhythmus, da Ihre Katze es mit unterschiedlichen Beutetypen assoziiert, was für mehr Abwechslung bei den täglichen Spielrunden sorgt. Das Ritualisieren ist wichtig, da Sie auf diese Weise immer wissen, womit sie gerne spielen und wann sie keine Lust mehr haben, und statt zuzulassen, dass sie aufeinander losgehen, bringen Sie die Spielrunde zu einem schönen Abschluss, während sie noch ganz in das Spiel vertieft sind. Auf diese Weise sind Sie ihnen immer einen Schritt voraus.

D. **Die FSL-Spielrunde:** Sind Sie bereit? Dann entscheiden Sie jetzt, wo die gemeinsame Spielrunde stattfinden soll. Es sollte sich um einen möglichst großen Raum mit viel freier Fläche handeln; kleine, vollgestellte Räume lenken Ihre Katzen zu sehr ab und machen es ihnen einfach, Ihnen zu entwischen und aufeinander loszugehen. Lassen Sie sich von einem Freund, einem Familienmitglied, Ihrem Partner etc. helfen. Ich finde es immer gut, wenn man sich für alle einleitenden Schritte Hilfe holt, aber speziell bei dieser Übung geht es wirklich nicht ohne.

Wichtig: Denken Sie immer an die Eishockey-Metapher – beide Katzen sollen nebeneinander ihre Kreise ziehen. Bei dieser Übung sind Dynamik und Engagement gefragt, während Stillstand unser größter Feind ist.

1. **Mit einer Katze anfangen:** Spielen Sie zunächst nur mit einer Katze im Raum. Sorgen Sie dafür, dass sie Spaß hat und in Bewegung bleibt. Wenn Sie mit Leckerli arbeiten, können Sie eine Spur auslegen. Legen Sie noch während sie kaut das nächste Leckerli so aus, dass sie es sehen kann, damit sie noch kauend zur nächsten „Krume" geht. Dasselbe gilt für Spielzeuge. Wenn Sie Ihre Katze mit diesen Werkzeugen kontrollieren können, ergibt sich der Rest fast wie von selbst. Sollte es dennoch dazu kommen, dass Ihre Katze einander „niederstarren", müssen Sie sie dazu bringen können, dort hinzusehen, wohin *Sie möchten*.
2. **Die zweite Katze hereinbringen:** Bitten Sie Ihren Partner, die zweite Katze zwanglos hereinzubringen, während Sie Ihre Katze beschäftigen. In einer perfekten Welt würden Sie die Katze mit ihrem Jackpot! (Leckerli, Spielzeug etc.) in den Raum lotsen, da Sie dabei keinen Stillstand haben wie beim Hereintragen. (Wenn Ihre Katze glaubt, dass sie selbst alle Entscheidungen trifft, erweisen wir auch ihrem Mojo einen kleinen Gefallen.)
3. **Im „Rythmus" bleiben:** Die *wichtigste* Komponente bei der Zusammenführung ist, im etablierten Spielrhythmus zu bleiben. Deswegen ist Ihr Partner bei dieser Übung so wichtig: er beschäftigt eine Katze, und Sie die andere.
4. **Spielrunde beenden:** Es gibt zwei Möglichkeiten, die Spielrunde zu beenden. Entweder die Katzen beenden sie, oder Sie. Selbstverständlich sollten Sie letztere Option vorziehen – und wenn Sie die Körpersprache Ihrer Katze lesen können, werden Sie wissen, ab wann sie sich gelangweilt fühlt und ablenken lassen wird. Und da Sie nicht *alles* kontrollieren können, hier noch ein paar Extratipps, um mögliche Konflikte zu vermeiden.

- Beenden Sie die Spielrunde, wenn eine der Katzen aufhört, sich zu bewegen und die andere Katze ins Visier zu nehmen beginnt.
- Ein perfekter Abschluss wäre, eine der Katzen mit einem Spielzeug aus dem Raum zu führen. Ich würde aber immer versuchen, ihnen um des lieben Mojos Willen das Gefühl zu geben, selbst zu entscheiden. Bedeutet das aber, dass sie sich für Rambazamba entscheiden und Sie eine der Katzen hochheben und aus dem Raum tragen müssen, bevor es dazu kommt, dann ist das eben so.
- Versuchen Sie immer, einen schönen Abschluss zu finden, schließlich möchten Sie für positive Assoziationen sorgen. Dieser „Scheck" lässt sich jedoch nur durch wiederholte, positive Abschlüsse einlösen. Hören Sie auf Ihr Bauchgefühl – fordern Sie sie noch ein letztes Mal heraus, oder reicht es für heute?
- Krönen Sie die FSL-Sequenz – egal, ob sie ein gutes, schlechtes oder schreckliches Ende gefunden hat – mit einer Mahlzeit. Falls Ihre Katzen bereits satt sind, können Sie noch etwas abwarten, aber seien Sie in diesem Punkt trotzdem konsequent. Ihre Katzen

werden über kurz oder lang auf ihrer Seite der Tür oder des Gitters auf ihr Abendbrot warten, und das ist Ihre letzte Chance, den Tag mit einer positiven Verstärkung zu beenden.

5. **Letzte FSL-Zielsetzung:** Sobald Sie „Fressen Spielen Liebe" sicher beherrschen – wenn Ihre FSL-Sitzungen zu einem täglichen Ritual geworden sind und Sie sie nicht mehr vorzeitig beenden müssen –, können Sie die Türen/Gitter zu den Essenszeiten öffnen und die Spielrunden beenden, indem Sie Ihre Katzen in ihren jeweiligen Räumen füttern. Denken Sie aber an die unsichtbare rote Eishockey-Linie in der Mitte des Raums und stellen Sie die beiden Näpfe in einem respektvollen Abstand auf, wie Sie es beim Fütterungsritual bei geschlossener Tür auch gemacht haben. Letzten Endes führt der einfachste Weg zu einer Détente immer noch über Essen.

Katzen-Daddys FSL-Tipps

Wer tauscht, gewinnt: Spielen Sie FSL, indem Sie die Prinzipien des Ortstauschs beherzigen. Wenn Sie jeden Tag gleich spielen oder dieselbe Katze in das Territorium der anderen Katze holen, sorgen Sie unbeabsichtigt für eine Ungleichgewichtung der Herrschaftsansprüche. Bringen Sie daher am einen Tag die neue Katze ins Zimmer der alten Katze, und am nächsten Tag die neue ins Zimmer der alten.

„Niederstarren" verboten: Wenn Sie diese Übung oft genug wiederholen, werden Sie schnell lernen, was zu tun ist, wenn Ihre Katzen anfangen, sich zu fixieren. Jede Ablenkung, die Ihnen entgeht, kann zu diesen gefürchteten Momenten des „Niederstarrens" führen. Genau zu wissen, *wann* sich Ihre Katzen ablenken lassen, hilft Ihnen, die Kontrolle zurückzugewinnen, die Aufmerksamkeit Ihrer Katzen neu auszurichten und/oder die Spielrunde rechtzeitig zu beenden. Sprich wenn Sie die Körpersprache Ihrer Katzen deuten können, sind Sie ihnen immer einen Spielzug voraus. Und nicht vergessen: Es liegt an Ihnen, alle Übungen so zu gestalten, dass es nicht zu Kämpfen kommt.

Mit Babyschritten zum Erfolg: Fangen Sie mit ganz kleinen Erfolgen an. Wenn bereits die Einführungsphase schwierig war, kann sich schon eine Minute, die die Katzen im selben Territorium verbringen, wie ein Sieg anfühlen. Auch wenn es blöd klingt, schreiben Sie sich immer alle Zeiten auf, egal wie kurz sie sind, und wenn Sie morgen fünf, zehn oder sogar 15 Sekunden mehr auf der Uhr haben, sind auch das kleine Siege. Manchmal stellen sich unsere größten Erfolge eben nur im Sekundentakt ein.

Keine Angst vor Rückschlägen:

Natürlich kann es auch trotz perfekter Planung zu Kämpfen kommen. Das heißt aber nicht, dass Sie den Krieg verloren haben, sondern nur die Schlacht. Sie machen auch nicht alles falsch. Manchmal kämpfen Sie einfach gegen etwas an, dass sich Katzen im Umgang miteinander selbst anerzogen haben. Vielleicht haben sie einen schlechten Tag, oder es ist etwas Außergewöhnliches im häuslichen Umfeld passiert, das sie aufgeregt hat. Behalten Sie einfach im Hinterkopf, dass Kämpfe in jeder Beziehung ausgefochten werden. Nur, dass wir dabei Wörter einsetzen – und sie Krallen. Es sind jedoch nicht die Kämpfe, die unsere Beziehungen definierten, sondern das, was danach passiert.

Also, was machen Sie in solchen Fällen? Sie gehen einen Schritt zurück. Wenn zum Beispiel Ihr allererster FSL-Versuch endet, bevor er angefangen hat, weil direkt zu Beginn der Übung Chaos ausgebrochen ist, dann gehen Sie zurück zum letzten Schritt, der wiederholt und vorhersehbar zum Erfolg geführt hat. Sagen wir mal, das war, als Ihre Katzen drei Mal hintereinander gefressen haben und keine schiefen Blicke hin und herflogen – auf beiden Seite der Tür, bei vollem Sichtkontakt, rund 90 Zentimeter voneinander entfernt. Dann gehen Sie eben an diesen Punkt zurück. Reicht das immer noch nicht (weil ihre Katzen sich weigern zu fressen, zu viel knurren etc.), gehen Sie noch einen Schritt zurück. Die Herausforderungslinie, von der sie neu starten, wird schon nicht so weit sein.

15 FRIEDLICHE SEKUNDEN

Selbst in den schwierigsten Fällen können bereits 15 friedliche Sekunden, auf denen Sie aufbauen, zum Erfolg führen. Wie die Herausforderungslinie, ist die Kennenlernphase zu Beginn immer eine Achterbahnfahrt der Gefühle. Aber keine Sorge, der Moment wird früh genug kommen, an dem mit einem Schlag, *zack* – das anfängliche Ruckeln aufhört, Ihr Wagen Fahrt aufnimmt und sich alle vom Rhythmus mitreißen lassen! Und plötzlich ist alles gut.

Häufig gestellte Fragen

Was, wenn man mehr als eine Katze hat?

Wenn Sie mehr als eine Katze haben, empfehle ich Ihnen, Ihre Beziehungen nacheinander aufzubauen. Fangen Sie wenn möglich mit der „einfachsten“ Katze an, um eine „soziale Brücke“ zu den anderen Katze zu schlagen, und führen Sie alle Übungen in unterschiedlichen Kombinationen aus, damit Sie Ihren Neuankömmling nicht direkt mit zu vielen Katzen überfordern.

Brauchen Katzen ein eigenes Katzenklo?

Ob es zu territorialen Konflikten führt, wenn eine Katze ihr Geschäft im Katzenklo einer anderen Katze erledigt? So etwas wie *meine* Box gibt es nicht. Sie benötigen zwar n+1 Katzenklos, aber jedes Katzenklo funktioniert wie ein gemeinschaftlicher Wegmarker und sollte den Geruch aller Katzen tragen. Katzen sozialisieren sich nicht über Besitz; sie besetzen keine Objekte (oder sollten es nicht), um andere Katzen auszuschließen. Wegmarker dürfen von allen Katzen benutzt werden, sofern sie es wünschen.

Ich hatte über die Jahre viele Kunden, die aus irgendwelchen Gründen glaubten, dass jede Katze ihr eigenes Katzenklo haben sollte, und dass Katzen es als übergriffig empfinden würden, die Box einer anderen Katze zu benutzen.

Nicht nur, dass es sich hier um einen klassischen Fall von Projektion handelt, diese Art von sozialer Übertragung geht auch oft nach hinten los. Ich wüsste auch nicht, wie man einer Katze beibringt, dass sie nicht *dieses* Katzenklo benutzen soll, sondern *dieses.* Jedes Mal, wenn Sie Ihre Katze davon abhalten, ein bestimmtes Katzenklo zu benutzen, verwirren Sie sie nur, bis sie plötzlich gar kein Katzenklo mehr aufsucht. Lassen Sie sie daher einfach selbst entscheiden, auf welchen Pott sie will.

Was, wenn wir zwei Katzen haben, die einfach nicht miteinander klarkommen, obwohl wir die Kennenlernphase Schritt für Schritt umgesetzt haben?

Das ist tricky. Wie lange machen wir weiter, wenn unsere Katzen uns deutlich zu verstehen geben, dass sie das nicht wollen? Zu entscheiden, dass zwei Katzen einfach nicht zusammenpassen, ist ein sehr persönlicher Schritt, daher fällt es mir an dieser Stelle schwer, ein pauschales Urteil abzugeben.

Was ich sagen kann, ist, dass Sie immer nur realistische Anforderungen stellen sollten. Letzten Endes können Sie Katzen nicht *zwingen*, miteinander auszukommen. Es kann aber auch sein, dass Sie die Beziehung Ihrer Katzen schlicht falsch interpretieren und Ihre Katzen *kommen* miteinander aus, nur erkennen Sie es einfach nicht. Vielleicht glauben Sie ja, dass sich Ihre Katzen abends im Bett gegenseitig ablecken und wie Wurfgeschwister verhalten sollten. Ich sehe das so: solange Waffenruhe und Friede herrscht, der so etwas sagt wie: „Wir teilen uns den Raum“, ist alles gut. Damit haben Sie die Grundlage für einen Dialog und eine Beziehung geschaffen, die, wie jede Beziehung, Zeit zum Wachsen braucht. So viel dazu. Sie können aber auch vorgreifen und einen Blick in Kapitel 14 werfen, das eine ganze Reihe wirkungsvoller Heilmittel gegen aggressives Verhalten bereithält.

MOJO-WARTUNG

Jetzt, da wir die Kennenlernphase abgeschlossen haben, möchte ich Ihnen noch ein paar wertvolle Tipps geben, damit Ihre Katzen auch in Zukunft harmonisch miteinander umgehen.

Halten Sie sie beschäftigt: Damit Katzen auch in der Zukunft gut miteinander auskommen, müssen Sie Ihnen die Ressourcen geben, die sie benötigen. Haben Sie am Boden alles, was Sie brauchen? Haben Sie das Prinzip der Katzensonnenuhr und des Katzen-TVs umgesetzt? Können Sie die Vertikale Welt erforschen? Bekommen alle Katzen ihre individuellen Mahlzeiten und stehen +1 Katzenklo bereit?

Glückliche Katzen sind müde Katzen: Katzen, die zusammen spielen, bleiben zusammen … in relativer Harmonie. Das bedeutet aber nicht, dass Katzen, die „zusammen spielen", jeden Tag wie kleine, süße Kätzchen spielen. Denken Sie immer an JFTF-Faktor und bleiben Sie dem „Spielen = Jagen"-Grundsatz treu, damit Ihre Katzen genug Energie ablassen und nicht zum Katzenheißluftballon werden, was immer für Ärger unter Ihren Katzen sorgt, wie in Kapitel 7 besprochen.

Möchten Sie Ihre Familie um einen Hund oder ein Kind erweitern? Es gibt nicht nur optimale Vorgehensweisen, um Katzen einander vorzustellen, sondern auch, um Hunde oder Kinder in Ihren Haushalt einzuführen. Bleiben Sie am Ball!

KATZEN UND HUNDE

Wenn Sie wie ich sind, dann haben Sie wahrscheinlich auch alles über Tiere aus den Zeichentrickserien gelernt, die jeden Sonntagmorgen im Fernsehen liefen. Daher *wusste* ich schon mit sieben oder acht, dass sich Hunde und Katzen hassen wie die Pest, und dass Hunde neunmalkluge Hasen hassen, Katzen süße, gelbe Piepmätze und Kojoten natürlich den Road Runner. Gut, Kojoten hassen so ziemlich alles und jeden, aber das liegt daran, dass sie sich allem und jedem überlegen fühlen. Okay, ich schweife ab.

Was ich damit sagen will, ist, dass die bekannte Redewendung „wie Hund und Katz“ im realen Leben und besonders bei Menschen, die stolz einen Mehrtierhaushalt führen, lediglich eine klischierte Vorstellung reflektiert. Katzen und Hunde kommen sehr wohl miteinander aus. Nicht hinter *jeder* Ecke wartet eine Katze mit einer Bratpfanne, um sie einem Hund über den Schädel zu ziehen, oder ein Hund, um einer Katze hinterherzujagen, bis er sich an seiner Kette erwürgt. Das Leben ist keine Zeichentrickserie – zumindest nicht immer (wobei es stimmt, dass sich Kojoten für besonders schlau halten).

Wenn Sie einen Hund mit nach Hause bringen und Ihre Katze noch nie zuvor einen Hund gesehen hat, setzen Sie Ihre Katze großem Stress aus, da die Ur-Katze in ihr jedes neue Lebewesen als potenziellen Räuber wahrnimmt und entsprechend darauf gepolt ist, erst einmal auf Abstand zu gehen. Im letzten Abschnitt dieses Kapitels werden wir lernen, dass sich Vorbehalte auf dieselbe Art abbauen lassen, wie wenn wir Katzen einander vorstellen, und zwar mittels positiver Verstärkung. Trotzdem muss auf beiden Seiten der Leine erst einiges passieren, bevor Katzen lernen, dass Hunde ihre Freunde sind und nicht ihre Feinde. Packen wir es also an!

DIE WAUZI-CHECKLISTE

Falls Sie vorhaben, einen Hund in Ihren Katzenhaushalt einzuführen, sollte Sie Folgendes beachten.

Recherchieren Sie: Dass Sie sich im Vorfeld informieren, wenn Sie einen Hund in einen Katzenhaushalt integrieren möchten, versteht sich eigentlich von selbst. Und da man sowohl Hunde als auch Katzen früh an andere Tiere gewöhnen sollte, macht es zum Beispiel Sinn, nach einem Hund zu suchen, der bereits mit einer Katze zusammengelebt hat. Tierheime führen übrigens auch einen Check durch, bevor sie Hunde weitervermitteln. Ein ausgeprägter Jagdinstinkts sollte Sie warnen, aber auch Information wie dass der Hund, den Sie ins Auge gefasst haben, seine Ressourcen verteidigt. Ängstliche Hunde können auch zum Problem werden, wenn ihre Angst zu aggressivem Verhalten führt.

Wesen vor Rasse: Es wird immer wieder gerne darüber diskutiert, welche Rassen man bevorzugen oder meiden sollte, wenn man einen Hund in einen Katzenhaushalt integrieren möchte. Es stimmt zwar, dass manche Rassen zum Beispiel einen ausgeprägteren Jagdinstinkt haben, doch wäre es dem jeweiligen Tier gegenüber nicht fair, ihn einfach auf seine Rasse zu reduzieren. Suchen Sie Ihren Hund lieber so aus, wie Sie eine neue Katze aussuchen würden: nach dem Wesen.

Persönlichkeitscheck: Suchen Sie nach Persönlichkeiten, die zu einander passen. Alter, Geschlecht und Energielevel sollten zumindest in Ihre Auswahl mit einfließen. Viele, wenn nicht sogar die meisten Tierheime testen sogar im Vorfeld, wie die Hunde auf Katzen reagieren. Die wichtigsten Informationen erhalten Sie jedoch erst, wenn Sie Ihren Hund mit nach Hause genommen haben, da sich erst dann zeigen wird, woran Sie arbeiten müssen, damit Ihr Hund zuhause gut ankommt.

Erziehung: In einer perfekten Welt sind Hunde – egal, ob sie neu in den Haushalt eingeführt werden oder bereits da waren – wohlerzogen und hören aufs Wort. Und genau diese Erziehung brauchen wir, wenn es darum geht, die Übungen umzusetzen, die ich Ihnen gleich zeigen werde.

Aber natürlich leben wir nicht in einer perfekten Welt ... Zwar wird es immer mehr zur Norm, bereits im Tierheim mit dem Hundetraining zu beginnen, doch heißt das nicht, dass wir deswegen wissen, was uns erwartet, wenn ein Hund zum ersten Mal über unsere Türschwelle tritt. Genauso kann es sein, dass wir unserem Hund, mit dem wir seit Jahren zusammenleben, mehr als nur ein bisschen durchgehen lassen – und dann kommt eine Katze und plötzlich wird aus dem bisschen ein bisschen zu viel.

Zu wenig Erziehung ist kein Verbrechen, deckt aber Bedürfnisse auf. Natürlich würde ich Ihnen niemals davon abraten, einen Hund zu adoptieren, in den Sie sich verliebt haben, aber umso wichtiger ist es, diese Bedürfnisse zu erkennen und sie zu beheben.

Ein bisschen Hilfe schadet nie ...

Wenn Sie einen Hund mit einer Katze zusammenbringen, werden Sie todsicher auf die eine oder andere Schwachstelle in Ihrer Hundeerziehung stoßen. Versuchen Sie gar nicht erst, sie alleine beheben zu wollen. Wenn Ihr Hund nicht in der Lage ist, „Platz“ zu machen oder eine ähnlich ruhige Position einzunehmen, wenn er auf eine Katze trifft, ist es (1) noch zu früh für ein Kennenlernen und (2) an der Zeit, die Kavallerie in Form eines guten Hundetrainers zu rufen, der sich mit positiver Verstärkung auskennt. Die gute Nachricht ist aber, dass Sie höchstwahrscheinlich auch in Ihrer Nähe ein guten Trainer finden dürften, der Ihnen helfen kann. Und da es sehr stressig ist, ein neues Familienmitglied nach Hause zu bringen und an all diesen neuen Beziehungen gleichzeitig zu arbeiten, sollten Sie diese Hilfe auch in Anspruch nehmen!

Wenn möglich, würde ich die ersten Trainingseinheiten mit einem qualifizierten Hundetrainer vor Ort absolvieren. Auf diese Weise kann Ihr Trainer Ihren Hund in seinem häuslichen Umfeld erleben und sich alle Ressourcen und Werkzeuge anschauen, an die Sie Ihren Hund bereits gewöhnt haben.

Ob Sie sich nun für Einzelstunden oder für ein Training in der Gruppe entscheiden, ein fähiger Hundetrainer kann und wird Ihnen in den ersten Wochen der Kennenlernphase viel Stress ersparen. Und mit der richtigen Erziehung, Katzifizierung, Führung und Kontrolle – und mit ein bisschen Hilfe von außen und unseren Vierbeinern – gibt es keinen Grund, warum sich „Hund und Katz“ nicht doch vertragen sollten.

„SITZT, PASST, WACKELT UND HAT LUFT“ – SCHRITTWEISES KENNENLERNEN ZWISCHEN HUNDEN UND KATZEN

Katzen und Hunde können sich auf zwei Arten kennenlernen: Entweder, indem Sie den Hund in das Zuhause der Katze bringen – oder umgekehrt. Beide Szenarien spielen sich in etwa gleich ab wie bei Katze-Katze-Beziehungen; sie können sogar dieselben sieben Schritte befolgen, mit dem kleinen Unterschied, dass Sie sich bei Katzen sklavisch an die Schritte halten sollten, während es bei Hunden eher darum geht, sich an ihnen zu orientieren. Aber keine Sorge, auf die Feinheiten werden wir bei jedem Schritt gesondert zu sprechen kommen.

Schritt 1: Vorbereitungsphase Katze-Hund

A. **Feste Fütterungszeiten**

Falls Sie die Näpfe Ihrer Hunde oder Katzen immer schön nachfüllen, sollten Sie sich jetzt darauf besinnen, dass *feste Fütterungszeiten unsere besten Freunde sind.* Wichtig dabei ist, dass wir nicht nur unsere Katzen davon überzeugen, dass unsere Hunde toll sind, sondern auch, dass unsere Hunde unsere Katzen positiv assoziieren. Also: Schluss mit dem Dauerfüttern.

Der Katzifizierungsprozess ist in der Hund-Katze-Kombination des Zusammenlebens aus verschiedenen Gründen sehr spezifisch.

B. **Katzifizierung der Wohnräume**

Wie wir wissen, gründet das Mojo unserer Katze im selbstbewussten Herrschaftsanspruch über ihr Territorium. Sprich wenn Sie einen Hund nach Hause bringen, sollten Sie Ihr Zuhause zuvor umfassend katzifiziert haben. *Am wichtigsten ist dabei die Ausschöpfung der vertikalen Welt.* Wenn sich Ihre Katze bedroht fühlt, muss sie nach oben aus dem Aktionsradius Ihres Hundes flüchten und es sich dort bequem machen können.

Wenn Sie noch keine Katzenautobahn haben, ist jetzt die perfekte Gelegenheit dafür. Katzenautobahnen sind ein wesentlicher Bestandteil im Katzifizierungsprozess, da Katzen auf diese Weise die wichtigsten Wohnräume begehen können, ohne den Boden berühren zu müssen. Siehe Kapitel 8 für weitere Einzelheiten zu diesem Konzept.

Unser Katze-Hund-Mantra:

Leben Katzen und Hunde zusammen, gehört den Katzen der Himmel.

Manchmal kommt es vor, dass Katzen bewusst die Kontrolle über den Boden bis zu einem gewissen Grad teilen oder abtreten. Der Verlust hält sich jedoch in Grenzen, da Katzen ihr Territorium horizontal *und* vertikal erfassen, während sich Hunde (meistens zumindest) ausschließlich auf dem Boden aufhalten. Im Sinne einer überschlägigen Raumausnutzung sind Katzen also selbst bei territorialen Einbußen immer noch klar im Vorteil.

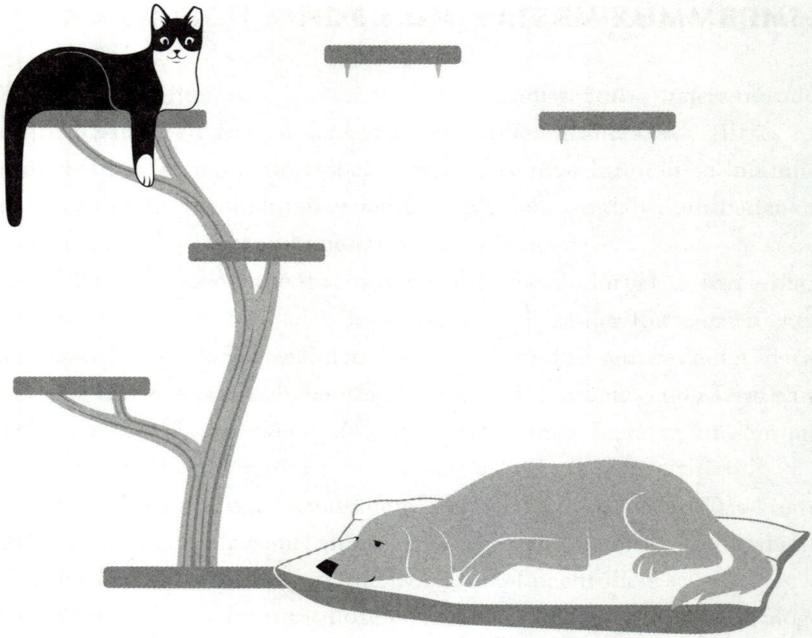

Katzen lernen neue Familienmitglieder – egal ob Mensch, Katze oder Hund – am liebsten über eine gewisse Distanz kennen, damit sie sich, sozusagen von einer gemütlichen Warte aus, einen Reim auf diese fremdartige Kreatur machen können. Das gilt besonders für Hunde. *Wie bewegt der sich denn? Was sagt er? Wo kommt der Geruch her? Warum interessiert er sich für X, Y, und Z?* Katzen mögen es, zu beobachten, was um sie herum vorgeht, und katzifizierte Wohnräume sorgen dafür, dass sie sich dabei sicher fühlen können.

Katzenbäume garantieren nicht nur wunderbare Aussichtspunkte, sie fungieren auch als Auf- und Abfahrten von der Katzenautobahn und lösen mögliche Sackgassen auf – wenn zum Beispiel Chaos ausbricht und ein Hund einer Katze nachjagt, kann die Katze über den Katzenbaum nach oben in die vertikale Welt fliehen. Und wie bereits erwähnt, geht nicht über einen Katzenbaum vor einem Fenster. Auf diese Weise kann Ihre Katze nicht nur diese Kreatur am Boden beobachten, sondern auch ein Päuschen einlegen und ein bissen Katzen-TV schauen.

C. **Katzifizierung der Katzenklo-Bereiche**

Dieser Punkt ist deswegen so wichtig, weil Katzenklos für Hunde wie eine festlich gedeckte Tafel sind. Katzenkot ist nämlich nicht nur ein Leckerbissen, sondern steckt auch noch voller Proteine. So ekelhaft das auch klingt, es ist noch schlimmer für unser Katze, und zwar aus folgendem Grund: Katzenklos müssen sichere Orte sein – oder sagen wir direkt *heilige* Orte ... Wenn Ihre Katze also dabei ist, ihr Häufchen zu machen und diese riesige Schnauze auftaucht und ungeduldig darauf wartet, dass es aus ihr herauskommt, dann ist dieser Ort kein Refugium mehr. Will heißen: Ihre Katze sucht sich einen neuen, sicheren Ort, um Pipi und Kaka zu machen.

Und was macht man da?

1. **Sorgen Sie dafür, dass alle Katzenklos offen sind,** damit Ihre Katze fliehen kann. Auf diese Weise können Sie auf den Pott, alles überschauen und wieder gehen.
2. **Vermeiden Sie Sackgassen.** Möglicherweise werden diejenigen unter Ihnen, die meinen ersten Vorschlag hassen, das Abnehmen des Deckels damit kompensieren, dass Sie das Katzenklo an einem Ort aufstellen, an dem es niemand sieht. Was direkt zu einem neuen Problem führen könnte. Sagen wir mal, Sie verstecken es im Badezimmer hinter der Toilette – dann sorgen Sie für eine Sackgasse, die gleichzeitig ein Hinterhalt ist, sodass Ihre Katze, wenn Ihr Hund ihr ins Badezimmer folgt und alle Fluchtwege versperrt, diesen Ort aufgeben und sich einen sichereren Bereich suchen wird, in dem sie den nötigen Überblick hat. Der springende Punkt, wie immer: stellen Sie Ihre

ästhetischen Wünsche hinter die Bedürfnisse der Ur-Katze zurück, da Ihre Katze nirgendwo hingehen wird, solange ihr nicht ausreichend Fluchtwege zur Verfügung stehen.

3. **Katzenklos sollten Hunden nicht zugänglich sein:** Normalerweise bin ich immer dafür, dass sich Katzenklos in sozial relevanten Räumen befinden. Aber wenn Hunde ins Spiel kommen, muss ein Kompromiss her. In einem solchen Fall würde ich ein Kindergitter mit etwa 20 Zentimeter Abstand zum Boden in der Tür anbringen, hinter der sich das Katzenklo befinden soll – oder etwas tiefer, wenn der Hund klein ist. Auf diese Weise kann ihre Katze entweder unter dem Gitter durchkriechen oder darüberspringen und ist vor neugierigen Hundeschnauzen gefeit (und vor Kleinkindern, die *jede* mit Sand gefüllten Kasten als ihre persönliche Spielwiese betrachten).

Letzten Endes können wir es unseren Hunden schlecht verübeln, dass sie nach proteinreichen Snacks suchen (oder unseren Kindern, dass sie eine mit Katzenkot verzierte Sandburg bauen). Wir können das Problem jedoch angehen, insofern es sich stellt, weil wirklich niemand von einem Hund abgeknutscht werden möchte, der gerade noch im Katzenklo unterwegs war. Das können Sie mir glauben.

Schritt 2: Basislager und erster Kontakt

Wenn Sie zum ersten Mal mit einem neuen Familienmitglied nach Hause kommen, sei es ein Hund, eine Katze oder ein Baby, sollten Sie das ganz genau geplant haben. Ein konkreter Plan gibt Ihnen ein gewisses Maß an Kontrolle – und beruhigt natürlich. Dieser Schritt besteht aus zwei wesentlichen Komponenten:

A. **Basislager:** Wenn Sie einen Hund nach Hause bringen, ist der Aufbau eines Basislagers nicht mehr ganz so entscheidend, da sich Ihre Katze bereits in ihrem Territorium eingelebt hat. Trotzdem ist es wichtig, da es sich immer noch um eine „sichere Zone" handelt, eine Art Panikraum, in den sich Ihre Katze zurückziehen kann, falls sie sich in der Nähe ihres neuen Mitbewohners ein wenig unwohl fühlen sollte. Außerdem sitzt sie dort mitten in ihrem Territorium und ist von vertrauten Gerüchen und

Gegenständen umgeben, die sich beruhigend auf sie auswirken können – natürlich nur, wenn sich das Basislager an für Hunde unzugänglichen Orten befindet.

Da wir jedoch nicht vorhaben, unsere Katze in ihr Basislager zu verbannen, müssen wir ihr die Möglichkeit geben, sich in den Bereichen, die der Neuzugang okkupiert, in Ruhe und ohne Einschränkungen umsehen zu können. In dieser Zeit sollte Ihr Hund angeleint sein, denn wenn sich Ihre Katze wie ein Gast in ihrem eigenen Territorium fühlt, ist das für ihr Mojo wie ein Schlag in die Magengrube.

Wenn Sie hingegen eine Katze in einen Hundehaushalt einführen, sollten Sie genau so vorgehen, wie in den Katze-Katze-Abschnitten beschrieben, sprich sie gewöhnen Ihre Katze zunächst und ausschließlich an ihr Basislager.

B1: **Erster Kontakt Hund-Katze:** Die Leine ist das A und O.

Wenn Sie einen Hund in einen Katzenhaushalt einführen, bleibt die Leine dran.

Sprechen Sie mir bitte nach: Die Leine. Bleibt. Dran.

Tatsache ist nämlich, dass Sie ihren Familienzuwachs noch nicht so richtig gut kennen, und egal, wie sorgfältig Sie bei der Adoption vorgegangen sind (und natürlich das Tierheim oder die Tierschutzorganisation) – Sie wissen einfach nicht, welche Trigger bei diesem Erstkontakt bei Ihrem Hund ausgelöst werden. Oder bei Ihrer Katze, wenn Sie zum ersten Mal an seinen Spielsachen, seinem Essen oder seinem Wasser schnuppert. Wenn sich also Ihre Katze und Ihr Hund im selben Raum aufhalten, sollte Ihr Hund solange angeleint bleiben, bis Sie sich sicher sind, das die zarte Pflanze Vertrauen nicht direkt ausgerissen wird.

Die Leine ist zu diesem Zeitpunkt ihr wichtigstes Werkzeug, um die Situation zu kontrollieren. In meinem Haushalt würde ein Hund so lange an der Leine bleiben, bis ich ihm vollkommen vertraue. Wir müssen sie ja nicht zwingend festhalten, vor allem, wenn sich die Kennenlernphase mit jedem Tag positiver entwickelt. Es reicht, wenn Sie *zack*, auf die Leine treten können, wenn Ihr Hund eine schnelle Bewegung macht, um die Kontrolle zurückgewinnen. Bis Hunde aufs Wort gehorchen, dauert es eine Weile, und das Recht, sich frei durchs Haus zu bewegen, will schließlich verdient sein.

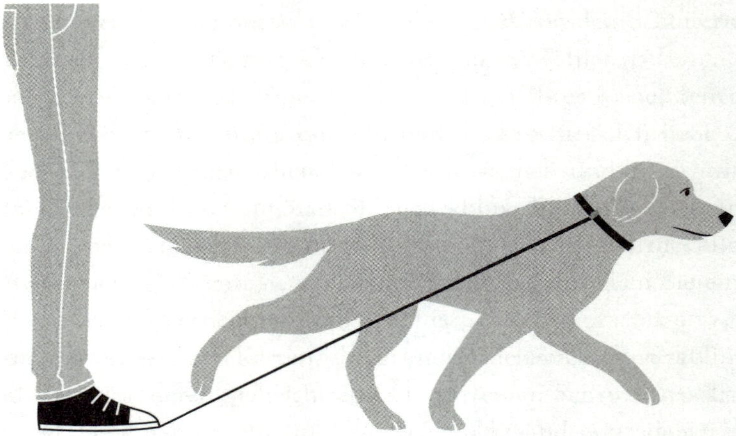

B2: **Erster Kontakt Katze-Hund:** Gehen Sie direkt ins Basislager.

Wenn Sie eine Katze zum ersten Mal nach Hause bringen – und dabei spielt es keine Rolle, ob dort bereits ein oder kein Hund lebt, oder ein oder keine Katze, oder vier Hunde, oder sechs Katzen, oder Schildkröten, oder ein Rebhuhn in einem Birnbaum – *das Basislager sollte bereits aufgestellt sein, und die neue Katze direkt dorthin gebracht werden.* Egal, wie sehr Sie es möchten: Lassen Sie sie auf keinen Fall mitten im Wohnzimmer aus dem Käfig. Das würde den gesamten Prozess der Katzifizierung und des behutsamen Aufbaus ihres Mojos, indem sie sich ihr Territorium nach und nach und selbstbewusst aneignet, zunichte machen.

Ran an den Speck

Wenn Sie soweit sind, geht es mit den Schritten drei bis sieben der Katze-Katze-Abschnitte weiter (siehe die Seiten 186–195). Die Techniken und Zielsetzungen bleiben dieselben, jedoch mit einem wesentlichen Unterschied: Wenn wir Katzen aneinander gewöhnen, gehen wir sehr behutsam vor, da es vor allem darum geht, zwei Tiere, denen ihr Territorium heilig ist, davon zu überzeugen, dass das andere Tier keine Bedrohung darstellt und sogar eine Bereicherung sein kann. Wenn wir allerdings Katzen an Hunde gewöhnen, haben wir zwei Tiere mit grundverschiedenen Bedürfnissen vor uns. In diesem Fall geht es eher darum, den Hund dazu zu bringen, nicht so hektisch und neugierig (oder ängstlich) zu sein, und die Katze dazu zu bringen, vertrauensvoller (oder weniger ängstlich) zu sein. Das bedeutet unter anderem, dass die Schritte eher fließend ineinander übergehen und Sie das Tempo an die jeweilige Situation anpassen müssen.

Schritt 3: Fütterung „auf beiden Seiten der Tür“

Auch in diesem Fall sollten Sie, wie bereits im Katze-Katze-Abschnitt beschrieben, Ihren Hund und Ihre Katze auf beiden Seiten der geschlossenen Tür füttern und die Näpfe mit der Zeit der Tür anzunähern. Ebenso geht es um die langsame Desensibilisierung: wenn Ihre Katze während jeder Mahlzeit Ihren Hund riecht – und ihn tatsächlich auch *nur* dann riecht –, stehen die Chancen gut, dass sie glauben wird, dass er nur Gutes zu bieten hat.

Es gibt jedoch im Vergleich zu Katze-Katze-Einführungen auch ein paar Unterschiede. Wenn Hunde durcheinander, ängstlich oder aufgeregt sind, *bellen* sie. Die meisten Katzen machen sich bei plötzlichem Bellen quasi ins Hemd, was sich ziemlich negativ auf den Prozess der positiven Verstärkung auswirken kann. Im Zweifel würde ich die Herausforderungslinie so weit nach hinten verschieben, dass es gar nicht erst zu aufgeregtem Bellen kommt. Ein anderer Punkt ist, dass sich Hunde meistens bedenkenlos allem nähern, das ihre Neugierde weckt, während Katzen im Allgemeinen zwei Mal darüber nachdenken. Umso wichtiger also, immer die Leine „dran“zulassen, besonders bei diesem einleitenden Schritt – denn wenn Ihr Hund zu Tür stürmt, wird sich Ihre Katze bestimmt sagen, dass die Tür nicht sicher ist.

Schritt 4: Düftetausch

Dieser Schritt lohnt sich bei beiden gleichermaßen, denn wenn Hunde und Katzen etwas gemeinsam haben, dann einen überlegenen Geruchssinn – mit dem sie sich durch jede neue Situation schnüffeln und ohne Ende Informationen sammeln. Gehen Sie also so vor, wie wenn Sie eine neue Katze in Ihren Haushalt einführen, und geben Sie ihrer Katze ein Spielzeug oder ein Laken aus dem Hundekörbchen, und umgekehrt, bevor sie zum ersten Mal Sichtkontakt herstellen.

Schritt 5: Ortstausch

Wenn wir Katzen einander vorstellen, machen wir ihnen durch einen Ortstausch klar, dass ihre territorialen Ansprüche gewahrt bleiben und sie nichts zu befürchten haben. Für Hunde geht es beim Ortstausch vielmehr darum, dass sie ihre Neugierde befriedigen und alles durchschnüffeln können, als darum, nachzusehen, ob die Luft rein ist.

Tipp: Ein toller Katzen-Zeitpunkt für einen Ortstausch ist, wenn Sie mit Ihrem Hund spazieren gehen.

Schritt 6: Sichtkontakt

Erweitern Sie, wenn Sie die beiden mit ihren jeweiligen Gerüchen und Territorien vertraut gemacht haben, das Fütterungsritual um ein Kindergitter oder eine Fliegengittertür. Viele unserer Strategien aus der Katze-Katze-Kennenlernphase funktionieren auch hier: Sie können die Tür einen spaltbreit öffnen (aber nicht den Türstopper vergessen!), ein Hunde- oder Fliegengitter einsetzen und das Ganze mit einem Laken kombinieren, um den Sichtkontakt in Etappen herzustellen.

Wann der Zeitpunkt gekommen ist, können jedoch nur Sie entscheiden.

Wenn Sie einen ersten, winzigen Sichtkontakt herstellen und Ihr Hund aufgeregt zu schnüffeln beginnt oder erregt/ängstlich wirkt, sich also versteift oder wimmert – oder Ihre Katze ausflippt (wie *das* aussieht, sollten Sie mittlerweile wissen!) –, dann gehen Sie einfach einen Schritt zurück und arbeiten sich wieder über mehrere Sitzungen bis zu diesem Schritt vor. Wiederholungen und vorhersehbare Abläufe sind das A und O – und überzeugen alle davon, dass der „Neue“ vertrauenswürdig ist. Fortschritte sind, wenn Ihr Hund bellt und Ihrer Katze dabei nicht alle Haare zu Berge stehen und sie auch nicht mit flachen Ohren zu fauchen beginnt, weil sie sich gerade absolut bedroht fühlt.

Schritt 7: Fressen Spielen Liebe – FSL im Katze-Hund-Style

Meiner Meinung nach ist FSL in Hund-Katze-Beziehungen genauso nützlich wie in Katze-Katze-Beziehungen, vor allem in der Kennenlernphase, wenn auch aus anderen Gründen. Das Hauptziel bei Katzenbeziehungen ist, dass sie ihr Territorium *teilen* und nur in der Gegenwart der anderen Katze Jackpot!-Erlebnisse haben, bis sie einander grundsätzlich positiv assoziieren – und der Samen eines gemeinsamen Mojos in ihnen aufgehen kann. Kommt ein Hund ins Spiel, müssen wir unsere Zielsetzungen anpassen. Für unsere Katze bleibt natürlich alles beim Alten, außer dass sie in den Genuss eines Hundecrashkurses kommen, denn wenn Katzen einem Hund dabei zusehen, wie er spielt, Liebe einfordert, auf Liebe reagiert, sich begeistert, frisst, schnüffelt etc., können sie aus sicherer Entfernung eine neue Sprache lernen.

„Können Sie das nicht auch im realen Leben?", werden sich jetzt einige fragen. Sprich wenn Sie als Familie zusammen zu Hause sind, Ihr Hund angeleint ist und Ihre Katze ungezwungen und in ihrem Rhythmus und Tempo alles erforschen und dabei „hündisch" lernen kann. Ja, das funktioniert. Irgendwann. Aber wenn Ihre Katze ein Mauerblümchen ist, heißt das, dass sie diese potenziell furchteinflößende Kreatur wahrscheinlich nicht mehr dieses Jahr erforschen wird. Mit FSL zwingen Sie ihr ein Ritual auf, mit dem sie diese erste Herausforderungslinie definitiv schneller überschreiten wird, als sie es von alleine würde.

Da bei diesem Ritual die unterschiedlichen Energielevel deutlich zum Vorschein treten, werden Sie gleichzeitig viele wertvolle Informationen sammeln und später kleinere Katastrophen rechtzeitig erkennen und verhindern können. Wenn Ihr Hund zum Beispiel Ihrer Katze beim Spielen zusieht und plötzlich sein Jagdinstinkt geweckt wird, ist das nicht nur eine wichtige Information, sondern auch ein deutlicher Hinweis, dass Sie sich einen Hundetrainer ins Haus holen sollten, um mögliche Konflikte rechtzeitig zu entschärfen.

Katzen können jedoch auch für Hunde gefährlich werden. Das Gute an FSL ist, dass Sie mit dieser Übung bereits in der Kennenlernphase auf spielerische Weise Faktoren wie Entfernung, Erregungsgrad und Tempo festlegen können. Sagen wir mal, Ihr Hund spielt so wild, dass Ihre Katze in den Kampf-oder-Flucht-Modus schaltet oder zumindest ein Angstlevel erreicht, dass sie überstimuliert oder ihre Aggression umleiteten. Dann kann das zu Kampfhandlungen führen, bei denen sie sich nicht nur verletzen, sondern auch das Vertrauen verlieren können, das Sie ihnen gerade so sorgsam einzuimpfen versuchen, und sich Ihr Hund plötzlich nicht mehr sicher fühlt. Vergessen Sie nie, dass Katzen zwar eher in die Defensive gehen, aber von

Natur aus versierte Kämpfer sind, die genau wissen, wie man gegen eine Bedrohung angeht und überlebt. Es hat schon seine Gründe, warum in der Kampf-oder-Flucht-Gleichung Kampf manchmal Trumpf ist.

„HUNDE SIND GUT“

Wie bereits gesagt, fruchten positive Assoziationen nur, wenn sie verankert wurden, doch dazu müssen die Versprechen, die gemacht wurden, auch eingelöst werden (besonders wenn die Kampf-oder-Flucht-Alarmglocke einer Katze ihr eher abrät, zu machen, was man von ihr will).

Stellen wir uns vor, Ihre Katze wäre ein Kind, das nicht ohne Nachtlicht schlafen kann, weil es glaubt ist, dass sich ein Monster unter seinem Bett befindet. Vielleicht können Sie es beruhigen, indem Sie in seinem Beisein jede Nacht unter sein Bett sehen und ihm versichern, dass kein Monster darunter ist, aber ob Sie das Licht dann ausschalten können, ist fraglich. Bringen Sie ihn jedoch dazu, selbst unter dem Bett nachzusehen, und loben ihn in den höchsten Tönen dafür, dass er jede Nacht seine Herausforderungslinie überschreitet, dann bestärken Sie sein Mojo und können die Entscheidung, ob das Nachtlicht an bleibt, oder nicht, gemeinsam treffen. Also, egal ob Kind oder Katze, unser Mojo steht und fällt mit dem Monster, das niemals in Erscheinung treten darf.

Zurück zu unserer Katze: Der Tag, an dem wir dieses fremdartige Hundewesen nach Hause bringen, sollte sich für Ihre Katze so anfühlen, als würden Sie ihr einen Zettel mit folgender Botschaft überreichen: „Liebe Katze. Hunde sind gut. In Liebe, Dein Mensch.“ Von diesem Moment an und während der gesamten Kennenlernphase sollte das Monster auf keinen Fall unter dem Bett hervorkommen. Jede positive Assoziation wird im Keim erstickt, wenn Ihre Katze von Ihrem Hund gejagt, unter dem Bett in die Ecke gedrängt oder auf dem Kühlschrank belagert würde. Natürlich lassen sich Rückschläge überwinden, aber wenn man Vertrauen aufbaut, geht es darum, aufzubauen, und nicht neu aufzubauen.

Ich erlebe immer wieder, wie sich „Katzenmenschen“ darüber wundern (oder sich aufregen), wenn andere „Katzenmenschen“ viele Bilder von ihren

Hunden posten. An dieser Stelle wundere *ich* mich gerne, wie viele anscheinend immer noch zwischen „Katzen-“ und „Hundemenschen“ unterscheiden. Ich spreche ja gerne von „Polytiermenschen“ und breche ihnen gerne jeden Tag aufs Neue stolz eine Lanze, da ich *allen* die Erfahrungen eines „polytierischen“ Haushalts wünsche.

Ja, ja, Katzen und Hunde sind wie Yin und Yang: sie bringen entgegengesetzte und dennoch aufeinander bezogene Energien in Ihren Haushalt – und in Ihr Leben. Ich hoffe, dass Ihnen dieser kleine Ausflug nicht nur die notwendigen Werkzeuge an die Hand gegeben hat, sondern Ihnen auch vermitteln konnte, wie ein „polytierischer“ Haushalt aussehen und lebenslange Freundschaften entstehen können ... und das alles ohne Zeichentrickpfanne und -würgekette.

11

Mojo in Katze-Mensch-Beziehungen

Einführung, Kommunikation und
Ihr Anteil am Mojo

ICH HOFFE, DASS ich Ihnen, vor allem nachdem wir uns in Kapitel 6 ausführlich mit dem Mojo-Werkzeugkasten auseinandergesetzt haben, so weit nachhaltig vermitteln konnte, dass wir unsere Katzen nicht besitzen, sondern eine ursprüngliche Beziehung zu ihnen pflegen. Denn nur so können wir das Mojo unserer Katzen stärken. In diesem Kapitel möchte ich vertiefen, wie wir diese Beziehung weiter ausbauen können, um unser beider Leben so angenehm wie möglich zu gestalten.

KATZEN UND KINDER: EINE NEUE GENERATION AN KATZENLIEBHABERN WÄCHST HERAN

In meinen knapp zehn Jahren im Tierheim habe ich in fast jeder nur denkbaren Position gearbeitet – was sich im Nachhinein als absoluter Segen erwiesen hat. Die Aufgaben, die sich mir angesichts der Überpopulationen von Haustieren stellten, waren grausam, aber so konnte ich mir zumindest einen Überblick verschaffen und helfen, die Weichen für eine tierfreundlichere Zukunft zu stellen.

Ich war damals unter anderem für die Öffentlichkeitsarbeit zuständig, und obwohl ich zugegebenermaßen nicht viel Ahnung von Kindern hatte, gefiel mir die Vorstellung, in einer entscheidenden Phase ihrer Entwicklung ihre Liebe und Empathie für Tiere anzuregen.

Eine der größten Herausforderungen, wenn man an vorderster Front steht, ist aber ... die Front selbst, da man meist nicht *weiß*, ob die Arbeit, die man leistet, einen Wert hat. Aber es fühlt sich gut an und bestärkt die Seele.

Heute rührt mich nichts mehr, als zu sehen, wie Kinder (denen ich bei Benefizveranstaltungen und in meinem Job begegne) mit Tieren aufwachsen. Kinder „checken" es immer mehr; sie lieben ihre tierischen Gefährten von Herzen und erwarten von allen anderen, sie genauso zu lieben. Die radikale Empathie eines noch jungen Geistes rührt mich oft zu Tränen – wirklich! –, weil ich genau weiß, dass diese Kinder Teil einer immer größer werden Bewegung sind, deren Herz für Tiere schlägt.

Aus diesem Grund ist dieses Kapitel auch so wichtig für mich. Meiner Meinung nach sollten *alle* Kinder mit Tieren aufwachsen und auf diese Weise Empathie und Mitgefühl lernen (abgesehen davon, dass es toll ist und cool und Spaß macht). Kinder sollten aktiv an der Katzenerziehung beteiligt werden, und zwar als Hüter und nicht als Zaungast, da sie die nächste Generation von Katzenliebhabern sind – und der Grund, aus dem wir in Zukunft weniger Tiere einschläfern. Wenn Sie also möchten, dass Ihr Kind die Welt um sich herum bewusster erlebt und den Wunsch in sich verspürt, Gutes zu tun, sollten Sie es mit einem Tier aufwachsen lassen.

Ein weiterer Grund ist, dass ich schon viel zu oft miterlebt habe, wie Paare, die ein Baby bekommen – besonders wenn es das erste ist –, ihre Katzen ins Tierheim geben, oft sogar, bevor das Baby auf der Welt ist, weil sie irgendwelchen Ammenmärchen aufsitzen, auf die ich gleich zu sprechen komme.

Wir werden aber auch darüber sprechen, welche Vorbereitungen Sie treffen müssen, wenn Sie ein Baby in Ihren Katzenhaushalt einführen (oder eine Katze in Ihren Kinderhaushalt), welche Katzifizierungsmaßnahmen Sie treffen müssen, damit sich Kind und Katze wohl fühlen, und wie Sie dafür sorgen, dass Ihr Kind auch noch in 20 Jahren ein festes Mitglied im Team Katzen-Mojo ist.

KATZEN UND BABYS: EIN AMMENMÄRCHEN

Falls Sie Nachwuchs erwarten und eine Katze haben, könnte es sein, dass Ihnen Ihre Freunde, Ihre Familie oder sogar Ihr Arzt geraten haben, sich vielleicht an den Gedanken zu gewöhnen, Ihre Katze „abzuschaffen“. Meistens basieren solche „Ratschläge“ jedoch auf Ammenmärchen, die uns eine Gefahr suggerieren, die es gar nicht gibt. Hier sind meine Top 5:

Ammenmärchen 1: Katzen können Babys ersticken

Anscheinend glauben viele Leute immer noch, dass Katzen Babys irgendwie ersticken können, weil sie eifersüchtig auf das Neugeborene sind oder der Atem von Babys verlockend nach Milch riecht.

Hintergrund: Das Ammenmärchen basiert höchstwahrscheinlich auf einem Vorfall um 1790, als man eine Katze für den Tod eines Säuglings verantwortlich machte. Der Befund lautete: „Nach Aussage des Leichenbeschauers scheint die Katze dem Baby den Atem aus dem Mund gesaugt und so für dessen Erstickungstod gesorgt haben.“

Wahrheit: Wahrscheinlich starb das Kind eher am plötzlichen Kindstod, was leider auch heute noch vorkommen kann, oder an einem Asthmaanfall – und nicht daran, dass eine Katze seinen Atem gestohlen hat.

Wussten Sie, dass irrationale Behauptungen wie diese früher nicht ungewöhnlich waren, da man Katzen mit Hexen assoziierte oder für Unglücksboten hielt, und ihnen für viele Dinge die Schuld gab?

Ammenmärchen 2: Katzen können Allergien bei Babys auslösen

Oft fragen sich werdende Eltern, ob ihr Kind allergisch auf Katzen reagieren wird, wenn sie es zu früh mit Katzen in Berührung bringen.

Wahrheit: Manche Kinder reagieren zwar allergisch, aber Studien belegen, dass Kinder, die mit Tieren aufwachsen, eher weniger zu Allergien neigen. Reagiert ihr Kind dennoch allergisch, haben Sie jedoch viele Optionen, wie spezielle Luftfilter, Impfungen etc. Die Palette ist riesig und wird immer ausgefeilter. Sie müssen sich nur informieren.

Wussten Sie, dass Kinder, die in ihrem ersten Lebensjahr mit unterschiedlichen Tieren (wie Hunde und Katzen) in Berührung kommen, mit sechs oder sieben weniger Allergien entwickeln? Eine Studie über Kinder in Ballungsräumen (wo das Risiko einer Atemwegserkrankung besonders hoch ist) belegt, dass Kinder, die in ihrem ersten Lebensjahr Katzenhaaren ausgesetzt waren, weniger Allergien hatten, als sie drei Jahre später erneut untersucht wurden.

Ammenmärchen 3: Katzen können Mütter oder Babys mit Toxoplasmose infizieren

Da Toxoplasmose häufig Katzen befällt – und viele schlicht nicht wissen, wie die Krankheit übertragen wird –, erscheint es vielen besorgten Eltern in Erwartung eines Babys ratsam, ihre Katze abzugeben.

Hintergrund: Die Gefahr einer Toxoplasmose-Infektion versetzt viele werdende Eltern immer wieder in Panik. Vor einigen Jahren kulminierte diese Panik, als ein Wissenschaftler zu belegen glaubte, dass es eine direkte Verbindung zwischen Toxoplasmose und Geisteserkrankungen gäbe. Seitdem wurden zwei Langzeitstudien mit ausgeführt, die Menschen begleiteten, die von klein auf mit Katzen aufwuchsen, doch konnten weder Anzeichen von Toxoplasmose noch von Geisteserkrankungen feststellen werden.

Wahrheit: Was hat Toxoplasmose mit Katzen zu tun? Wenn Katzen eine infizierte Maus oder Ratte fressen, legt der Parasit *Taxoplasma gondii* seine Eier im Verdauungstrakt der Katze ab, die über den Kot auf andere Tiere und Menschen übertragen werden können. *T. gondii* ist ein weltweit verbreiteter Parasit; fast ein Drittel der Weltbevölkerung ist infiziert, doch verläuft die Infektion bei Menschen mit einem gesunden Immunsystem ohne Symptome. Bei Schwangeren (oder Immungeschwächten) kann es jedoch zu schweren gesundheitlichen Problemen kommen, und da der Parasit in die Plazenta eindringen kann, ist eine entsprechende Prävention unerlässlich.

Wussten Sie, dass man sich so einfach vor Toxoplasmose schützen kann, dass Katzen nicht einmal als Risiko eingestuft werden? Die wirklichen Risiken sind rohes Fleisch und nicht gewaschenes Gemüse.

Was tun? Das Risiko einer Infektion ist zwar klein, hier jedoch noch einige weitere Tipps und Sicherheitsmaßnahmen:

- Über den Kot ausgeschiedene „Eier" sind erst nach ein bis fünf Tagen infektionsfähig. Wenn Sie Ihr Katzenklo also täglich säubern, brauchen Sie sich keine Sorgen zu machen.
- Katzen scheiden Toxoplasmose-Erreger nur einmal in ihrem Leben für ein paar Tage aus, und danach nie wieder, was das Risiko einer Infektion zusätzlich mindert.
- Zu ihrer Sicherheit sollten Schwangere wenn möglich das Katzenklo nicht selbst reinigen – oder es täglich reinigen und dabei Einweghandschuhe tragen.
- Eine Toxoplasmose tritt selten bei Hauskatzen auf, da sie höchstwahrscheinlich nicht mit infizierten Nagetieren in Kontakt kommen (was für mich ein weiterer Grund dafür ist, Katzen immer im Haus zu halten).

Ammenmärchen 4: Katzen können eifersüchtig werden und auf Babysachen pinkeln

Wenn eine Katze ins Kinderzimmer oder auf Babysachen pinkelt, wird oft behauptet, dass die Katze eifersüchtig auf den Neuzugang ist, weil er alle Aufmerksamkeit beansprucht. Oder, noch schlimmer, dass Katzen von Natur aus eifersüchtig sind.

Hintergrund: Hierbei handelt es sich um einen klassischen Fall von Projektion, der mit der Reaktion von Geschwistern auf ein Baby zu tun hat. Wenn Menschen also ihre Katzen bei solchen Aktionen erwischen, glauben sie automatisch, dass sie eifersüchtig sind.

Wahrheit: Wenn Katzen auf Babysachen pinkeln, geht es meistens um das Territorium, zumindest habe ich das so erlebt. Üblicherweise bereiten Eltern, die in Kürze ihr Baby nach Hause bringen werden, ein Kinderzimmer oder einen „Kinderbereich" vor und besorgen dafür Möbel und Kindersachen – die dann leider meistens als „Tabu" gelten, was natürlich nach hinten losgeht. Erstens schränken wir ihr Territorium direkt doppelt ein, indem wir es verkleinern und dafür sorgen, dass ihr Geruch aus dem Raum verschwindet, aus dem wir sie verbannt haben, und zweitens bringen wir ein Baby nach Hause, ändern damit die komplette Routine unserer Katze – und verbringen dann auch noch die meiste Zeit in dem Bereich, aus dem wir sie verbannt haben! Die Reaktion unserer Katze ist typisch napoleonisch – sie markiert aus einer extremen Unsicherheit heraus die wichtigsten Orte im Kinderzimmer, um verlorene Gebiete neu zu erobern.

Was tun? Um das zu verhindern, sollte man aktiv werden, bevor das Baby nach Hause kommt, indem man seine Katze in den gesamten Prozess einbezieht anstatt sie außen vor zu halten, und sie im Vorfeld an alle neuen Objekte, Geräusche und Gerüche in ihrem Territorium gewöhnt. Mehr hierzu erfahren Sie am Endes dieses Kapitels im Abschnitt „Bereiten Sie Ihre Katze auf das Baby vor."

Ammenmärchen 5: Katzen können Babys verletzen

Viele werdende Eltern fürchten, dass ihre Katze grundlos auf ihr Baby oder ihr Kind losgehen könnte.

Wahrheit: Katzen greifen niemanden grundlos an und gehen im Großen und Ganzen dabei auch nicht offensiv vor. Sie stürzen nicht einfach quer durch den Raum auf einen Gegner zu, der zu einer Bedrohung werden könnte. Und nicht vergessen: einer der Grunde, weshalb Katzen Jahrtausende überlebt haben, ist, dass sie sowohl Räuber als auch Beute sein können und wissen, wie man einem Kampf aus dem Weg geht.

Will heißen:

- Katzen greifen *defensiv* an, wenn sie in die Ecke gedrängt werden und um ihre Sicherheit fürchten, oder reagieren *reflexartig*, wenn sie grob angefasst werden (wenn man sie am Schwanz zieht etc.)
- Katzen können auch *kämpferisch-spielerisch* reagieren, wenn sie sich ein bisschen abreagieren müssen, weil wir nicht genug Jagen Fangen Töten Fressen (JFTF) mit ihnen gespielt haben und etwas ihren Jagdinstinkt geweckt hat. In einem solchen Fall werden wackelnde Zehen unter einer Decke genauso freudig anvisiert wie zum Beispiel unsere Knöchel, wenn wir einfach nur durchs Wohnzimmer gehen.

Was tun? Missgeschicke wie diese lassen sich relativ leicht verhindern. Mehr hierzu später im Kapitel, aber merken Sie sich folgende drei Punkte:

1. Bringen Sie Ihrem Kind von Anfang an bei, sein „Katzengeschwisterchen" mit Empathie und Respekt zu behandeln. Auf die wichtigsten

Dos and Don'ts kommen wir noch, aber solange Kinder noch zu klein sind, um die Regeln zu begreifen, *sollten Sie Ihre Katze immer im Blick haben, wenn sie sich in der Nähe Ihres Babys aufhält!*

2. Sorgen Sie dafür, dass Ihre Katze genug Gelegenheiten bekommt, um sich abzureagieren. Das Letzte, was Sie wollen, ist eine aufgedrehte Ur-Katze, die jeden Moment in die Luft gehen könnte, während Ihr Kind wie Beute durch den Raum stolpert. In solchen Fällen gibt es viel bessere Opfer – interaktives Spielzeug zum Beispiel!
3. Fördern Sie Katze-Kind-Interaktionen immer dann, wenn beide müde oder entspannt sind. Denken Sie dabei immer an die Drei Rs und dass nur ein niedriges Energielevel zu positiven Ergebnissen führt, die alle glücklich machen.

FÜR IMMER BESTE FREUNDE

Positive Assoziationen lassen sich schon erzeugen, bevor sich unsere Kinder und Katzen kennenlernen oder bevor unsere Kinder überhaupt geboren werden. Wenn wir die Erziehung unserer Kinder und Katzen miteinander verschränken, bereichern wir nicht nur ihr Leben, sondern bringen ihnen auch bei, gemeinsam Hürden zu überwinden. In diesem Kapitel gestalten wir Schritt für Schritt die Lebenswelt unserer Kinder und Katzen, indem wir ihnen sichere Grenzen aufzeigen, die Grundsteine für Werte wie Liebe, Mitgefühl und Empathie legen und einen respektvollen Umgang im Alltag fördern.

EIN SCHRITT ZURÜCK: WIR BRINGEN UNSER BABY NACH HAUSE

Katzen sollten Babys in etwa so kennenlernen, wie sie neue pelzige Familienmitglieder kennenlernen würden. Und damit sich Katzen bereits im Vorfeld an Ihr Baby gewöhnen können, sollten Sie bestimmte Vorkehrungen treffen – keine Sorge, ich weiß, dass Sie genug um die Ohren haben werden, aber alles, was Sie im Vorfeld vorbereiten, wird sich in der Kennenlernphase mehr als bezahlt machen.

Schritt 1: Machen Sie das Kinderzimmer zum Junior-Basislager

Ich weiß, dass Sie wirklich anderes im Sinn haben, wenn Sie das Kinderzimmer einrichten und der Geburtstermin immer näher rückt, aber Sie können wirklich vielen Problemen vorbeugen, wenn Sie die Bedürfnisse Ihrer Katze in Ihre Überlegungen miteinbeziehen. Und der beste Weg, um bereits jetzt für mehr Mojo zu sorgen, ist, das Kinderzimmer (oder den Kinderbereich) zum Junior-Basislager zu machen.

A. **Duftquellen:** Sammeln Sie alle Duftquellen, die Sie finden können, und bringen Sie sie ins Kinderzimmer, damit sich die Gerüche Ihres Babys mit denen Ihre Katze (und Ihren) vermischen können. Das heißt jetzt nicht, dass Sie das Katzenbett in die Wiege stopfen sollen, aber ein Katzenbett oder ein Kratzbaum ganz in der Nähe ist definitiv ein Mojo-Booster.

B. **Feste Mahlzeiten im Kinderzimmer:** Hören Sie auf, den Napf stets gefüllt zu halten (falls Sie das nicht schon längst getan haben) und füttern Sie Ihre Katze zu festen Zeiten im Kinderzimmer – ihrem gemütlichen neuen Junior-Basislager!

C. **Katzenautobahn:** Denken Sie auf jeden Fall darüber nach, eine Katzenautobahn im Kinderzimmer einzurichten. Wenn Sie Ihr Baby nach Hause bringen, kann Ihre Katze in die vertikale Welt steigen, von verschiedenen Orten auf die Wiege hinunterblicken und interessante Dinge feststellen, wie „Ach, deswegen machen die das ganze Theater ... da kommen also diese ganzen Gerüche her ... so, so ... und Geräusche macht es auch ... ist ja spannend." Dank der Katzenautobahn hat Ihre Katze die Möglichkeit, faszinierende Beobachtungen anzustellen und eine „fremde Sprache" aus sicherer Entfernung zu lernen.

Soll ich meine Katze von der Wiege fernhalten?

Viele glauben, dass es einen feinen Unterschied macht, seine Katze von der Wiege fernzuhalten und ihr den Umgang mit dem Baby nur außerhalb zu gestatten. Stimmt nicht! Ich fördere den Kontakt sogar in der Wiege. Kontakt ist gut; er sorgt für schöne Momente, die sich in Katzen und Babys festschreiben und die Beziehung festigen. Und solange wir diese Besuche beaufsichtigen, ist jeder einzelne Besuch ein Gewinn und kein Verlust.

Übrigens, wenn Sie eine Katzenautobahn einrichten und zusätzlich für andere erhöhte Orte sorgen, wird die Wiege für Ihre Katze nicht zu dem Hotspot schlechthin – und das ist gut so! Natürlich werden Wiegen dadurch nicht völlig uninteressant; sie sind weich, ein bisschen wie ein Kokon, und durch das Baby und die Deckchen mollig warm – aber dank Katzifizierung sind sie nicht der einzige gemütliche Ort im Territorium. Wenn Sie Ihrer Katze allerdings weder Katzenmöbel noch vertikalen Raum zur Verfügung stellen, damit sie ihren Herrschaftsanspruch über das Kinderzimmer geltend machen kann, wird sie berechtigterweise davon ausgehen, dass Sie die Wiege für sie geholt haben – als neues Katzenbett.

Aber letzten Endes geht es darum, womit Sie sich wohlfühlen und wie Sie Ihr Baby und Ihre Katze aneinander gewöhnen möchten. Wenn Sie also „Nein!“ zur Katze in der Wiege sagen, sollten Sie bedenken, was ich ihnen über ihren Herrschaftsanspruch gesagt habe, und sicherstellen, dass Sie an anderer Stelle „Ja!“ sagen – und das Kinderzimmer katzenfreundlich gestalten!

Schritt 2: Gewöhnen Sie Ihre Katze an die Geräusche und Gerüche von Babys

Jetzt, da Sie Ihre Katze an das Kinderzimmer gewöhnt haben, ist es an der Zeit, sie auch mit den Geräuschen und Gerüchen vertraut zu machen, die zum „Deal“ dazugehören. Hierzu wenden wir die Methode der Desensibilisierung an, die auch häufig in der Verhaltenstherapie bei Angststörungen und Phobien eingesetzt wird.

Der Prozess der Desensibilisierung soll Tieren helfen, weniger stark auf gegebenenfalls störende Einflüsse (wie ein schreiendes Baby) zu reagieren, indem wir sie schrittweise an die angstauslösenden Elemente heranführen. Und als kleinen Bonus gibt es die Gegenkonditionierung obendrauf, indem wir die emotionale Reaktion unserer Katze umkehren (von negativ zu positiv) und sie mit Dingen bestärken, die sie mag, wie Leckerli oder Spielen. Und so setzen wir das um:

Geräusche: Das klingt jetzt vielleicht seltsam, aber im Netz findet man einen Haufen Aufnahmen von Babys, die schreien, weinen, glucken oder lachen. Das ist toll, weil Sie so Ihre Katze an all diese Geräusche gewöhnen können, bevor Sie Ihr Baby nach Hause bringen. Was auch wichtig zu wissen ist: Tonlagen von Lebewesen ähneln sich, wenn sie „in Gefahr“. Es könnte also gut sein, dass ihre Katze auf Babyschreie alarmiert reagiert. Gehen sie daher lieber auf Nummer sicher – und desensibilisieren Sie sie!

- Spielen Sie als Erstes Fressen Spielen Liebe mit ihr und finden Sie ihre Herausforderungslinie, indem Sie ihr die Aufnahme leise vorspielen und sie mit ihrem Jackpot!-Leckerli füttern. Falls sich Ihre Katze lieber durch Spielen motivieren lässt, können Sie auch ihr Lieblingsspielzeug verwenden. Hauptsache, Ihre Katze ist so beschäftigt, dass sie das Geräusch nicht ablenkt.

- Spielen Sie ihr die Aufnahme mit jeder FSL-Einheit ein wenig lauter vor und notieren Sie genau den Moment, ab dem sie sich ablenken lässt und ängstlich wird. Wann beginnen ihre Ohren zu zucken oder sich ihre Haare am Rücken zu sträuben? Wirkt sie angespannt und sieht sich um? Lässt sie komplett von ihrer vorherigen Tätigkeit ab und entscheidet, dass ihr die Situation zu gefährlich wird?
- Der schmale Grat zwischen Entspannung und Anspannung, in diesem Fall die Lautstärke, die ihr unangenehm wird, ist die Herausforderungslinie, entlang derer Sie ihre Katze desensibilisieren können, indem Sie die Lautstärke erst verringern und dann langsam wieder erhöhen, bis sie desensibilisiert ist, und dann weiter erhöhen.

Gerüche: Jede werdende Mutter dürfte eine andere Mutter kennen, von der sie sich Kinderdeckchen oder Kleidung ausleihen kann. Die Sachen werden zwar nicht nach Ihrem Baby riechen, aber auf diese Weise können Sie Ihre Katze schon einmal mit dem Geruch von Babys vertraut machen, indem Sie sie in Ruhe an den Sachen schnüffeln lassen. Sie können auch Leckerli in die Nähe liegen, aber zwingen Sie sie zu nichts. Manche sagen sogar, dass man Katzen die Sachen ins Gesicht reiben kann, um sie an den Geruch zu gewöhnen. Keine Ahnung, wer auf die Idee gekommen ist – ich jedenfalls nicht!

Selbst wenn Sie alles richtig machen, heißt das noch lange nicht, dass Ihre Katze völlig aus dem Häuschen sein wird, wenn Sie Ihr Baby nach Hause bringen, aber wenn Sie Ihre Katze das seltsame Wesen zunächst aus der Distanz inspizieren lassen, bevor Sie eine Interaktion anregen, dann wird sich das Ganze direkt etwas weniger seltsam anfühlen.

Schritt 3: Die Drei Rs – Vorher und Nachher

Auch die Drei Rs (Routine, Rituale und Rhythmus) können bereits vor der Ankunft des Babys etabliert werden. In diesem Fall spielen wir, wie in Kapitel 7 beschrieben, eine zunächst ganz normale Runde Jagen Fangen Töten Fressen und beschließen die Runde, indem wir die Katze ins Kinderzimmer führen und dort füttern. Das führt zu einer positiven Verstärkung des „neuen“ Orts und sorgt dafür, dass das bekannte Territorium problemlos um den neuen, umgestalteten Ort erweitert wird. Außerdem bereitet es auf die neu anzupassenden Drei Rs vor, wenn Ihr Baby endlich nach Hause kommt.

Warum es so wichtig ist, die neue Routine vor der Ankunft des Babys einzuspielen? Weil Sie danach kaum mehr ein Auge zubekommen werden und sich voll und ganz auf Ihr Neugeborenes konzentrieren müssen. Wenn Sie die drei Rs vorher nicht verankert haben, können Sie trotz bester Absichten schnell in eine Falle geraten, aus der Sie sich nur schwer wieder befreien können. Es fängt mit Erschöpfung an, führt zu weniger Integration und endet in mehr Separation – worauf Ihre Katze natürlich schlecht reagieren wird, da Katzen, die einen bestimmten Bereich ihres Territoriums nicht mehr frei begehen dürfen, unsicher werden und anfangen können, zu markieren oder ihr Baby anzufauchen. Und wenn Sie sie dann vollends aussperren, markieren sie verstärkt die restlichen Bereiche. Was passiert ist? Sie haben versehentlich das Band zwischen Ihnen und Ihrer Katze zerschnitten. Das muss nicht sein.

Bei den Drei Rs dreht sich alles, genau wie bei der Einführung eines neuen tierischen Familienmitglieds, um einen zentralen Punkt: die Fütterung! Ich kann Ihnen daher nur empfehlen, Ihre Katze im Kinderzimmer füttern, und zwar zur selben Zeit wie Ihr Kind, da Sie auf diese Weise Ihre Katze integrieren und für neue, gemeinsame Rituale sorgen, die Sie, Ihr Baby und Ihre Katze zusammenschweißen. Sie sitzen gemütlich im Schaukelstuhl, versorgen Ihr Kind – und neben Ihnen beiden futtert friedlich Ihre Katze. Ist das nicht genial?

Wie man eine Katze in einen Kinderhaushalt einführt

Wenn Sie bereits Kinder haben und darüber nachdenken, eine Katze (oder zwei) zu adoptieren, gilt es einiges zu beachten. Sie werden jedoch feststellen, dass dieser Prozess einfacher ist, als ein Baby in einen Katzenhaushalt einführen, da Sie den territorialen Anspruch Ihrer Katze nicht durcheinanderbringen.

Die Katze aussuchen

Das richtige Energielevel: Wenn Sie im Tierheim sind, in einer Pflegefamilie oder in einer Tierrettungsstelle, sollten Sie darauf achten, dass Sie eine Katze auswählen, die zu Ihrem Kind passt (also wie wenn

Sie eine neue Katze in einen Katzenhaushalt einführen). Wenn Ihre Kinder noch klein und/oder wild sind und oft Besuch haben, sollten Sie sich nach einer Mojito-Katze umsehen; junge Katzen oder Katzen, die gerne nonstop bespaßt werden, können einen aktiven Haushalt perfekt ergänzen.

Vorgeschichte mit Kindern: Katzen, die bereits positive Erfahrungen mit Kindern gesammelt haben, sind ebenfalls ideal, weil Sie davon ausgehen können, dass sie sich von einem turbulenten Zuhause und herumrennenden Kindern nicht aus der Fassung bringen lassen.

Älter versus jünger: Ältere Katzen passen besser zu ruhigeren Haushalten oder zu Kindern, die selbst schon etwas älter sind. Natürlich hätte jeder am liebsten ein Kätzchen, weil sie so verdammt süß sind, aber bedenken Sie bitte, und zwar um Ihrer selbst und Ihrer Kinder willen, dass sie auch viel mehr Aufmerksamkeit benötigen.

Das Zuhause für die neue Katze vorbereiten

Basislager einrichten: Planen Sie als Familie, wie das Zimmer, in dem sich das Basislager befinden soll, eingerichtet werden soll, welche Wegmarker Sie benötigen, welche Duftquellen usw.

Katzifizierung light: Wie bereits (umfassend) erwähnt, erforschen Katzen ihr neues Zuhause nicht nur horizontal, sondern auch vertikal. Sorgen Sie also für verschiedene „erhöhte" Orte, besonders wenn Ihre Kinder Energiebündel sind und Ihre Katze eine Auszeit benötigt!

Erstes Kennenlernen: Gönnen Sie Ihrer neuen Katze, nachdem Sie sie nach Hause und in ihr Basislager gebracht haben, ein wenig Ruhe, bevor Sie sie Ihrer Familie vorstellen. Wenn sie so weit ist, können Sie ihr, natürlich unter Ihrer Aufsicht, einen nach dem anderen vorstellen. Mehrere Kinder, die es kaum mehr erwarten können, endlich ihr neues Geschwisterchen kennenzulernen, würden das neue Familienmitglied nur erschrecken! Will heißen: Sie können nicht früh genug damit anfangen, kontrollierend in das Geschehen einzugreifen und den Umgang miteinander zu definieren.

DER NÄCHSTE SCHRITT VOR DEM ERSTEN KATZEN UND KLEINKINDER (ALIAS KLEINKINZILLA)

Ein faszinierendes Element in der Katzenkommunikation ist, wie Katzen ihre territoriale Ansprüche und ihren Respekt zum Ausdruck bringen. Genau deswegen verwende ich im Prozess der Katzifizierung ja auch so viel Zeit auf das Thema Verkehrsfluss (Kapitel 8). Besonders in der von allen genutzten horizontalen Welt, dem Boden, lässt sich die Dynamik eines gemeinschaftlichen Territorialanspruches gut beobachten – zum Beispiel, wenn Mauerblümchen ihre Machtansprüche an Katzen auf der Überholspur abtreten oder sich wertvolle Duftquellen und Wegmarker sowie andere Ressourcen wie Katzenbetten teilen, die entsprechend dem Lauf der Sonne im Haus verteilt wurden. Jedes Element birgt einen möglichen Zug im Katzenschach, von denen viele subtil und nicht immer nachvollziehbar für uns Menschen sind, doch wenn wir ihnen bei ihrem Katzenballett zusehen, wird schnell klar, dass jeder noch so kleine Aspekt ihrer Kommunikation in die DNA der Ur-Katzen eingeschrieben ist.

Und dann betritt ... Kleinzilla das Wohnzimmer, als wäre es die Tokioter Innenstadt, und aus dem Ballett wird ein Hexentanz.

Im Schnitt machen Babys ihre ersten Schritte im Alter von neun bis elf Monaten, und watscheln/taumeln/gehen schon mit 15 Monaten durchs Haus und lassen eine Schneise der Verwüstung hinter sich. In der sorgfältig choreografierten Welt unserer kleinen Ballerinen gibt es wohl keine zerstörerischere Kraft als Kleinzilla. Warum? Das liegt nicht nur an ihren unvorhersehbaren Bewegungen oder der Tatsache, dass sie sich nicht die Bohne für den Verkehrsfluss interessieren, wenn sie fröhlich und selbstvergessen durch den Raum stolpern und dabei ein nichtsahnendes Mauerblümchen in die Ecke drängen oder unserem machthungrigen Napoleon eine lange Nase drehen. Nein, die eigentliche Gefahr geht von ihrer Unbefangenheit aus. Kleinzillas wissen nicht, wo sie hinwollen. Nie. Sie können sich weder bewusst nach links oder rechts oder in einer geraden Linie vorwärtsbewegen, noch verstehen sie, dass sie die vierbeinigen Familienmitglieder lieber in Ruhe lassen sollten, wenn sie sie erschreckt haben. Sie befolgen einfach nicht die Regeln des Katzenschachs. Kennen Sie diesen Ausdruck im Gesicht Ihrer Katze – dieses „Oh mein Gott ... was jetzt?!“, wenn sie realisiert, dass ihr alle Fluchtwege abgeschnitten wurden. Kleinzilla bricht über sie herein und der Kampf-oder-Flucht-Modus wird aktiviert.

Wenn Sie ihren Haushalt noch nicht katzifiziert haben, wäre jetzt wohl der Moment. Messen Sie immer wieder nach, wie weit Ihr Kind nach oben greifen kann, und bauen Sie die Katzenautobahn entsprechend höher. Ihre Katzen müssen wissen, dass es sichere Orte in der vertikalen Welt für sie gibt.

Wie bereits zu Anfang dieses Kapitels erklärt, sind Katzen nicht von Natur aus offensiv, aber sie können durchaus defensiv reagieren, wenn ihnen die Fluchtwege abgeschnitten werden ... und der einzige Grund, aus dem sie Kleinzillas jagen, ist der, dass sie von ihnen gejagt werden! Warten Sie bitte nicht darauf, dass es so weit kommt; wenn Sie Ihren Haushalt vor der Geburt Ihres Babys katzifizieren, oder zumindest bevor sie es nach Hause bringen, werden Sie, Ihr Baby und Ihre Katze garantiert mehr Freude aneinander haben.

Ihr Ziel in diesen ersten eineinhalb Jahren ist, innerhalb des Territoriums ein Territorium zu schaffen, das Ihren Katzen gehört und von dem aus sie Ihr Baby beobachten können – und umgekehrt.

Vorsicht ist besser als Nachsicht

Eine ordentliche Katzifizierung sorgt dafür, dass unerwünschte Katze-Kind-Interaktionen auf ein Minimum reduziert werden, da die notwendigen Fluchtwege bereitstehen. Trotzdem sollte es zu geplanten Interaktionen kommen. Hierzu drei Punkte:

1. Wenn Ihr Kind noch ein Kleinkind ist, sollte jegliche Form der Interaktion ausschließlich unter Beaufsichtigung stattfinden. Keine Ausnahmen, bitte!
2. Lassen Sie sinnvollerweise nur dann beaufsichtigte Interaktionen zu, wenn sowohl Ihre Katze als auch Ihr Kind ruhig und entspannt sind; zum Beispiel nachdem Sie mit Ihrer Katze

gespielt haben und die Energie aus dem Katzenheißluftballon gelassen haben, oder bevor Ihr Kind sein Nickerchen hält.

3. Kleinkinder lieben es, alles anzufassen. Bedenken Sie jedoch, dass ihre motorischen Fähigkeiten noch nicht voll ausgebildet sind und sie Ihre Katze versehentlich grob anpacken könnten. Beaufsichtigen bedeutet auch, beim Streicheln zu helfen und die Hände Ihrer Kinder zu führen, damit sie nicht zupacken oder ziehen – und Ihre Katze nicht faucht oder kratzt.

KATZENKLO-EINSICHTEN

Sobald ihr Kind alleine laufen kann und Sie es aus den Augen verlieren können, können Sie jede Wette darauf eingehen, dass es zum Katzenklo tappen wird – dem Ort, an dem sich Katzen und Kinder im Guten wie im Schlechten begegnen. Für Katzen ist es das Epizentrum ihrer Macht, und für Kinder … ein Sandkasten. Achten Sie also unbedingt darauf, dass Sie nicht in die klassische Anti-Mojo-Falle tappen und das Katzenklo – im Sinne von „Ich will auf keinen Fall, dass mein Kind im Katzenklo buddelt" – aus dem Territorium und in den Eingangsbereich, die Garage, den Waschraum oder den nicht ausgebauten Keller befördern. Das widerspricht allem, was wir beim Katzifizieren gelernt haben und uns heilig sein sollte, und untergräbt das Mojo unserer Katzen wegen Dingen, die passieren könnten.

Ein anderes Beispiel für einen solchen Mojo-Entzug wäre, das Katzenklo zu tarnen, zu überdachen oder mit dem Eingang gegen die Wand zu stellen, damit es nicht mehr so einladend auf Ihr Kind wirkt.

Tipp: Manchmal reicht schon ein dekorativer Paravent, um das Katzenklo abzuschirmen, oder ein Katzenklo mit höheren Wänden und einem kleinen Eingang. Nicht vergessen: Wenn Sie wieder einmal zu ästhetischen Lösungen neigen, die weder Ihrer Katze noch Ihrem Kind zugutekommen: Rache ist süß.

Und was Ihr Kind anbelangt: Wenn es unbedingt im Katzenklo spielen möchte, dann bieten Sie ihm Alternativen an. Die Nein/Ja-Technik funktioniert für Tiere und Menschen. Also, wie gesagt, entfernen Sie nicht das wichtigste Element aus dem Territorium Ihrer Katze, nur weil etwas passieren könnte.

Katzen-Daddy-Tipp:

Sie können auch ein Babygitter verwenden und es etwa 20 Zentimeter über dem Boden anbringen. Auf diese Weise kann Ihre Katze darunter durchkriechen oder darüber hinwegspringen, und Ihr Kind weder rein noch raus. Es gibt aber auch Tiergitter mit integrierten Katzentüren, die helfen und ganz einfach zu installieren sind.

Ein Zugeständnis sollten wir aber trotz Katzifizierung und ihrer Vorzüge machen: Wenn Ihr Kind die meiste Zeit im Wohnzimmer verbringt, ist es vielleicht besser, das Katzenklo ins Bad oder Schlafzimmer zu stellen, sprich in einen Raum, in den ihr Kind nicht einfach so gelangt. Kleinen Tücken wie diese bieten übrigens wunderbare Gelegenheiten, kreativ zu werden: Es klingt zwar absurd, aber viele Katzen kommen zum Beispiel gut mit einem Katzenklo an einem erhöhten Ort klar (wenn sie fit sind). Wenn Sie damit auch klarkommen, bleibt Ihre Katze mojofiziert – und Ihr Kind außer Reichweite des Katzenklos.

Was ich damit sagen will, ist, dass ich Ihnen in Fällen wie diesen keine festen Regeln an die Hand geben kann, da es bei Katzen und Kindern meistens darum geht, zu einem sinnvollen Kompromiss zu finden. Aber solange Sie sich an die Regeln der Katzifizierung halten und Ihr Kind vom Katzenklo fernhalten, ist alles möglich.

Um Ihrer Katze willen bitte ich Sie jedoch darum, nicht aufzugeben und ihr ihre Katzenklos nicht zu vermiesen oder sie in die Garage zu verbannen … oder gar auf den Müll zu werfen.

ERINNERUNG AN DIE DREI RS

Mittlerweile müssten Sie mit Ihrer Familie einen bestimmten Tagesablauf entwickelt haben, der aus energiereichen und energiearmen Momenten besteht. Wie bereits in Kapitel 7 besprochen, ist es wichtig, dass Sie mit Ihren Kindern und Katzen nicht nur Rituale, sondern auch eine Routine ausarbeiten, die auf natürliche Weise auf dem Energiezyklus Ihrer Familie und damit Ihres Haushalts aufbaut und sich zu einem eigenem, individuellen Rhythmus fügt.

Zu Beginn dieses Kapitels haben wir darüber gesprochen, dass Sie Ihre Katze zur gleichen Zeit und am selben Ort wie Ihr Baby füttern sollten, um daraus ein Ritual abzuleiten, das zur Routine wird und den Rhythmus Ihres Haushalts begründet. Doch genauso wie Ihr Kind älter wird, entwickeln sich auch die Drei Rs, und Sie werden neue Wege finden müssen, sie zu verflechten, damit der verändernde Familienrhythmus im Takt bleibt und alle Abläufe, wie Fütterungszeiten, Spielzeiten und Schlafenszeiten, zu einer harmonischen Melodie verschmelzen, die Beethoven höchstpersönlich komponiert haben könnte.

Ein letztes Wort zu diesem Thema: schöner Musik gehen immer auch große Entscheidungen voraus. Egal, ob Sie sich versucht fühlen, das Kinderzimmer abzuriegeln oder das Katzenklo zu verbannen – entscheiden Sie sich immer für den „schweren“ Weg, indem Sie die Situation abwägen, sich Ihren Ängsten stellen und … es einfach angehen!

MEHR MOJO, BITTE: DIE KATZENLÜCKE SCHLIESST SICH.

In der Anfangsphase der Katze-Kind-Beziehung fällt uns als Eltern die Rolle des diplomatischen Schiedsrichters zu: Wir müssen beide vor den unbedachten Aktionen und Reaktionen des anderen schützen und ihnen gleichzeitig beibringen, sich mit Respekt und Ehrfurcht zu begegnen. Sobald unsere Kinder jedoch kein Kleinkinder mehr sind und Anweisungen besser umzusetzen, können wir anfangen, ihnen die grundlegenden, mojofizierenden *Dos und Don'ts* einzuflößen, die aus Kind & Katze für immer beste Freunde machen werden.

TIERE HABEN AUCH GEFÜHLE

Empathie und Respekt sind zwei der wichtigsten Katzen-Mojo-Tugenden, die Kinder im Umgang mit Tieren lernen können. Kinder beginnen im Alter von drei oder vier Jahren, ihre Emotionen in Worte zu fassen und Fragen wie „Wie fühlen sich Angst oder Freude an?" zu stellen. In diesem Alter beginnen sie auch, die Emotionen anderer Menschen aufzunehmen und zu verstehen, dass alle anderen auch eigene Gedanken und Gefühle haben.

Je besser Kinder also erkennen, dass Katzen ihnen ähnlich sind, desto genauer werden sie deren Gefühlswelt deuten können. Stärker differenzieren werden sie zwar noch nicht, aber Sie können darauf aufbauen und Parallelen aufzeichnen, zum Beispiel, indem Sie fragen: „Wie fühlt sich das für dich an, wenn du Angst hast?", und egal wie die Antwort lautet, weiterfragen: „Und glaubst du, dass es sich für unsere Mieze auch so anfühlt, wenn sie Angst hat?" Genauso lassen sich aber auch positive Gefühle wunderbar besprechen, zum Beispiel, indem Sie fragen: „Wie fühlst du dich, wenn du mit dem Karussell fahren darfst?", und egal wie die Antwort lautet, weiterfragen: „Glaubst du, unsere Mieze fühlt sich auch so, wenn wir mit ihr spielen?"

Arbeiten Sie mit dieser Form des Dialogs, um auch über andere Konzepte wie Geborgenheit, Liebe und körperliche Schmerzen zu sprechen. Ihre Fragen und wie Sie mit den Antworten Ihres Kindes umgehen, sorgen für mehr Empathievermögen sorgen und sind die Grundlage für eine tiefere Beziehung zu Tieren.

KATZEN-DADDY-DOS

Zeigen Sie, wie einfühlsame Interaktionen aussehen

- Benutzen Sie zunächst ein Stofftier, um vorzuführen, wie man mit einer Katze umgeht. Erklären Sie, dass man weder am Schwanz noch an den Ohren zieht und das Tier *sanft* streichelt. Wenn Ihr Kind grob mit dem Stofftier umgeht, bitten Sie es, so zu tun, als wäre es Ihre Katze, und fragen Sie, wie es sich wohl anfühlen würde, wenn jemand so grob mit ihm umginge.
- Bringen Sie Ihrem Kind als nächstes bei, sich von Ihrer Katze „streicheln" zu lassen, und erklären Sie, wo Ihre Katze am liebsten gestreichelt wird (meist an den Wangen, siehe hierzu die Michelangelo-Technik auf Seite 250).
- Ich gehe zwar mittlerweile davon aus, dass Sie wissen, wie Ihre Katze am liebsten gestreichelt wird, aber bringen Sie Ihrem Kind fürs Erste bei, sie nur mit einem Finger oder mit der flachen Hand zu streicheln. Auf diese Weise lernt es, dass Katzen es eher nicht mögen, wiederholt über die gesamte Länge ihres Körpers gestreichelt zu werden (das gilt zwar nicht unbedingt für alle Katzen, aber auf diese Weise können Sie verhindern, dass Ihre Katze durch das Streicheln überstimuliert wird. Wie gesagt, Vorsicht ist besser als Nachsicht.)

Und nicht vergessen: Sie können weder einem Kind vorwerfen, dass es nach etwas greift, noch einer Katze, dass sie sich wehrt. Lassen Sie es zumindest einmal zu, damit Sie Ihrem Kind beibringen können, mit der Situation richtig umzugehen und beim nächsten Mal sanfter zu sein.

Bringen Sie Ihrem Kind bei, sanft und leise mit der Miezekatze zu sprechen: Sie sollten weder schreien noch laut oder aufgeregt mit ihr (oder in ihrer Nähe) sprechen.

Bringen Sie Ihrem Kind bei, sich richtig auszudrücken. Katzen haben einen NAMEN: Meiner Meinung nach gehört dieses „Do" zu den wichtigsten, weil es verbindet und hoffentlich für die mitfühlendste Katzengeneration in der Geschichte sorgt. Glauben Sie, ich übertreibe? Keineswegs! Wenn Sie Ihren Kindern klarmachen, dass Katzen keine Objekte sind, sondern lebendige Wesen mit einem schlagenden Herzen in der Brust, wird das Millionen von Katzenleben retten! Aber es hilft auch im Kleinen, weil es dafür sorgt, dass Ihre Katze so behandelt wird, wie sie es verdient. Nennen Sie also Ihre Katze immer beim Namen oder beziehen Sie sich zumindest auf ihr Geschlecht, und ermutigen Sie Ihr Kind, es ihnen gleichzutun.

KATZEN-DADDY-DON'TS

Nicht grob werden - niemals: Nicht schlagen, hauen, „tätscheln" und nie gegen die Fellrichtung streicheln.

„Privatsphäre" respektieren: Nicht stören, wenn sie essen, schlafen, ihr Katzenklo benutzen, in ihrem Kokon liegen oder in der vertikalen Welt unterwegs sind.

Hände sind kein Spielzeug: Je früher Sie Ihrem Kind dieses „Don't" beibringen, desto besser. Genau deswegen sind nämlich schon zahllose Katzen im Tierheim gelandet und konnten nicht mehr vermittelt werden. Seien Sie also konsequent und spielen Sie ausschließlich mit Spielzeug – so macht das ja auch viel mehr Spaß, als sich die Hände zerkratzen zu lassen, oder?

Bringen Sie Ihren Kindern die Grundlagen der Katzenkommunikation bei

Ich kann nur immer wiederholen, dass es ein organischer Prozess ist, seine Kindern zur Empathie zu erziehen, der sich nicht über eine To-do-Liste abklappern lässt. Indem Sie sie jedoch fragen, wie sich sich in bestimmten Situationen fühlen oder wie sie reagieren würden, wird es ihnen immer leichter fallen, zu verstehen, wie sie sich Katzen nähern oder nicht nähern sollen. Wenn zum Beispiel der Schwanz einer Katze hin und herwischt, ihre Augen geweitet sind und die Ohren anliegen, sind das alles Zeichen dafür, dass ihr gerade nicht nach Gesellschaft zumute ist. Und ein tiefes Brummen, Jammern und natürlich Zischen oder Fauchen (egal, ob aus Angst oder Aufregung) sind klare Ansagen!

Mehr Informationen erhalten Sie auf humaneeducation.org.

NOCH MEHR MOJO-VERSTÄRKER FÜR KINDER

Wenn Sie den Kontakt zwischen Ihren Kindern und Katzen intensivieren möchten, ist das toll! Hier ein paar Tipps:

Dinge, die Ihre Kinder für oder mit Katzen machen können

- Erlauben Sie Ihrem Kind, bei der Fütterung zu helfen, damit Ihre Katze es positiv verknüpft.
- Lassen Sie Ihr Kind einen Kräutergarten anlegen und Petersilie, Salbei und Katzenminze anpflanzen. Mittlerweile gibt es ganz einfache Kits, die man im Internet bestellen kann.
- Jüngere Kinder können, sobald sie die motorischen Fähigkeiten entwickelt haben, mit interaktivem Spielzeug mit Katzen spielen – aber nicht vorher, da sie das Spielzeug sonst zu hektisch bewegen und ihre Katze erschrecken könnten (eine simple Katzenangel wird dann schnell zur mittelalterlichen Waffe). Unterm Strich sind interaktive Spielzeuge unter der richtigen Anleitung wunderbar geeignet, um Kinder und Katzen zusammenzuführen, und hervorragende Werkzeuge, um Kindern mehr über die Natur der Ur-Katze beizubringen.

KÖNNEN SICH KINDER UM KATZEN KÜMMERN?

Viele Eltern möchten ihre Kinder zu mehr Verantwortung erziehen, indem sie ihnen Aufgaben wie die Tierpflege übertragen. Für Kinder ist es toll, verantwortlich für ein anderes Lebewesen zu sein, sich um es zu kümmern und quasi die Elternrolle zu übernehmen. Wir müssen dabei nur bedenken, was unsere Kinder leisten können, und was nicht.

Sprechen Sie daher mit Ihrem Kind über die Bedürfnisse Ihrer Katze, damit es versteht, dass seine Bedürfnisse und die seiner Katze gar nicht so unterschiedlich sind. Seiner Katze ein guter Freund zu sein bedeutet, darauf zu achten, dass sie ein sauberes Katzenbett und -klo hat, genug Futter und Wasser, ein warmes, trockenes Zuhause – und einen Tierarzt, zu dem man gehen kann, wenn sie krank ist.

Sollte ein sechsjähriges Kind allein ein Katzenklo säubern? Das kommt auf das Kind an. Aber gemeinhin gilt, dass es auf jeden Fall dabei helfen kann, ebenso wie beim Füttern und Wassernapf nachfüllen.

Jeder einzelne Tag birgt zahllose Gelegenheiten, das Empathievermögen unserer Kinder zu stärken. Erinnern Sie Ihr Kind daran, dass seine Katze nicht nur eine Aufgabe ist, sondern auch Liebe braucht. Und macht nicht das Eltern aus? Wir zeigen, wir sehr wir unsere Familie lieben, indem wir uns um sie kümmern, ihnen zu Essen geben, ihre Zimmer putzen usw.

FÜR IMMER BESTE FREUNDE: IHRE ROLLE IM MOJO

Einer der Gründe, warum ich in Kapitel 6 so ausführlich über den Katzen-Mojo-Werkzeugkasten gesprochen habe, ist, dass wenn er nicht mehr nur ein abstraktes Konzept, sondern zu einem Teil von Ihnen geworden ist, er auch zu einem Geschenk für andere werden kann – und damit meine ich nicht nur unsere Tiere. Der Werkzeugkasten ist ein Geschenk, dass Sie an Ihre Kinder weitergeben können.

Ihnen bei ihrem eigenen Werkzeugkasten zu helfen, macht es auch viel einfacher, das Mantra des totalen Katzen-Mojos zu wiederholen: du stehst mit deiner Katze in einer Beziehung. Sie bringen Ihren Kinder also nicht nur bei, mit Tieren umzugehen, sondern auch alles über Beziehungen und wie sie funktionieren. Ihre Kinder werden lernen, Mitgefühl zu zeigen und zu reagieren, als wären sie selbst betroffen, und werden verstehen, dass die

Qualität von Beziehungen (zu Menschen oder Tieren) hauptsächlich von zwei Dingen abhängt: wie gut sie selbst kommunizieren, und wie gut sie das Kommunizierte interpretieren und darauf reagieren können.

Im Fall von Katzenbeziehungen kann dieser Prozess sehr langwierig sein, da er sowohl Elemente der verbalen wie nonverbalen Kommunikation beinhaltet – ganz zu schweigen davon, dass uns die Sprache unserer Katzen komplett fremd ist. Bei verbaler Kommunikation dreht sich alles (offensichtlich) um die Wörter, die wir verwenden, um mit unseren Katzen zu sprechen, aber auch um die Wörter, die wir verwenden, um für uns zu definieren, was unsere Katze „antwortet". Vielleicht denken Sie jetzt: „Was soll das, meine Katze weiß doch nicht, was ich sage, geschweige denn denke." Und ob sie das weiß!

Nonverbale Kommunikation hat mit einem allgemeinen Gefühl zu tun, das Sie vermitteln – über Ihre Körpersprache, Emotionen und Gesten –, aber auch mit all den harmlosen „kleinen Befindlichkeiten", die Sie mit sich herumschleppen und von denen Ihre Katzen ganz bestimmt nichts ahnt, oder? Und ob sie etwas ahnt!

Sie befinden sich mit Ihrer Katze in einem fortwährenden, verbalen und nonverbalen Dialog, und zwar rund um die Uhr, und Ihre Katze weiß das nicht nur, sondern reagiert auch darauf. Sprich totales Katzen-Mojo gibt es in dieser Beziehung nur, wenn wir unseren Teil dazu beitragen.

Im nächsten Abschnitt werde ich Ihnen einige wichtige Tipps und Tricks mit auf den Weg geben, die ich mir über die Jahre beigebracht habe und die uns dabei helfen werden, erfolgreich eine nachhaltige Beziehung zu unseren tierischen Familienmitgliedern aufzubauen.

MENSCHLICHE EMOTIONEN UND KÖRPERSPRACHE

Katzen „saugen" menschliche Emotionen förmlich in sich auf, die wir, bewusst oder unbewusst, meistens über unsere Körpersprache ausdrücken. Katzen spiegeln diese Energie, und wenn diese Energie aufgeladen ist, reicht ein Funke, um sie zum Explodieren zu bringen. Wenn wir zum Beispiel ängstlich sind, zögerlich oder sie zu sehr beschützen, spüren Katzen, dass wir ihnen nicht vertrauen. Und wenn wir sie total nervös streicheln und unsere Hände zurückzucken, kann unsere Hand für sie zur Beute werden, die flüchtet, sodass diese unsichere Geste missgedeutet wird und vielleicht einen Biss oder einen Hieb mit der Pfote zur Folge haben kann.

Also, wie sollten Sie sich einer Katze nähern, die Sie entweder gerade erst kennenlernen oder die recht launisch ist? Befreien Sie sich als Erstes von Ihrer Angst. Selbstbewusste Hüter strahlen von sich aus eine positive Energie aus; seien Sie positiv, entspannt und gelassen, ein harmloser Botschafter mit einer freundschaftlichen Nachricht, der ruhig und selbstbewusst Katzenterritorium betritt. Das gilt ganz besonders, wenn Mauerblümchen und Napoleon-Katzen mit im Spiel sind, die nur nach einer Ausrede suchen, um zu flüchten oder Machtspielchen zu spielen.

Oder sagen wir mal so: Manchmal ist es am besten, Katzen einfach zu ignorieren. Das gilt vor allem für ängstliche Katzen. Lassen Sie sie in Ruhe, drängen Sie sich nicht auf und lassen Sie sie auf Sie zukommen. Ist Ihnen schon einmal aufgefallen, dass Katzen in einem Raum voller fremder Menschen nie zu den selbsterklärten Katzenfans gehen, sondern lieber zu denen, die entweder allergisch sind oder behaupten, Katzen zu hassen, oder zu den Hundemenschen? Das liegt daran, dass sie gerade aufgrund ihres Desinteresses das Interesse der Katzen wecken, die lieber um deren Beinen auf Entdeckungstour gehen – und tunlichst allen Händen und nach vorn gebeugten Körpern ausweichen, die immer wieder tapfer „ALLE Katzen LIEBEN mich!“ wiederholen.

KATZENBEGRÜSSUNGEN

Lassen Sie uns nun einen genaueren Blick auf die subtile Kunst des Katzengrußes werfen, angefangen bei meinem absoluten Liebling, der wirklich jedes Mal funktioniert, wenn man einer fremden Katze begegnet, und der auch bei der eigenen Katze ein absoluter Mojo-Garant ist.

Das langsame Blinzeln (alias „Katzen-ich-liebe-dich“)

Die Verhaltensforscherin und Autorin des Buches „The Natural Cat“, Anitra Frazier, hat eine Technik perfektioniert, die „Katzen-ich-liebe-dich“ heißt, indem sie einfach nur auf den Straßen von New York Katzen durch die Fensterscheibe ansah. Sie stellte fest, dass wenn sie sich ihnen mit entspanntem

Gesicht näherte, die Katzen ihr langsam zublinzelten. Also begann sie, ihrerseits zu blinzeln, wenn sie sich Katzen näherte – und tatsächlich blinzelten die Katzen, meistens jedenfalls, zurück. Als sie diese Entdeckung bei den Katzen ihrer Kunden anwendete, von denen viele traumatisiert, angespannt, aggressiv oder völlig misstrauisch und verängstigt waren, stellte sie fest, dass das Blinzeln – wie der Stein von Rosette für die Schrift – die hieroglyphischen Natur der Katzen zu entschlüsseln vermochte.

Aber warum heißt die Technik „Ich liebe dich“? Meiner Meinung nach hat das damit zu tun, dass das Blinzeln auf Vertrauen durch Verletzbarkeit setzt. Nicht vergessen, Katzen sind auch Beute, und langsam die Augen vor uns zu schließen, ist ein eher ungewöhnliches Verhalten. In der freien Wildbahn würden sie sogar eher mit einem offenen Auge schlafen ... Die Augen vor einer unbekannten Größe und damit vor einer möglichen Gefahr zu schließen, ist daher ein ultimativer Vertrauens- und – in der Sprache der Jäger – Liebesbeweis.

Indem ich Katzen langsam zublinzele, besonders extrem aggressiven, begegne ich ihnen also mit Vertrauen und sage: „Du könntest mir zwar die Augen auskratzen, aber ich vertraue darauf, dass du es nicht tust.“ Für gewöhnlich begrüße ich eine Katze direkt mit einem langsamen Blinzeln, um ihr von Anfang an zu demonstrieren, dass ich verletzlich bin (was Katzen sowieso wissen; da sie einen Röntgenblick haben). Dieser Vertrauensbeweis ist das A und O. (Während Sie bei einem Beutetier, dem Sie direkt in die Augen starren, den Kampf-oder-Flucht-Modus auslösen würden – was das Letzte ist, was sie wollen, wenn Sie versuchen, Vertrauen aufzubauen und Freunde zu werden.)

Wenn Sie das langsame Blinzeln üben, sollten Sie darauf achten, ihre Augen zu entspannen und nicht zu starren. Es gibt einen kleinen, aber feinen Unterschied zwischen hinsehen und starren. Gehen Sie zum Spiegel und schauen Sie selbst nach; Sie werden feststellen, dass Hinsehen locker ist, entspannt, konfliktfrei, und das langsame Blinzeln vorbereitet, während Starren unangenehm ist, aufdringlich, konfrontativ, und Ihnen wahrscheinlich bei einer fremden Katze, die sich sowieso schon bedroht fühlt, eine Pfote ins Gesicht einhandeln dürfte. Konzentrieren Sie sich auf Ihre Gesichtsmuskulatur, Ihre Kiefern und sogar auf Ihre Brauen und Ihren Nacken. Falls Sie sich auch nur im Mindesten unbehaglich fühlen, sollten Sie vorher eine Entspannungsübung ausprobieren, zum Beispiel, indem Sie ihre Augenbrauen weit nach oben ziehen, sie zehn Sekunden oben halten und dann wieder entspannen. Wenn Sie so mit allen Muskelgruppen von den Schultern aufwärts verfahren, sollten Sie sich schnell wieder locker fühlen.

Versuchen Sie das entspannte Blinzeln jetzt bei Ihrer Katze. Sehen Sie sie mit entspannten Augen an, blinzeln und denken Sie: „Ich liebe dich" – „Ich" mit offenen Augen, „liebe" mit geschlossenen und „dich" wieder mit offenen. Warten Sie darauf, dass Sie zurückblinzelt (oder sich zumindest ihre Schnurrhaare entspannen), wobei selbst ein teilweises Zurückblinzeln ein gutes Zeichen ist. Wenn sie gar nicht zurückblinzelt, sehen Sie einfach weg und versuchen es erneut.

Natürlich gibt es auch Katzen, die grundsätzlich nicht zurückblinzeln, während Sie bei anderen vielleicht einfach nur einen Schritt zurücktreten müssen, weil Sie ihnen zu sehr auf die Pelle gerückt sind. Aber da wir dabei sind, eine neue Sprache zu lernen, sollten wir es ihnen nicht verübeln, wenn sie uns nicht die gewünschte Reaktion zurückspielen. Zumindest haben wir beide eine Sache gelernt, und zwar, dass wir auf dem richtigen Weg sind, die Hieroglyphen zu entschlüsseln.

Der Drei-Phasen-Händedruck

Vor vielen Jahren war ich in einer Situation, in der ich mir quasi aus dem Stegreif den „Drei-Phasen-Händedruck" ausdenken musste. Ich arbeitete in einem Tierheim, und eine junge Frau hatte gerade ein junge Katze abgeliefert, die angefahren worden war. Sie konnte sich die Behandlung nicht leisten, und ehrlich gesagt sah es auch so aus, als wollte sie die Katze nicht mehr, und als sie mir die Transportbox in die Hand drückte, sah ich direkt, dass die Katze litt und nur noch ein Tierarzt helfen konnte.

Falls Sie sich jetzt fragen, wohin die Geschichte führt: ich habe die Katze letzten Endes adoptiert, und wie in meinen Erinnerungen, „Cat Daddy", 2012 nachzulesen, hat sie mir das Leben gerettet. Als ich Benny jedoch zum ersten Mal sah, musste ich mir etwas einfallen lassen, um dieser verletzten und zu Tode verängstigen Katze zu vermitteln, dass ich ihr helfen wollte.

In solchen Fällen stelle ich mir immer vor, ich wäre der Botschafter in einem isolierten Land, dessen Bürger misstrauisch und skeptisch sind, und zwar zu Recht. Das galt auch für Benny. Er hatte keinen Grund, mit zu trauen, also musste ich ihm einen geben.

Während er mir also seine Situation darstellte („Ich habe Schmerzen, Fremder, ich stecke in einer Box und sitze in einem Fahrzeug …“), überlegte ich, was ich in die Waagschale werfen, welches Friedensangebot ich machen konnte, das mehr war als ein Waffenstillstand zwischen zwei Ländern, die sich sonst bekriegen würden. Was ich sagen wollte, war so etwas wie: „Ich überbringe gute Nachrichten.“ Ich fing mit einem langsamen Blinzeln an, wollte der Nachricht aber mehr Kraft geben.

Da ich wusste, dass Düfte für Katzen eine wichtige Rolle beim Kennenlernen spielen, bot ich Benny den Bügel meiner Brille an – etwas, das stark und charakteristisch nach mir roch und die Entfernung zwischen uns verringerte, ihn jedoch nicht bedrohte. Als er positiv reagierte, seine Wange am Bügel rieb und seinen Duft mit meinem vermischte, bot ich ihm einen Finger an, und zwar leicht über dem Nasenrücken, wo sich das „Dritte Auge“ befindet.

Bingo! Er schob seine Wange an meinen Finger und entspannte sich bei der Berührung. Da wusste ich, dass diese drei unterschiedlichen Techniken in der Kombination dasselbe ergaben wie ein Händedruck, der die angespannten Beziehungen zwischen zwei Ländern auftaute. Meine diplomatische Geste hatte Verbündete aus uns gemacht.

Zusammengefasst funktioniert der Drei-Phasen-Händedruck wie folgt:

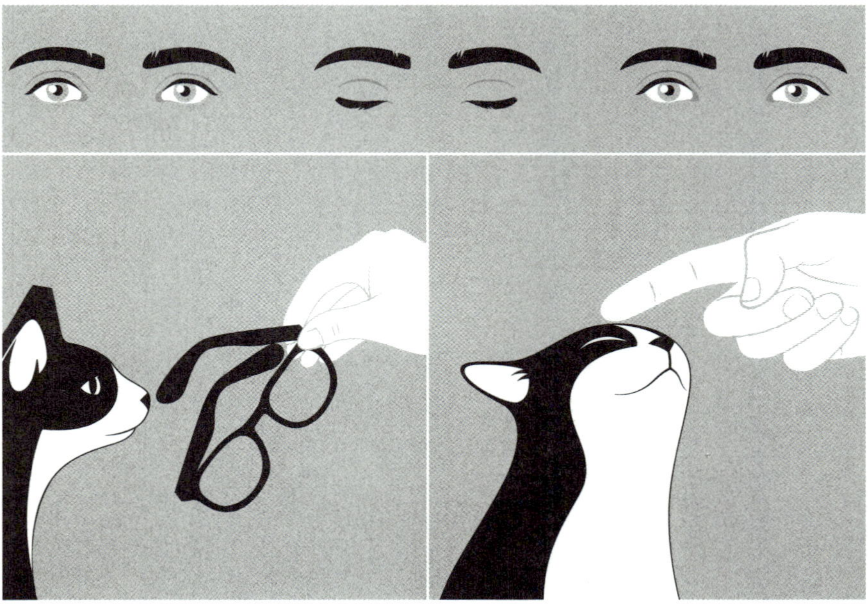

Schritt 1 – Langsames Blinzeln: Demonstrieren Sie Ihrer Katze, dass Sie keine Bedrohung darstellen.

Schritt 2 – Geruchsgabe: Bieten Sie Ihrer Katze etwas an, das nach Ihnen riecht. Ich benutze gerne den Bügel meiner Brille oder einen Stift.

Schritt 3 – Der Ein-Finger-Händedruck: Bieten Sie Ihrer Katze entspannt Ihre Hand an. Lassen Sie sie an einem Finger schnuppern, wie sie am Bügel oder am Stift geschnuppert hat, und führen Sie Ihren Finger dann an die Stelle des „Dritten Auges". Erlauben Sie ihr, sich gegen Ihren Finger zu drücken, und zwar auf eine Weise, die es Ihnen wiederum erlaubt, sanft über ihren Nasenrücken zur Stirn zu streichen (hierzu gleich mehr).

Lassen Sie Ihre Katze den Ton angeben

In einer Studie wurden über 6000 Interaktionen zwischen Menschen und Katzen in 158 Haushalten ausgewertet. Die Interaktionen unterschieden sich darin, ob sich der Mensch der Katze näherte, oder umgekehrt. Nahm der Mensch den Kontakt auf, fielen die Interaktionen kürzer aus, nahm jedoch die Katze den Kontakt auf, dauerten die Interaktionen länger an und waren positiver.

STREICHELN – EIN KURZER LEITFADEN

Beim Thema Streicheln bin ich in meinen Seminaren immer hin- und hergerissen. Streicheln ist eine recht individuelle Angelegenheit, da wir mit jeder Katze unterschiedliche Erfahrungen sammeln. Wenn man diesen Aspekt jedoch mit dem „Werkzeugkasten-Denken" angeht, können wir schnell herausfinden, wann, wo und wie lange eine Katze gestreichelt werden möchte. Andererseits … ich weiß gar nicht, wie oft ich schon universelle Regeln wie „Nicht den Bauch streicheln!" vom Stapel gelassen habe, nur um daraufhin zu hören, dass die Katze, um die es in dem Moment ging, gerade das absolut lieben würde.

Wie beim Drei-Phasen-Händedruck und langsamen Blinzeln, verlasse ich mich auf eine bestimmte Technik, wenn ich eine Katze streichle, die ich gerade erst kennengelernt habe, da ich lieber nicht raten möchte, wo (oder ob) sie berührt werden will.

Hier also mein Leitfaden:

1. Es wäre sehr unhöflich, eine Katze, die auf einen zukommt, zur Begrüßung direkt zu streicheln. Ich bediene mich stattdessen der **Michelangelo-Technik (auch Finger-Nase-Technik** genannt). Ich benutze diese Technik, wenn ich zum Beispiel sitze und eine Katze sich nähert, um mich unter die Lupe zu nehmen, oder wenn ich einer Katze stehend begegne und sie sich an einem vertikalen Ort befindet (also erhöht, nicht am Boden). Wenn sich die Katze nähert, halte ich meine Hand ganz locker und strecke leicht den Zeigefinger aus, sodass er noch leicht gekrümmt ist. Auf diese Weise präsentiere ich ihr meine Fingerspitze so, wie eine Katze ihre Nase einer anderen Katze präsentieren würde. Nasenstupser sind unter Katzen eine universelle, freundschaftliche Geste, also sehe ich zu, dass es zu dieser Form der Begrüßung kommt.
2. Egal, ob ich über die Michelangelo-Technik grünes Licht bekomme, oder einfach eine mir bereits bekannte Katze streicheln möchte – **Katzen streicheln immer zuerst**. Sobald der Nasenstupser erfolgt ist, strecke ich den Finger ein wenig und erhöhe ganz leicht den Druck der Berührung. Wenn die Katze mir an dieser Stelle bereits zugetan ist, wird sie ihren Nasenrücken gegen meinen Finger drücken und von da an die Richtung vorgeben – hoch zur Stirn, seitlich zur Wange. Lassen Sie sich einfach führen, dann kann nichts schiefgehen. „Hören“ Sie einfach zu!
3. Meistens kann man davon ausgehen, dass man folgende Stellen streicheln darf: Wangen, Kinn und Stirn. Ich nenne das die **Einstiegsberührungen**. Ich gewinne ihr Vertrauen, entlocke ihnen eine freudige Reaktion und finde langsam heraus, ob es auch okay ist, sie über die Schultern hinweg zu streicheln.

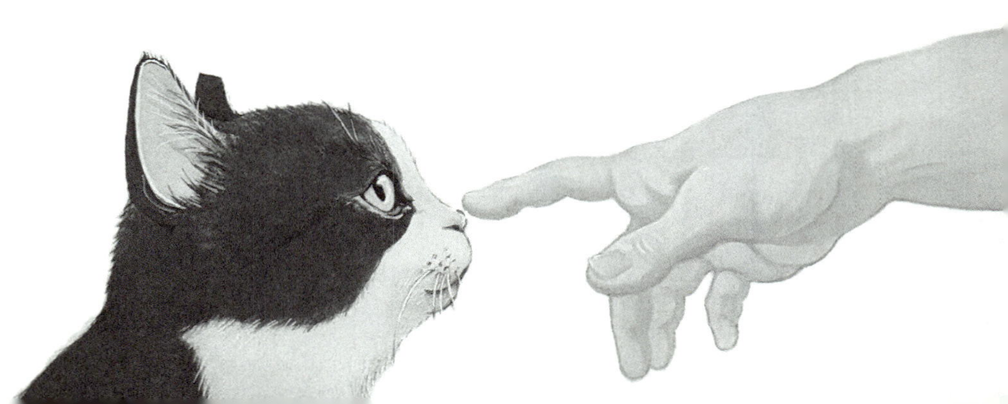

4. Die nächste Technik nenne ich Extrapflege. Ich nutze sie meistens, wenn sich meine Berührung bereits ein wenig vertrauter anfühlt. Da ich weiß, dass es Katzen nicht nur ein Bedürfnis ist, sich zu putzen, sondern sie auch beruhigt, wenn sie sich gestresst oder ängstlich fühlen, simuliere ich diese Form des Fellpflege mit meinem Finger. Es ist nicht nur eine angenehme Angelegenheit, sondern festigt auch unsere Bindung. Ich beginne mit einer Erweiterung der Finger-Nase-Technik und streiche mit dem Finger über die Nase zu den Mundwinkeln und Wangen. Auf diese Weise bekomme ich unausweichlich ein wenig Speichel ab und streichele über Nasenrücken, Stirn, Schädel und Genick weiter. Oft lecken Katzen bereits meinen Finger, wenn ich ihn ihr präsentiere, um die Michelangelo-Technik auszuführen, den ich dann benutze, um ihren Duft in den Bereichen zu verteilen, die bereits viele Duftdrüsen aufweisen (Wangen, Stirn etc.). Ich weiß, das klingt etwas ... ungewöhnlich. Aber versuchen Sie es aus, dann wissen Sie, warum ich es so mache.
5. Ein weiterer „fortgeschrittener Mojo-Move" ist Hypno-Ohr: fortgeschritten, weil auch hier, wie bei der **Extrapflege,** ein gewisses Maß an Vertrauen vonnöten ist, bevor man sich an diese Technik heranwagen sollte, und „hypno", weil die Katze danach, wenn Sie sich gut anstellen, ein bisschen wie in Trance sein wird. Alles, was sie dafür tun müssen, ist, ihre Ohrenspitzen mit Daumen und Zeigefinger kreisförmig zu massieren. Die genaue Stelle und Geschwindigkeit der Bewegung müssen Sie natürlich, wie so oft, bei jeder Katze individuell ermitteln. Was ich aber sagen kann, ist, dass der Druck nicht zu leicht, sondern eher mittel sein sollte.

Ich glaube, wir würden Katzen jedoch einen schlechten Dienst erweisen, wenn wir sagen würden, dass alle Katzen gerne an bestimmten Stellen gestreichelt werden beziehungsweise bestimmte Arten von Streicheln hassen. Finden Sie also heraus, was Ihre Katze gerne mag, und sobald Sie das wissen, wie schnell sie überstimuliert.

Überstimulation ist eine Art der Aggression, zu der es kommt, wenn Ihre Katze über jegliche Interaktion hinaus ist. Überstimulation durch Streicheln ist dabei die häufigste Form, wobei auch Geräusche, Schmerzen oder einfach nur das übliche Chaos zuhause ihr den Rest geben können.

ÜBERSTIMULATION ERKENNEN, VORBEUGEN UND BEWÄLTIGEN

Gleich werden Sie zwar mein wahres Alter erraten, aber erinnern Sie sich noch an die Tootsie-Pop-Eule, die „wissenschaftlich eruierte", wie oft man an einem Tootsie-Pop-Lutscher lecken muss, um bis zur köstlichen Füllung zu kommen? Eins ... zwei ... drei ... HAPPS! Genau deswegen sollten Sie eine Art „Streichel-Bestandsaufnahme" machen, um zu sehen, wie und wann Ihre Katze sich nicht mehr zurückhalten kann. Noch viel besser wäre natürlich, den Moment abzupassen, bevor ihr die Sicherungen durchbrennen – und sie mit ihrer Pfote nach Ihrer Hand schlägt oder schlicht und ergreifend hineinbeißt.

Die Symptome erkennen

Da Katzen aus sehr unterschiedlichen Gründen überstimulieren, ist genaues Hinsehen gefragt. Wenn Sie folgende verräterische Verhaltensweisen beobachten, könnte es daher so weit sein, da sie sie eher untypisch für Katzen sind.

- geweitete Pupillen
- aufgestellte Haare (Piloerektion)
- zurückgelegte Ohren
- schnelle, ruckende Kopfbewegungen
- überschwängliche Liebesbeweise wie Lecken und Reiben
- ein peitschender Schwanz – was meistens heißt, dass der Katzenheißluftballon kurz vor dem Platzen ist. Sprich wenn der Schwanz nicht mehr zuckt, sondern hin und herwischt, steht eine Aktion bevor. Kümmert man sich spätestens jetzt nicht darum, wird sie zwar anfangen, wie ein glücklicher Hund mit dem Schwanz zu wedeln ... nur dass sie kein Hund und definitiv nicht glücklich ist, sondern sie anschreit!
- Rückenblitze sind teils spastische, über den Rücken laufende Zuckungen, um überschüssige Energie loszuwerden. Haben Sie schon einmal beobachtet, wie Ihre Katze durch den Raum spaziert, plötzlich innehält, als wäre eine Fliege auf ihrer Nase gelandet, und sich dann ausgiebig zu putzen beginnt? Auch das ist eine Art der Selbstregulierung und ein verlässlicher Hinweis darauf, dass ihr Energiespeicher knallvoll ist.

Explosionen verhindern

Was füllt Ihre Katze mit Energie? – Manche Katzen reagieren derart sensibel auf Streicheln, dass sich der Heißluftballon quasi automatisch füllt. Wenn Sie dann keine Möglichkeit haben, diese Energie wieder abzulassen, laden sie sich elektrisch auf ... BÄM! Was sich für drei oder dreißig Sekunden gut angefühlt hat, lässt sie plötzlich ausflippen. Fauchen, Beißen, mit den Pfoten nach uns schlagen, wegrennen oder beruhigendes Putzen und Lecken sind verzweifelte Versuche, Luft aus dem Ballon zu lassen. Betrachten Sie diese Verhaltensweisen als eine Art Notbremse. Achtung! Bei anderen Katzen führen Glücksmomente zur Überstimulation – vor allem, wenn Sie sie schneller oder fester als sonst streicheln. Sie erkennen das daran, dass Ihre Katze dann ihren Schwanz mit demselben Schwung zu bewegen beginnt.

Machen Sie eine Bestandsaufnahme – Achten Sie darauf, was passiert, wenn Sie bestimmte Körperstellen ihrer Katze berühren. Streicheln Sie zunächst nur den Schwanz, dann den gesamten Körper vom Kopf bis zum Schwanz, und danach den Brauch, die Pfoten, den Kopf, die Wangen und die Schultern. Achten Sie auf die Unterschiede, wenn Sie sie ein, zwei oder drei Mal streicheln. Wie oft können Sie über die gesamte Länge ihres Körpers streichen, bevor sich die ersten Anzeichen einer Überstimulation bemerkbar machen? Und, ganz wichtig: Was genau hat zur Überstimulation geführt? Welche der Streicheleinheiten hat das Fass zum Überlaufen gebracht?

Manchmal fällt es uns schwer, mit dem Streicheln aufzuhören, vor allem, wenn sich unsere Katze gerade so wohl fühlt. Trotzdem provozieren wir damit den Tootsie-Pop-HAPPS! Wenn wir jedoch auf alle ihre Regungen achten und aufhören, sobald wir die ersten Zeichen einer Erregung feststellen, dann kommt es auch gar nicht erst zur Aggression oder zum „Angriff".

Mit der Energie haushalten

Versuchen Sie, den Energiehaushalt Ihrer Katze immer Blick zu behalten. Wenn Sie JFTF mit ihr spielen, wird sie danach in Ihrem Schoß entspannter sein, und wenn der Heißluftballon den ganzen Tag in der Luft oder, unter Ihrer Aufsicht, aufgrund der Umstände mal höher oder tiefer geflogen ist, wird sich ihr Stimulationsbarometer auf Stufe 4 einpendeln. Und wenn Ihre Katze beim Streicheln „nur" Stufe 6 statt Stufe 9 erreicht, ersparen Sie sich wahrscheinlich eine unerfreuliche Begegnung. Ich will mich ja nicht auf die Seite Ihrer Katze stellen (wobei, genau das will ich), aber es ist immer Ihre Schuld, wenn der Ballon platzt. Wenn Sie jedoch lernen, überschüssige Energien im Vorfeld abzulassen, wird es keine Explosionen geben, über die Sie sich ärgern können.

Nerd-Katzen-Ecke

Warum überstimulieren Katzen?

Wir haben bereits ausführlich besprochen, wie trickreich die Natur für das Überleben unserer Ur-Katze gesorgt hat, indem sie sie zum Beispiel mit hochempfindlichen sensorischen Rezeptoren ausgestattet hat, die sich über ihren gesamten Körper verteilen und direkten Druck, Luft- und Temperaturveränderungen sowie Schmerzen registrieren und Informationen aus der Umgebung ans Gehirn weiterleiten.

Es gibt zwei Arten von sensorischen Rezeptoren: schnell adaptierende und langsam adaptierende Rezeptoren. Erstere werden nur aktiviert, wenn ein Reiz (Berührung der Haare, Haut etc.) stattfindet oder sich ändert, und zweitere senden über die gesamte Dauer des Reizes Signale. Sie reagieren besonders sensibel auf Streicheln, sind meistens für diese „Jetzt reicht's!"-Momente verantwortlich und befinden sich größtenteils in der unteren Körperhälfte, wo Katzen besonders sensibel auf Streicheln reagieren.

Ur-Katzen als Jäger und Beute sind auf diese Rezeptoren zwingend angewiesen. Für Ihr Alter Ego, die Hauskatze, können diese Überlebenstechniken sehr störend sein, vor allem wenn sie, wie in diesem Fall, damit klarkommen müssen, dass wir sie gerne streicheln. Ob ich damit sagen will, dass wir unsere Katzen am besten gar nicht streicheln sollten? Natürlich nicht! Meine Erklärung, wie und warum Katzen sensibel auf Berührungen reagieren, soll Ihnen vor allem dabei helfen zu verstehen, dass diese „Fass mich nicht an!"-Reaktion physiologische motiviert ist und nicht so gemeint ist. Denken Sie also in solchen Fällen lieber „Ach ja, stimmt!“ als „Meine Katze hasst mich!“.

WÖRTER SIND WICHTIG

Bisher haben wir viel über Körpersprache gesprochen und wie genau Sie Ihre Katze begrüßen oder mit ihr interagieren können. Nun schauen wir uns an, was zwischen den Zeilen passiert, und damit außerhalb des physischen Bereichs. Was sprechen Sie über Ihre Katze? Welche Wörter benutzen Sie, um sie und ihre Handlungen zu beschreiben?

Die Wörter, die wir benutzen, definieren nicht nur unsere Welt, sie sind auch Munition. Wenn wir Wörter wie „angreifen“, „aggressiv“, „grundlos“, „gemein“ und „bösartig“ verwenden, unterstellen wir einem Verhalten oder einer Handlung eine Absicht und/oder eine tiefere Bedeutung, egal wie ungenau oder übertrieben wir uns ausdrücken.

Vor allem wenn es um „Problemkatzen“ geht, kann ich aus Erfahrung sagen, dass in fast 90 Prozent aller Fällen das Problem zumindest teilweise die persönliche Wahrnehmung und die daraus resultierende Wortwahl ist. „Meine Katze greift mich grundlos an, sie ist aggressiv“, „bösartig“ etc. Damit will ich nicht sagen, dass die Beschreibung nicht manchmal auch zutrifft, aber im Großen und Ganzen wird viel dahergeredet. Was für meine Kunden einfach nur Wörter sind, ist für mich aber nicht nur Gift für ihre Beziehung zu ihrer Katze, sondern auch Gift für die Katze. Eine solche Wortwahl lässt mich vermuten, dass ihnen ihre Katze fremd ist, das sich ein Graben zwischen ihnen aufgetan hat. Tut mir leid, das zu sagen, aber ich höre so etwas immer wieder, sogar wenn Hüter nur in den Knöchel gezwickt wurden und nicht einmal Blut geflossen ist, oder es nicht einmal zu einem direkten Kontakt kam!

Das Gift dringt aber noch tiefer. Wenn Sie ganz lässig behaupten, dass Ihre Katze Sie hasst oder der Teufel in Person ist, dann zeichnen Sie ein Bild von Ihrer Katze, das Sie nicht mehr zurücknehmen können. Und wenn Sie Ihre Katze „Teufelchen“, „Monster“ oder „Mistkröte“ nennen, dann tun Sie uns bitte allen – und besonders Ihrer Katze – einen Gefallen und suchen Sie ihr einen würdigeren Namen. Wie auch immer Ihre Gründe lauten mögen, sie rechtfertigen nicht diese Form der Etikettierung, der unnötigen Herabsetzung, die auf die ein oder andere Art dazu beitragen wird, Ihre Bindung zu Ihrer Katze zu schwächen.

Denken Sie immer daran: Wenn Sie behaupten, dass Ihre Katze sie bösartig angegriffen hat, hat sie das auch irgendwann. Und wenn Sie sagen, dass sie ein Monster ist, ist sie das irgendwann. Etiketten werden wahr, und der Ton macht die Musik. Katzen verstehen vielleicht nicht, was Sie sagen, aber sie verstehen definitiv, wie Sie es sagen. Die Wörter, die wir verwenden, spiegeln und beeinflussen die Art, wie wir über Dinge denken, aber sie können auch Gefühle und Nuancen – oft verletzende – übermitteln, ohne dass wir uns darüber bewusst sind. Und das gilt zehn Mal mehr für Ihre Katze. Wenn sie also für ein mojofiziertes Umfeld sorgen möchten, sollten Sie auf Ihre Wortwahl achten – sowohl auf die gesprochenen wie unausgesprochenen.

Das Katzenfluchglas

Falls Sie sich jedoch schon angewöhnt haben, ihre Katze zu beschimpfen, habe ich eine Lösung für Sie: Richten Sie ein Katzenfluchglas ein, in das Sie jedes Mal, wenn Sie Ihre Katze als „Monster" oder „Mistkröte" beschimpfen, einen Dollar hineinwerfen. Machen Sie das ein paar Wochen, und dann werden Sie ja sehen, wie Sie mit Ihrer Katze reden und zu was das führen kann.

Katzen-Daddy-Tipp: Was Sie im Anschluss mit dem (ganzen) Geld machen sollen? Natürlich Ihrer Katze ein neues Spielzeug kaufen!

PROJEKTION

Sagen wir mal, Sie hatten einen harten Tag: Sie sind aufgestanden und hatten direkt Streit mit Ihrer besseren Hälfte, wurden auf dem Weg zur Arbeit geblitzt und haben sich dann auch noch beim Mittagessen mit Dressing bekleckert. Sie kommen endlich nach Hause, sind erschöpft, fühlen sich gedemütigt und haben Salatdressing auf der Hose – und das Erste, was Sie sehen, ist Ihre Katze, die dasitzt und sie anstarrt. Plötzlich bricht es aus Ihnen heraus: „Was?! Was hab ich getan? Was ist dein Problem? Du hast ein Dach über dem Kopf, ich kuschele mit dir und das bekomme ich dafür? Weißt du was, du kannst mich mal!!“

Das Problem: Sie versuchen, zu erfassen, was Ihre Katze gerade von Ihnen will, sind jedoch gerade absolut unsachlich. Und das nennt man Projektion – ein Begriff aus der Verhaltenspsychologie, der die Tendenz beschreibt, die eigenen Gefühle, Unsicherheiten, Frustrationen und Impulse auf andere zu übertragen. In unserem Fall haben Sie Ihre negativen Gefühle auf Ihre Katze übertragen, weil Sie dachten, Sie würde Ihnen einen Vorwurf machen.

Katzen eignen sich besonders gut zur Projektion, da Menschen sie häufig nur schwer lesen können, und werden zur „leeren Leinwand“, auf die wir unseren ganzen Irrsinn projizieren – egal wie weit hergeholt. Projektionen entstehen aber nicht nur aus Wut und Frustration. Manchmal glauben wir, dass wenn wir etwas wollen, unsere Katzen dasselbe wollen – zum Beispiel ihre Ruhe auf der Katzentoilette. Aber auch da liegen Sie falsch.

Jede Projektion führt Sie immer näher an den Abgrund, und das nur, weil Sie weder Ihre Katze noch Ihre Körpersprache noch Ihr Mojo verstehen. Wenn Sie so weitermachen, gefährden Sie unnötig die Bindung zu Ihrer Katze. Machen Sie das bitte nicht.

Wir nähern uns dem Ende dieses Abschnitts. Ich bin zuversichtlich, dass unser Katzen-Mojo-Werkzeugkasten mittlerweile für alle Fälle die nötige Hilfe bereithält. Auf den folgenden Seiten werden Sie lernen, das Mojo zu kultivieren, indem Sie mögliche Probleme entweder bereits im Vorfeld lösen oder zumindest direkt wenn sie auftreten. Und jetzt zum …

KATZENDETEKTIVISMUS

Einer der Gründe, warum ich so erfolgreich darin bin, anderer Leute Katzenprobleme zu lösen, ist, dass ich nicht bei ihnen wohne. Ich bin wie ein Detektiv. Ich komme rein, beobachte, bin unparteiisch und erfasse die Situation. Ich habe nichts mit der Geschichte, dem Drama, den Projektionen und den ganzen tiefsitzenden Gefühlen zu tun.

Beispiel: Ihre Katze pinkelt jedes Mal, wenn ihr neuer Partner bei Ihnen übernachtet, in seine Sporttasche. Sie gehen davon aus, dass Ihre Katze Ihnen damit Folgendes sagen will: „Ich. Hasse. Ihn." Für mich sagt sie jedoch: „Ich fürchte um mein Territorium." So unmöglich das Ihnen aktuell auch erscheinen mag, es macht keinen Sinn, diese Aktion persönlich zu nehmen oder unnötig aufzublasen. Investigieren Sie lieber und stellen Sie ein paar konkrete W-Fragen, wie Wie?, Warum?, Wo? und Wann? Wie Joe Friday in der TV-Show „Dragnet" zu sagen pflegte: „Nur die Fakten, Ma'am." Ich nenne das Katzendetektivismus.

Die Kunst des distanzierten Beobachtens ist die Grundlage für ein erfolgreiches Zusammenleben mit Ihrer Katze. Als Menschen wissen wir nicht, wie es ist, eine Katze zu sein. Wir können nicht so tun, als ob. Damit will ich nicht sagen, dass Sie sich die Mühe dann ja auch direkt sparen können, sondern dass Sie um ihretwillen verdammt noch mal Ihr Bestes geben.

Hier also die Grundregel des Katzendetektivismus: Messen Sie die tatsächliche Temperatur im Raum und nicht die gefühlte (übertriebene). Wenn Sie nach Hause kommen und einen Urinfleck entdecken, möchte ich, dass Sie darin einen Urinfleck sehen und nicht mehr – und dann wischen Sie ihn auf, vergeben ihr und machen weiter. Das wird Ihnen helfen, egal welche Probleme schneller zu erkennen und zu lösen. Denken Sie einfach immer nur daran, zu vergeben und weiterzumachen. Nehmen Sie alle übertriebenen Gefühle aus der Gleichung heraus. Vergeben und weitermachen. Das ist verdammt noch mal einfacher, als ein Auto kurzzuschließen, wenn es nicht mehr anspringt. (Nicht, dass ich davon etwas wüsste.)

Wenn Sie diese Grundregel verinnerlicht haben, habe ich hier ein paar weitere Richtlinien für Sie:

1. Beschreiben Sie kurz und knapp, was passiert ist. „Nur die Fakten, Ma'am" (oder schreiben Sie sie auf): „Es war vier Uhr am Morgen, ich wachte auf, sie saß auf meiner Brust, ich tat dies, sie das ..."
2. Bei Urinmarkierungen sind Schwarzlicht-Taschenlampen Ihre besten Freunde. Wahrscheinlich sind Ihnen diese Wunderwaffen bereits in Krimiserien wie „CSI" begegnet, um Blut an Tatorten sichtbar zu machen und den Verlauf der Spritzer und die Form der Lache zu interpretieren. Sie sind aber auch ein hervorragendes Werkzeug, um Urinflecken aufzudecken. Sie müssen hierfür nur den Raum verdunkeln. Meistens werden Sie, so leid es mir tut, mehr Flecken vorfinden, als Ihnen lieb sein dürfte. Kleine Tröpfchen können beispielsweise auf einen Harnwegsinfekt hinweisen, während Markierungen an Wänden oder Möbeln, die gerade nach unten laufen und auf dem Boden eine Pfütze bilden, ziemlich wahrscheinlich das Territorium markieren (mehr hierzu in Teil 4).

   Achten Sie auch auf die Farbe des Flecks. Je dunkler der Fleck, umso frischer ist er, und je heller, desto älter (oder Sie haben an dieser Stelle geputzt), da sich die Proteinstränge im Urin zersetzen und der Fleck mit der Zeit ausbleicht. Da Katzenurin allerdings auch die Eigenschaft hat, Farbmoleküle zu zersetzen, werden die Markierungen sogar auf Oberflächen, die gründlich gereinigt wurden, unter Schwarzlicht für immer als weiße Flecken zu sehen sein (auch wenn sie für das menschliche Auge nicht mehr zu erkennen sein werden).
3. Beschreiben Sie jeden Vorfall wertfrei. Wenn Sie behaupten, dass Sie„bösartig angegriffen" wurden, obwohl es in Wirklichkeit nur zu einem leichten Zwicken nach Überstimulation kam, kommen uns spätestens jetzt irreführende Elemente bei der Auflösung des Falls in die Quere. Ich habe sogar einmal das Wort „Angriff" gehört, obwohl rein gar nichts vorgefallen war, der Hüter hatte lediglich angenommen, dass er gleich angegriffen würde. Diese Art der Interpretation hat im Katzendetektivismus natürlich nichts verloren. Wie gesagt, Katzen handeln nicht bösartig (zumindest nicht nach unserer Auffassung des Wortes). Sie sehen: *Wörter sind wichtig.* Achten Sie daher auf Ihre Wortwahl und geben Sie einfach nur die Tatsachen wider.
4. Erarbeiten Sie mit dem Wissen, dass Sie mittlerweile über die Ur-Katze haben, eine Checkliste, die alles enthält, was ihr Mojo bedroht. Die Liste sollte zum Beispiel folgende Fragen beinhalten: Was macht

meiner Katze Angst? Was bedroht ihr Mojo? Kam es zu einem Kampf? Ist ihr Lieblingsessen alle? Hat Sie die Transportbox gesehen? Die Koffer? Waren Besucher im Haus? Andere Katzen?

5. Seien Sie geduldig. Vertrauen Sie dem Prozess, da überstürzte Aktionen meist nach hinten losgehen. Machen Sie keine Pläne, keine Termine – so läuft das nicht. *Egal, wie sehr sie die Situation zu kontrollieren versuchen, das Problem löst sich in Katzenzeit, nicht in Menschenzeit.*

Seien Sie stets über das Verhalten, das Sie beobachten, informiert. Denken Sie in Begriffen wie „Stress“, „Angst“ und „abweichendes Verhalten“, suchen Sie nach Mustern und notieren Sie alle Details. Nichts ist zufällig und nichts persönlich. Jedes problematisches Verhalten gründet in Furcht, Angst und Schmerzen oder in einer Kombination aus allem.

Deluxe Katzendetektivismus
Die Antischatzkarte

Katzendetektivismus eignet sich hervorragend im Zusammenspiel mit der Mojo-Karte, die ich in Kapitel 8 eingeführt habe. Die Mojo-Karte wird dabei zur Antischatzkarte, auf der Sie mit einem X markieren, wo es zu unerwünschtem Verhalten gekommen ist. Egal, ob Katzenklo-Probleme, Aggressionen oder was auch immer, setzen Sie einfach ein dickes, fettes X auf die Karte, und zwar genau an die Stelle, wo „es“ passiert ist. Und mit genau meine ich genau: welche Sofaseite, vorne oder hinten, links oder rechts vom vorderen rechten Fuß? Wie jeder gute Detektiv weiß, liegt der Teufel im Detail.

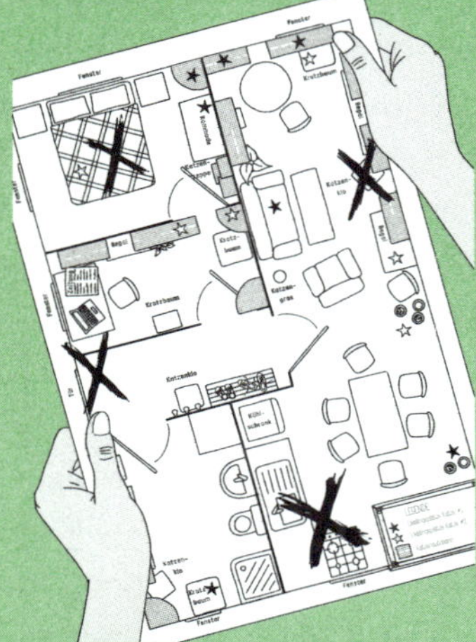

Erstellen Sie auch eine Legende. Geben Sie jedem Vorfall eine andere Farbe oder Nummer, und notieren Sie – aber „Nur die Fakten, Ma'am“ – an die Seite: Uhrzeit und Tag, auffälliges Verhalten, das Sie davor oder danach beobachtet haben, ob es um die Fütterung oder anderen energetischen Momenten herum geschah etc. Nutzen Sie alle Methoden, über die wir in diesem Teil gesprochen haben, beobachten und protokollieren Sie. Bleiben Sie distanziert, verzeichnen Sie alles auf Ihrer Karte und sammeln und sichten Sie Ihr Beweismaterial. Wenn Sie körperliche Beschwerden bereits ausschließen können, kann ich Ihnen fasst garantieren, dass Sie nichts weiter tun müssen, als noch ein paar Tage alle X zu verzeichnen, Ihre Distanz zu wahren und einfach nur die Informationen zu sammeln. Und am Ende wird Ihnen die Antischatzkarte nicht nur die Orte, sondern auch ein Muster enthüllen. „Grundlos" geschieht hier nämlich rein gar nichts.

PRÄVENTIVER KATZENDETEKTIVISMUS

Wenn ich im Teleshopping auftreten und Ihnen marktschreierisch versichern würde, dass es sichere Tipps und viele kleine Hinweise zur Körpersprache gibt – Gang, Position der Ohren, Schlaf- und Essgewohnheiten –, die mögliche Urinmarkierungen oder Aggressionen ankündigen, dann ... würden Sie wahrscheinlich direkt bestellen – schließlich glauben die meisten, dass Ihre Katze ein Bündel Symptome ist, eine Gleichung auf vier Beinen, die sich universell lösen lässt. Doch leider ist dem nicht so. Aber dafür können Sie mit der Kunst der distanzierten, wissenschaftlichen Beobachtung den Besonderheiten des Wie? Warum? und Wo? Ihrer Katze auf den Grund gehen und anfangen, wirklich zu verstehen, was hinter allem steckt, was sie so treibt.

Vorhin habe ich Ihnen erklärt, dass sich ein guter Detektiv nicht in die Handlung verstrickt. Trotzdem spielt die Historie eine Rolle, und zwar insofern, dass sie Ihnen ermöglicht, die wahre Geschichte zu erzählen. In Ihrem Fall passiert nichts ohne Grund, nutzen Sie daher alle Elemente der Historie ihrer Katze, die nur Sie kennen – ihre Entwicklung, ihr Leben, bevor sie zu Ihnen kam (wenn Sie das Glück haben, über diesen Teil informiert zu sein), ihre Traumata, die sie erlebt und überwunden hat. Verschränken Sie diese Informationen mit der Gegenwart, wie ein Detektiv Opfer, Verdächtige oder

Zeugen befragt und bemerkt, dass jemand nicht die Wahrheit erzählt, wenn er mit seinem Fuß zu wippen oder zu schwitzen beginnt. Ihr unschätzbares Wissen um das Leben Ihrer Katze mit und vor Ihnen wird Ihnen unglaublich viel über ihr gegenwärtiges, ungewöhnliches Verhalten verraten.

Die letzte Ebene, nach der wir streben – und um die es in den letzten Kapiteln gehen wird –, hat mit präventivem Katzendetektivismus zu tun, sprich damit, was wir tun können, um Verhaltensweisen zu verhindern und zu umgehen, die dem Mojo unserer Gefährten schaden könnten. Die Sache ist nämlich die, dass es eigentlich viel einfacher ist, ein geschärftes Bewusstsein für das Verhalten unserer Katze zu entwickeln, bevor sie sich auslebt. Das Werkzeug, das ich meine, heißt Achtsamkeit und ist deshalb so wichtig, weil es beim Katzendetektivismus manchmal nicht nur darum geht, einen Urinfleck auf dem Teppich zu verhindern, sondern einer Katze das Leben zu retten.

HILFESCHREIE: KATZEN-DADDYS ROTE FLAGGEN

Die Ur-Katze ist immer auf der Hut – aber so ist das Leben mitten in der Nahrungskette. Es gibt immer etwas zu jagen, und es kann immer sein, dass aus dem Jäger der Gejagte wird. Aus diesem Grund würden Katzen niemals zeigen, dass sie Schmerzen leiden. Schmerzen stehen für Schwäche, und Jäger riechen Schwäche.

Katzen schleppen diesen Stoizismus wie alle anderen Überlebenstechniken ihrer Vorfahren gleichmütig mit sich herum, und da ungewöhnliches Verhalten immer auch körperliche Ursachen haben könnte, müssen wir sie mit Argusaugen beobachten.

Die folgenden Beispiele sind natürlich nur einige wenige, aber ihnen bin ich immer wieder im Kontext meiner Arbeit oder bei meinen eigenen Katzen begegnet. Bei Katzenkloproblemen sage ich zum Beispiel immer, dass Katzen „die gelbe Flagge hissen". Was ich damit sagen will: Während wir herumrennen, Reden zu halten, theoretisieren und allen möglichen Quatsch mit Soße von uns geben, sagt unsere Katze „AUTSCH!". Sprich wenn etwas nicht stimmt, sie irgendwie anders wirkt oder sich anders verhält, gehen Sie zum Tierarzt.

Ihre Katze bleibt auf dem Kühlschrank oder unter dem Bett: Das bedeutet, dass sie sich von ihrem Umfeld bedroht fühlt, aber wie gesagt, die Ur-Katze würde sich auch verstecken oder zurückziehen, wenn Sie Schmerzen hätte oder krank wäre, um ihre Schwäche nicht zu zeigen.

Ihre Katze verrichtet ihr Geschäft außerhalb des Katzenklos: Hierfür gibt es viele medizinische Gründe, wie Blasenentzündungen, Harnkristalle, Infektionen, Nierenschäden, Verdauungsprobleme, Diabetes et cetera pp. Zwei Hinweise bei körperlichen Problemen sind: sie verrichtet ihr Geschäft außerhalb des Katzenklos, manchmal nur wenige Zentimeter entfernt, und verteilt kleine Mengen Urin in geringem Abstand.

Ihre Katze kaut an ungenießbaren Dingen herum: Siehe Kapitel 17, um mehr über das Pica-Syndrom oder den gezielten Verzehr ungeeigneter Gegenstände zu erfahren.

Ihre Katze verhält sich anders, wird zum Beispiel plötzlich aggressiv: Wenn sich eine Person in Ihrem Umfeld plötzlich radikal verändern würde, besteht Grund zur Sorge. Wenn Ihre Katze also leicht die Sicherungen durchbrennen und sie auf jemanden in Ihrer Familie oder ein anderes Tier losgeht, geht es ihr höchstwahrscheinlich entweder nicht gut, oder sie hat Schmerzen.

Ihre Katze ist nachts wach oder macht verstärkt auf sich aufmerksam: Ältere Katzen können eine Schilddrüsenüberfunktion entwickeln (Hyperthyreose), was zu den soeben genannten Symptomen führt. Ältere Katzen, die schlechter sehen und hören, oder dement werden, können nachts, wenn das Licht aus ist, ebenfalls laut oder desorientiert sein.

Ihre Katze kratzt, beißt oder leckt sich kahle Stellen: Über die hochsensible Haut unserer Katzen haben wir schon mehrfach gesprochen. Die Gründe für ein solches Verhalten sind jedoch erschreckend vielfältig sein, wie Allergien, Hautprobleme, Flöhe, vermehrter Stress etc.

Ihre Katze schläft viel zu viel: Wie Sie bereits wissen, schlafen Katzen nicht die ganze Zeit. Wenn sich Ihre Katze komplett zurückgezogen hat und an nichts mehr Interesse zeigt, weder an den Menschen, noch an Aktivitäten, die ihr einst Freude bereitet haben, dann ist das ein Hilfeschrei – genau wie bei Menschen.

12

Wessen Linie ist das überhaupt?

Katzenerziehung und die Herausforderungslinie

ES MAG VIELLEICHT wie ein Klischee klingen, unsere tierischen Gefährten als unsere besten Freunde zu bezeichnen, aber Beziehungen in Worte zu fassen, ist nun mal nicht einfach. Was mich direkt zu einer der Fragen bringt, die ich am häufigsten gestellt bekomme: „Warum bringt mir meine Mieze ihre halb aufgefressene Beute? Soll das ein Geschenk sein? Und falls ja, wo kann ich es umtauschen?“ Auf Fragen wie diese gibt es natürlich viele Antworten und Theorien, aber mich hat diese Geste schon immer fasziniert, weil sie einerseits sehr eindeutig ist und andererseits so frustrierend doppeldeutig.

Es stimmt schon, die Beute wirkt wie ein „Geschenk“, in etwa so wie eine Zeichnung, die uns ein Zweitklässler überreicht. Aber sie hat auch mit dem zu tun, was wir über Katzen wissen, und zwar, dass Beute zum Fressen da ist. Sprich wenn Mama mit diesem „Testessen“ zu ihrem Wurf zurückkehrt, möchte sie ihre Jungen dazu ermutigen, mit dem Säugen aufzuhören und sich selbst ein Stück vom Kuchen zu holen. Die Geste ist also weniger kindlicher als erzieherischer Natur ... Wie gesagt, Beziehungen sind kompliziert und vielschichtig, und selbst wenn wir uns unsere Rolle aussuchen – beste

Freunde, Hüter, Eltern –, sind wir viel mehr als nur das, weil auch unsere Taten zählen, die Opfer, die wir bringen, und die Schwächen, die wir haben.

Fakt ist, und das werden Sie in diesem Kapitel lernen, dass Ihre Katzen nicht immer einen besten Freund brauchen, sondern auch einen Hüter oder Eltern, und dass Sie akzeptieren müssen, dass Eltern nicht immer die beliebtesten Personen im Raum sind.

Ich habe jetzt viel Zeit damit verbracht, mit Ihnen diesen Ozean der Gefühle zu ergründen und die Risiken einer tiefen Bindung auszuloten, damit Sie Ihre Besitzansprüche abstreifen und erkennen können, was Katzenerziehung wirklich ist. Da wären wir also, im tiefen Ozean der Gefühle, und begegnen – uns selbst. Schließlich ist es eine Sache, eine romantische Vorstellung von der Erziehung seiner Katze zu hegen, und eine ganz andere, seine Katze tatsächlich zu erziehen und ihr Mojo jeden Tag aufs Neue zu befeuern. In diesem Kapitel möchte ich aber noch einen letzten Sprung in die allertiefsten Mojo-Gewässer mit Ihnen wagen ...

In Kapitel 9 haben wir darüber gesprochen, wie wir unseren Katzen helfen, wichtige Herausforderungslinien zu überschreiten, um ihre Lebensqualität zu steigern, und haben diese Erfahrung damit verglichen, wie wir unseren Kindern helfen, Herausforderungen (wie den gefürchteten ersten Schultag) zu meistern, um ihre persönliche Entwicklung voranzutreiben. Jetzt ist es an der Zeit, dass WIR einige Herausforderungslinien überschreiten, damit unsere eigenen Ängste nicht dem Wohl unserer geliebten Katzenkinder im Weg stehen.

Tja, manchmal muss man sich eben zwingen. Vielleicht haben Sie nie herausgefunden, wie Sie Ihre Katze in die Transportbox bekommen, weil Sie fürchten, dass sie es hasst. Aber was, wenn morgen ein Notfall eintritt und Sie schnell mit ihr aus dem Haus müssen? Oder vielleicht stresst sie der Gedanke, ihr ein Medikament zu verabreichen, weil Sie davon ausgehen, dass es Ihre Katze stresst, wenn Sie ihr jeden Morgen eine Tablette in den Rachen schieben. Aber was, wenn diese Tablette den Unterschied zwischen gesund und krank bedeutet, zwischen Leben und Tod? Dann müssen Sie das doch, oder?

Lassen Sie uns daher lernen, wie wir die Dinge anpacken, statt allem aus dem Weg zu gehen, was Katzen nicht mögen (und wir damit auch nicht). Das soll jetzt nicht heißen, dass Sie diese ach so schrecklichen Aktivitäten auf Teufel komm raus umsetzen müssen, sondern dass Sie sie so umzusetzen, dass weder Ihre Katzen noch Sie sie negativ assoziieren. Falls Sie die Vorstellung trotzdem erschreckt, nur Mut: selbst unter den schwierigsten

Bedingungen finden sich Mittel und Wege, das „Leid zu minimieren und das Mojo zu maximieren“.

ZU VIEL LIEBE: DIE FETTLEIBIGKEIT BEKÄMPFEN

Eine der Herausforderungen, denen wir uns stellen müssen, ist die Fettleibigkeit von Katzen, an der wir zum Teil selbst Schuld sind. Wir sind es so gewohnt, Essen mit Liebe gleichzusetzen, dass es uns schwer fällt, unseren Gefährten all die ungesunden Leckerli zu verweigern, die sie so mögen, und stattdessen lieber die Folgen verdrängen, als auf gesündere Produkte umzusteigen und ihre Lebensqualität zu verbessern.

Fettleibigkeit betrifft Katzen jedoch genauso wie Menschen, und laut aktuellen Studien sind Fettleibigkeit und Typ-2-Diabetes sowohl bei Kindern als auch bei Katzen und Hunden auf dem Vormarsch.Wenn Ihnen das zu denken gibt, sollten Sie Folgendes in Betracht ziehen:

- Beim Verfassen dieses Buches waren über 58 Prozent aller Katzen übergewichtig, und davon um die 15 Prozent fettleibig. Das bedeutet laut der Association of Pet Obesity Prevention (dt. Gesellschaft zur Vorbeugung von Fettleibigkeit bei Tieren), dass „80 Millionen Tiere in den USA Gefahr laufen, an gewichtsbedingten Krankheiten wie Diabetes, Arthrose, Bluthochdruck und zahlreichen Krebsarten erkranken können“.
- Die Zahl der übergewichtigen und fettleibigen Katzen und Hunde hat sich in den letzten zwanzig Jahren verdoppelt.
- Fettleibigkeit verschleißt die Gelenke, was zu Schmerzen, Reizbarkeit und Steifheit führen kann. Ich habe schon oft eine direkte Verbindung zwischen Fettleibigkeit und Verhaltensauffälligkeiten festgestellt, zum Beispiel wenn Katzen ihr Katzenklo nicht mehr aufsuchen, weil es ihnen aufgrund ihres Gewichts schwer fällt, in die Hocke zu gehen oder hineinzusteigen (oder sie sogar schmerzt), sodass sie den Ort negativ assoziieren. Fettleibigkeit führt aber auch dazu, dass sie weniger JFTF spielen, wodurch sie noch mehr zunehmen. Es ist wie ein Teufelskreis, den WIR durchbrechen müssen.
- Übergewichtige Katzen haben Schwierigkeiten bei der Fellpflege, was nicht nur für unsere Katzen, sondern auch für uns unangenehm werden kann.

So sieht's aus, Leute: Fettleibigkeit ist radikal und real. Aber es geht auch anders. Helfen Sie, indem Sie:

1) Aufhören, Ihrer Katze rund um die Uhr Futter hinzustellen oder sie mit minderwertigem Futter zu versorgen, besonders Trockenfutter. Ihre Katzen sollten zu festen Zeiten nachhaltige, fleischliche Mahlzeiten zu sich nehmen (damit meine ich rohes Fleisch oder zumindest getreidefreies Nassfutter).
2) Benutzen Sie Anti-Schling-Näpfe und/oder Futterspiele, damit sie langsamer fressen. Wie wir Menschen, brauchen Katzen einen Moment, um zu realisieren, dass sie satt sind. Das passiert aber nur, wenn sie in einer vernünftigen Geschwindigkeit fressen.
3) Denken Sie immer an Ihre JFTF-Einheiten. Spielen in Kombination mit den obigen Tipps funktioniert wunderbar, um Katzen zu ihrem Idealgewicht zu führen. Ihre Katzen werden glücklicher sein, und Sie auch, weil Sie länger Ihre Freude an ihnen haben werden.

Und falls Sie das Gefühl haben, bei Ihrer Katze in Ungnade zu fallen, weil Sie ihr den Riegel vorschieben, sollten Sie Folgendes bedenken: Laut einer aktuellen Studie, in der Hüter ihre Katzen einem ausgewogenen Ernährungsplan unterzogen, verloren alle Katzen an Gewicht, waren anschmiegsamer, sprangen ihren Hütern häufiger in den Schoss und schnurrten mehr. So viel also dazu, dass Katzen es einem übel nehmen, wenn wir ihr Futter einschränken.

KEINE ANGST VORM TIERARZT

Im Schnitt gehen Katzenhüter halb so oft zum Tierarzt wie Hundehüter. Das kostet am Ende nicht nur mehr, es gibt auch viele Krankheiten, die sich leichter behandeln lassen, wenn man sie früh genug erkennt, wie Leberschäden, Diabetes, Zahnerkrankungen, Augenprobleme, Schilddrüsenerkrankungen und Herzbeschwerden. Natürlich gibt es Katzen, die kerngesund sind, aber auch dann sollten Sie zumindest einmal im Jahr ein großes Blutbild anfertigen lassen.

Klingt doch logisch, oder? Warum haben Sie es also noch nicht getan? Wahrscheinlich, weil der Weg zum Tierarzt für Sie und Ihre Katze eine echte

Qual ist – und zwar auf vielen Ebenen. Ich habe in meiner Praxis unglaublich viele Katzen kennengelernt, die noch nie beim Tierarzt waren. Und da waren zehn Jahre alten Katzen darunter! Meistens musste ich erst ihren Hütern den Kopf waschen, bevor diese Tiere zum ersten Mal nach ihrer Sterilisation oder Kastration wieder eine Tierarztpraxis von innen gesehen haben – da erreicht die Verdrängung direkt eine neue Stufe. Was also tun?

Werfen Sie als erstes einen Blick auf Ihr Ziel: die Tierarztpraxis. Wenn Sie wissen, dass Ihre Katze gewisse Dinge aufregen, sollten Sie im Vorfeld einige Praxen testen. Geht es dort eher laut oder ruhig zu? Sind dort mehr Hunde oder Katzen? Gibt es für Hunde und Katzen unterschiedliche Eingänge? Testen Sie auch die Mitarbeiter, indem Sie von den Ängsten Ihrer Katze berichten. Wie reagieren sie? Gehen sie auf Sie ein? Ich hatte schon oft das Glück, auf Tierärzte zu treffen, die uns direkt durch das Wartezimmer in einen Behandlungsraum führten, weil sie um die Ängste meiner Katze wussten und ihr die Aufregung ersparen wollten. Was ich damit sagen will: Sie haben die Wahl, also suchen Sie sich den Tierarzt Ihres Vertrauens in Ruhe aus.

So viel zum Ziel. Und nun zum schrecklichsten Augenblick des Tierarztbesuches: dem Moment, in dem wir unsere Katze in die Transportbox verfrachten müssen.

TRANSPORTBOXEN SIND GUT

Über die Hälfte aller Katzen „schafft“ es nicht zur jährlichen Untersuchung zum Tierarzt, und über ein Drittel aller Hüter bekommt schon bei dem Gedanken, seine Katze zum Tierarzt zu bringen, einen Schweißausbruch. Und das alles nur, weil Katzen ihre Transportbox nicht mögen, in der sie bisher nur schlechte Erfahrungen gemacht haben. Sehen Sie es doch mal so: Was, wenn Sie als Kind zwei Autos gehabt hätten? Ein rotes Cabrio, mit dem Sie jeden Tag zur Schule gefahren wurden, zu ihren Freunden, ins Kino etc., und einen gelben Kombi, mit dem man Sie nur zum Zahnarzt gefahren hat. Wenn das oft genug der Fall war, wird bereits der Griff Ihrer Mutter nach den Kombischlüsseln eine Assoziation auslösen, und BÄM – der Puls rast, die Hände schwitzen und düsteren Vorahnungen ereilen Sie. Jetzt würden Sie wohl alles dafür geben, um Ihren Hintern nicht auf dem Rücksitz dieser Todeskarosse parken zu müssen. Also, was tun? Ganz einfach: Wir verwandeln den gelben Kombi in einen roten Cabrio!

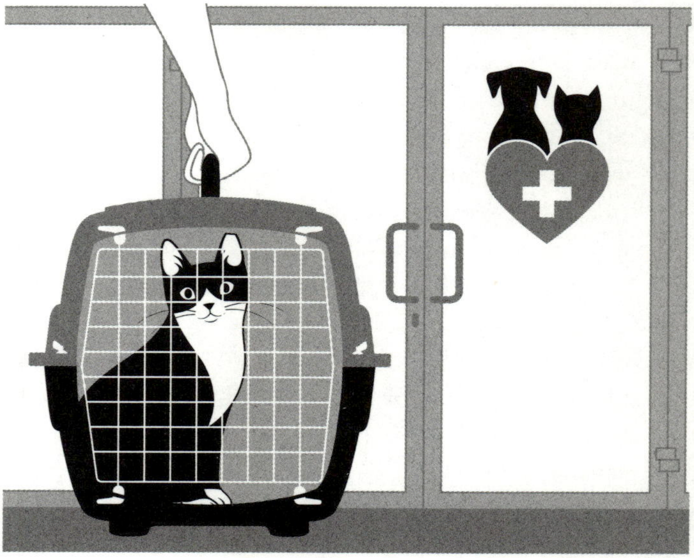

Als erstes sorgen wir dafür, dass die Transportbox kein Ort des Schreckens mehr ist, sondern ein lohnendes Ziel wird, ein tragbares Basislager.

1. Bauen als Erstes die Transportbox auseinander, damit sie nicht mehr wie ein gelber Kombi aussieht und negative Assoziationen weckt. Fangen Sie mit den unteren Teil an und verwandeln Sie ihn in einen Kokon, indem Sie einige Decken hineinlegen, die nach Ihnen und Ihrer Katze riechen.
2. Benutzen Sie Leckerli, um den Kokon noch einladender zu gestalten. Geben Sie Ihrer Katze jedes Mal ein Leckerli, wenn sie sich in die Nähe der Box wagt, auch wenn sie nur kurz an ihr schnuppert. Erinnern Sie sich noch an Ihre Jackpot!-Leckerli? Jetzt ist der Moment dafür. Packen Sie sie aus, während Sie Ihrer Katze beibringen, ihr neues Lager zu lieben, aber *nur dann*. Oder, noch besser, bringen Sie Ihrer Katze bei, *in* der Transportbox zu essen. Es kann eine Weile dauern, die Schale immer näher an ihren neuen Lieblingsplatz heranzuschieben, aber mit etwas Geduld werden Sie die Herausforderungslinie mit jedem Tag ein bisschen mehr verschieben können!
3. Wenn Ihre Katze nicht mehr nur schnell ihre Leckerli in der Box isst, sondern auch Zeit darin verbringt, zumindest ein bisschen, können

Sie die Box wieder zusammenzubauen. Erst den Deckel – sorgen Sie dabei weiter für positive Assoziationen –, dann die Tür. Schließen Sie nun für einen Moment die Tür. Manche Katzen alarmiert bereits das Klicken des Riegels. Ist das der Fall, können Sie den Riegel zunächst festkleben, um sie langsam zu desensibilisieren. Wenn Sie erreicht haben, dass Sie ungerührt weiterfrisst, während Sie die Tür schließen, ist aus dem gelben Kombi offiziell ein rotes Cabrio geworden!

4. Heben Sie nun die verschlossene Transportbox (mit Katze natürlich!) hoch, aber gehen Sie noch nicht zum Auto, sondern einfach nur für 30 Sekunden nach draußen. Gehen Sie dann wieder rein, geben Sie ihr ein paar Leckerli – und geben Sie Ihrer Katze die Gelegenheit, herauszufinden, was zum Teufel da gerade passiert ist. Kleiner Tipp: etwas Leckeres!
5. Der nächste Schritt ist eine kurze Autofahrt um den Block. Wiederholen Sie das Ganze und achten Sie darauf, dass jede einzelne Fahrt, ob kurz oder lang, ob positiv oder negativ, immer mit einem Jackpot! Endet.

Was wir machen? Wir zeigen unseren Katzen, dass sie auch in der Transportbox sitzen können, ohne dass direkt die Welt untergeht. Im Auto zu sein bedeutet nicht automatisch, eine Spritze zu bekommen oder mit vielen Hunden und Katzen in einem Wartezimmer zu sitzen. Die Box ist kein Feind. Und wenn Ihre Katze 50 Mal in die Transportbox steigt und nur einmal beim Tierarzt wieder rauskommt – dann ist das gar nicht so übel.

DER MARY-POPPINS-KOMPLEX

Die Themen, die wir besprechen – Katzen zum Tierarzt zu bringen, sie in eine Transportbox zu stecken, ihnen Medikamente zu verabreichen, ihre Krallen zu schneiden, sie alleine zu lassen, wenn wir zur Arbeit gehen, Mahlzeiten zu füttern, statt ihnen rund um die Uhr Futter zur Verfügung zu stellen –, haben einen gemeinsamen Nenner: unsere Schuld, die in diesem unerträglichen Gedanken gründet, dass WIR schuld daran sind, dass es unserer Katze so schlecht geht, und dass sie wegen uns leiden (auch wenn es sich nur um kurzfristiges Leid handelt).

Die Herausforderungslinie, die zum Vorschein kommt, wenn wir diese „Unannehmlichkeiten“ verdrängten, und zwar bis zu dem Punkt, an dem sich das Leid unserer Katzen tatsächlich erhöht, ist unsere. Die lähmende Schuld, die mit diesen Aufgaben einhergeht, wird zur Linie, die wir überschreiten müssen, wenn wir die mojofizierendsten Eltern der Welt sein wollen. (Keine Sorge, hier wird niemand verurteilt! Ich spreche das Thema einfach nur an, weil ich diese Linie auch überschreiten musste.)

Aber wie überschreiten wir unsere eigene Herausforderungslinie und bringen gleichzeitig unsere Katzen dazu, sich die Krallen schneiden zu lassen, zum Tierarzt zu gehen und ihre Medikamente zu schlucken, um nur einige „Unannehmlichkeiten“ zu nennen? Mary Poppins würde dazu sagen: „Wenn ein Löffelchen voll Zucker bittre Medizin versüßt“.

Warum ich Mary Poppins ins Spiel bringe? Na ja, weil sie ruhig und gelassen ist, und noch dazu ein geschicktes Kindermädchen. Und weil sie genau weiß, wie kniffelig es manchmal ist, das zu tun, was getan werden muss, und dabei besonnen vorgehen. Sie ist also das Vorbild für Katzeneltern.

„Wenn ein Löffelchen voll Zucker ...“

Die Schuld, die wir verspüren, äußert sich in unserer Stimme, unserem Tonfall und unserer Wortwahl, wenn wir uns durch unsere unterschiedlichen Aufgaben quälen. Wie bereits im letzten Kapitel gesagt: Wörter sind wichtig. Sie durchdringen uns, und wenn Sie aus allem eine große Sache machen, wird daraus eine große Sache. Wenn Sie also gerade dabei sind, eine dieser gefürchteten Aufgaben zum absolvieren – zum Beispiel Ihrer Katze eine Tablette geben – und dabei denken, wie fürchterlich sie das wohl findet und wie gemein sie sind, wird Ihre Katze diese Beklemmung spüren, vor allem, wenn Sie auf sie zuschleichen, die Tabletten oder Nagelschere fest umklammern, jeden Muskel in ihrem Körper anspannen und vor sich hinmurmeln: „Okay, Schätzchen, das wird jetzt gar nicht schlimm ...“

Auftritt Mary Poppins. „Ein Löffelchen voll Zucker“ spielt mit dem Gedanken, unsere Ängste loszulassen und die Situation bewusst zu versüßen. Nur so „rutscht sie gleich nochmal so gut“ beziehungsweise minimieren wir ihr Leid.

„... bittre Medizin versüßt“

Was genau Ihre Alarmglocken zum Schrillen bringt und Sie direkt vor ihre Herausforderungslinie teleportiert, weiß ich natürlich nicht. Wir haben zwar besprochen, wie man allgemeine Herausforderungen wie einen Tierarztbesuch meistert, aber auf die Frage, welche spezifischen Aufgaben Sie zum Schwitzen bringen, können nur Sie antworten. Ist es das Krallenschneiden? Das Tablettengeben? Dass Sie zehn Stunden am Tag außer Haus verbringen? Das Futterumstellen? Was auch immer es ist, Ihre Ziel ist es, diese spezielle Aufgabe ruhig und entspannt anzugehen und selbst dann kompetent und zuversichtlich zu wirken, wenn sich Gegenwehr aufbaut.

Und so geht’s:

1. Definieren Sie Ihre Herausforderungslinien.
2. Überlegen Sie sich Methoden, um sich den Linien Schritt für Schritt zu nähern. Dazu gehört, online zu recherchieren, aber auch, das Wissen und die Erfahrung von örtlichen Tierprofis anzuzapfen – Tierärzte, deren Personal, Tierpfleger oder Tiersitter können Ihnen bei den W-Fragen eine wertvolle Hilfe sein.
3. Methoden gibt es viele: Suchen Sie sich die heraus, die zu Ihnen passen. Es gibt zum Beispiel zahllose Arten von Krallenscheren, wobei ich eine ganz normale Nagelschere benutze und damit so gut zurechtkomme, dass meine Ängste wie von selbst verschwinden, wenn ich nach ihr greife.
4. Benutzen Sie die Feueralarm-Methode, die ich Ihnen in Kapitel 10 vorgestellt habe. Je öfter Sie den Prozess in Ihrem Kopf durchspielen, bevor Sie sich Ihrer Katze nähern – indem Sie überlegen, was alles schiefgehen könnte, sodass Sie nichts mehr überraschen kann –, desto leichter werden Sie mit dem Stress umgehen können, wenn es tatsächlich zu einem Zwischenfall kommt.
5. Gehen Sie kurz in sich, bevor Sie sich Ihrer Katze nähern. Spielen Sie das Feueralarm-Szenario noch einmal in Ihrem Kopf durch, atmen Sie mehrmals tief ein und aus, überlegen Sie, wo Ihre Verspannungen sitzen, und lockern Sie sich.

Wenn Sie Mary Poppins beste Eigenschaften kombinieren – was Sie tun und wie Sie es tun –, verwandeln Sie ein einst notwendiges Übel in eine weitere mojofizierende Interaktion, die Sie mit Ihrer Katze teilen und gleich einem musikalischen Mantra widerhallt: Ein Löffelchen voll Zucker bittre Medizin versüßt. Jetzt können Sie an Ihrer Katze vorbeilaufen, sich kurz zu ihr runterbeugen, als wollten Sie sie streicheln, und ihr die Tablette einfach geben. Das ist pure Magie.

Ihre Katze wird ihr blaues Wunder erleben …

Belohnen, oder lieber nicht?

Eine andere, sehr individuelle Komponente in diesem Prozess ist die Belohnung. Sie möchten ihr ein Jackpot!-Leckerli nach der Tablette geben dürfen? Nur zu, wenn das Teil Ihrer Feueralarm-Übung ist. Tun Sie, was auch immer nötig ist, damit Sie sich bei diesen Aufgaben so ungezwungen wie möglich fühlen. Wie oft ich meine Katzen in solchen Fällen belohnt habe? Noch nie. Mich stresst der Gedanke, sie für Kleinigkeiten zu belohnen, da ich das Gefühl habe, dass ich Aktionen wie diese sonst mit zu viel Bedeutung auflade. Meine Erfahrung hat mich gelehrt, dass je natürlicher wir den Feueralarm umsetzen, desto weniger eine Belohnung notwendig wird.

Meiner Meinung nach besteht eine direkte Verbindung zwischen der Spannung kurz vor der Handlung (diesem „Okay, Baby, das ist alles GAR kein Problem.“) und der Bedeutung, die wir ihr im Anschluss beimessen. Und je größer die Belohnung, desto größer erscheint die Handlung, wobei kleine, alltägliche Handlungen kleine oder keine Belohnungen verlangen sollten.

Aber letzten Endes geht um Ihre Herausforderungslinie und um Ihren Prozess. Wichtig ist für mich nur, dass Sie sich genau überlegen, wie Ihre Strategie aussehen soll, und wenn sie Ihnen und Ihrer Katze hilft, die Linie zu überschreiten, will ich der Letzte sein, der meckert.

Mojo fürs Leben: Ein Löffelchen Zucker für das Kätzchen

Wenn Sie ein Kätzchen haben, können alle „unangenehmen“ Handlungen zu Chancen werden, denn wenn sie jetzt eine Tablette braucht, wird sie später wahrscheinlich auch eine brauchen. Wenn Sie jedoch versuchen, sie in sie hineinzustopfen, indem Sie sie am Schlafittchen packen oder sich auf sie setzen, wird das wie ein Boomerang zurückkommen, da sie mit jeder Tablette, die Sie ihr einzuflößen versuchen, stärker gegen Sie ankämpfen wird. Versuchen Sie daher, ruhig und konzentriert zu bleiben. Wenn wir etwas tun müssen, von dem wir wissen, dass unsere Katze es nicht mag, tendieren wir dazu, mit übertriebenem Eifer an die Sache heranzugehen, oder es gar nicht erst zu versuchen. Damit ist aber niemandem geholfen …

KATZEN DRINNEN HALTEN

Wenn es ein Thema gibt, bei dem sich alle in die Haare kriegen (und damit meine ich uns Menschen), dann bei der Frage, ob wir Katzen nach draußen lassen sollten. Die „Drinnen-oder-Draußen-Debatte“ hat mit der Vorstellung von Qualität versus Quantität zu tun – dass es das Mojo unserer Katzen fördert, wie einst in der freien Wildbahn umherzustreifen, dass sie es lieben, draußen zu sein und dass es wider ihrer Natur ist, ihren Radius einzuschränken. Gleichzeitig lauern draußen natürlich viel mehr Gefahren auf sie, die sie unter Umständen sogar das Leben kosten können.

Fairerweise haben beide Parteien gute Argumente. Sind Katzen von Natur aus glücklicher, wenn sie nach draußen dürfen? Ich glaube, schon. Ist es manchmal schwierig, JFTF-Einheiten in der Wohnung zu simulieren, die auch die Ur-Katze zufriedenstellen würden? Natürlich. Manche Katzen müssen sogar draußen sein und sind unglücklich, wenn wir es ihnen verweigern. Gleichzeitig lauern draußen zahllose Gefahren auf sie, von denen manche tödlich enden. Sie können sich bei Raufereien mit anderen Katzen aus der Nachbarschaft mit dem Feline Immundefizienz-Virus (FIV) anstecken, sind den üblichen Verdächtigen wie Autos, Menschen und Raubtieren (geflügelten wie vierbeinigen) ausgeliefert ... da draußen kann es ziemlich ruppig zugehen.

Auf wessen Seite ich mich schlagen würde? Ich glaube, dass Katzen drinnen gehalten werden sollten und dass es keinen Sinn macht, von Qualität versus Quantität zu sprechen. Ein empfundener Qualitätsverlust lässt sich zum Beispiel ausgleichen, indem wir uns mehr mit unseren Katzen beschäftigen, und ganz ehrlich? Mein persönliches Erziehungsmodel sieht nun einmal vor, dass ich meine Katzen so lange wie möglich um mich habe. Ob sie lieber draußen wären? Keine Frage, aber ich wäre als Teenager auch viel lieber mit der U-Bahn durch New York gebrettert und musste trotzdem zuhause bleiben.

Aber letzten Endes ist es (wie immer) Ihre Entscheidung, ob Sie Ihre Katze nach draußen lassen oder lieber drinnen behalten. Falls Sie jedoch dazu tendieren, ihr den Freigang zu ermöglichen, sollten Sie folgende Aspekte beachten, um Ihre Katzen zu schützen:

Außengehege – das Nonplusultra: Außengehege sind Orte, die Sie für Ihre Katzen einrichten können (und mit ihnen teilen können), indem Sie beispielsweise Ihre Terrasse eingittern oder im Garten ein freistehendes Gehege bauen, mit tollen vertikalen Orten, Holz zum Kratzen, Katzengras – und sogar natürlichen Jagdmöglichkeiten, da immer wieder kleine Tierchen durch das Gehege krabbeln werden.

Geschirrtraining: Nicht nur Hunde lieben die freie Natur. Wenn Ihre Katze Ihnen zu verstehen gibt, dass sie wirklich, *wirklich* nach draußen will (und nicht *Sie* glauben, dass es ihr gut tun würde), können Sie sie an ein Geschirr und eine Leine gewöhnen und ihre Lebensqualität steigern, indem Sie gemeinsam die Gegend erkunden.

Fensterboxen: Wenn Sie ihr aus zeitlichen Gründen oder weil Sie in einer Wohnung wohnen kein Gehege einrichten können, oder weil Sie festgestellt haben, dass sie doch nicht so dringend nach draußen möchte (weil Sie Spaziergänge an der Leine trainiert haben, sie aber kein wirkliches Interesse gezeigt hat), können Sie alle möglichen Fensterboxen installieren, damit sie zumindest die schöne Aussicht genießen kann. Eine Fensterbox kann wunderbar sein, um abzuhängen oder beim Katzen-TV in der ersten Reihe zu sitzen.

Den Hinterhof/Garten abgittern: Es gibt viele Firmen, die Ihnen dabei helfen können, Ihren Hinterhof oder Garten vollständig oder in Teilen einzugittern. Sie können auch Aufsätze auf existierende Zäune montieren oder ein freistehendes Gehege besorgen. Hauptsache, Ihre Katze kann nicht raus, und natürlich niemand rein.

Wollen Sie sie immer noch frei laufen lassen? Dann sollten Sie auf jeden Fall folgende grundlegende Regeln berücksichtigen:

Freigängerkatzen: die Grundregeln

- Bitte sorgen Sie dafür, dass Ihre Katzen gechippt sind sowie eine Marke mit Ihrer Nummer und ein Sicherheitshalsband tragen.
- Stellen Sie sicher, dass Sie alle Impfungen haben.
- Lassen Sie Ihre Katze nur nach draußen, wenn Sie zuhause sind, damit Sie im Notfall für Sie da sein können, wenn Sie zurückkommt.
- Holen Sie Ihre Katze wieder rein, wenn es dunkel wird.
- Hören Sie auf, ihr Futter zur freien Verfügung hin zustellen. Füttern Sie zu festen Uhrzeiten, damit Sie zu diesen Zeiten zurückkommt. Auf diese Weise können Sie ihr Kommen und Gehen beeinflussen.
- Machen Sie tolle Fotos von Ihrer Katze, in Schwarz-Weiß, Farbe und aus allen Winkeln, damit Sie Flyer verteilen können, falls Sie verloren geht.

- Achten Sie darauf, wie Ihre Katze auf andere Katzen wirken könnte. Wenn neben Ihnen eine Napoleon-Katze wohnt und Ihre Katze ihr Geschäft ständig in deren Garten verrichtet, könnte es sein, dass dem kleinen Napoleon die Hutschnur platzt und er das ganze Haus vollpinkelt. In einem solchen Fall sollten Sie als guter Nachbar Ihre Katze an der Leine spazieren führen oder drinnen behalten.

DIE LETZTE HÜRDE: SICH IN WÜRDE VERABSCHIEDEN

Vor ein paar Jahren hatte ich ein Engagement in Milwaukee, und zwar im Pabst Theater, der ein magischer Ort für mich ist. Der Abend ist mir aus verschiedenen Gründen unvergessen geblieben. Ich trat vor vollem Haus auf und die Stimmung war, anders kann ich es nicht beschreiben, berauschend. Die meisten Performer erleben in ihrer Karriere meist nur eine Handvoll solcher Momente, in denen Sie sich so mit ihrem Publikum verbunden fühlen, dass alle Grenzen verschwimmen. Für mich war dieser Abend in Milwaukee ein solcher Moment. Unsere Liebe zu unseren Katzen schweißte uns zusammen, wir genossen diese innige Beziehung und machten daraus eine zweistündige, 1200 Menschen vereinende Familienfeier.

Mein Publikum und ich spielten uns die Bälle zu, und am Ende des Abends stürzte ich mich in meine traditionelle Frage-Antwort-Runde. Im Mittelgang wurde ein Mikrofon aufgestellt und mit einem Spot ausgeleuchtet. Schnell hatte sich eine lange Schlange gebildet, die den Gang hinunter bis zu den Türen reichte. Nachdem ich einige Fragen beantwortet hatte (die meisten drehten sich natürlich um das kleine und große Geschäft), stellte sich ein kleines Mädchen ans Mikro, das etwa zehn Jahre alt war und so klein, dass sie fast dahinter verschwand. Es war offensichtlich, dass sie schüchtern war und sich vor all den Leuten unwohl fühlte. Ich dachte, dass was auch immer sie mich gleich fragen würde, es sehr wichtig sein musste, da ihre Körpersprache eindeutig zu verstehen gab, dass sie jetzt überall lieber wäre als hier, vor diesem Mikro und unter diesem Spot, um durch die Dunkelheit zu mir auf die Bühne zu schauen.

Ich weiß auch noch, dass die Frage davor und meine Antwort für lautes Gelächter gesorgt hatten, das immer noch nachhallte, doch als das Mädchen nach vorne trat, wurde es sehr still im Raum.

Sie scharrte leicht mit den Füßen, als sie ihre Frage stellte, jedoch so leise, dass ich sie nicht verstehen konnte. Als ich sie bat, lauter zu sprechen, sagte sie:

„Jackson, ich habe meine Katze, seit ich auf der Welt bin. Sie ist 15 Jahre alt, meine beste Freundin und es geht ihr nicht gut. Ich weiß, dass sie unglücklich ist und Angst hat. Wann ist der richtige Zeitpunkt, sie gehen zu lassen?“

Danach wurde es wirklich, wirklich still im Raum. Der Mumm dieses kleinen Mädchens verschlug mir den Atem. Es war ihr so wichtig, herauszufinden, wie sie ihrer Freundin und sich durch die schwerste Zeit in ihrer beider Leben helfen konnte, dass sie sich nicht nur mir, einem Fremden, sondern auch 1200 anderen Fremden ausgeliefert hatte. Ihr Edelmut trieb mir die Tränen in die Augen, aber ich riss mich zusammen, um ihr die Stärke zu geben, die sie jetzt brauchte. Die nächsten zehn Minuten gehörten uns allein – und der Wahrheit, die ich ihr schuldig war.

An diesen Punkt mussten wir doch kommen, oder? Alle, die schon einmal ihr Leben mit einem Tier geteilt haben, wissen, wie es ist, dieses Mädchen zu sein, das alleine in einer riesigen Leere steht und dem Universum folgende Frage stellt: „Wann ist der richtige Zeitpunkt?"

Wann ist die Zeit gekommen, seinem geliebten Begleiter Lebewohl zu sagen?

Diese Frage zielt auf unseren Teil der Abmachung ab, weil wir die Chance haben, Barmherzigkeit zeigen, wenn sie sie am dringendsten bedürfen, indem wir uns daran erinnern, dass der Gedanke der Sterbehilfe, der Euthanasie, wohl am ehesten in der wörtlichen Übersetzung aus dem Griechischen zum Tragen kommt: gutes Sterben.

Meine Einstellung zu diesem Thema beruht, wie die vieler anderen auch, auf der Summe meiner Erfahrungen. Ich habe fast zehn Jahre in einem Tierheim gearbeitet, und versuche, so gut ich kann Teil dieser Welt zu bleiben. Entsprechend bin ich mit der Realität der Euthanasie sehr vertraut.

In dem Tierheim, in dem ich arbeitete, boten wir Hütern an, ihre Tiere einzuschläfern, wenn die Zeit gekommen war. Manche wollten dabei nicht anwesend sein, die meisten aber schon, um für ihre Tiere bis zum Ende da zu sein, was wir auch sehr unterstützten. Trotzdem habe ich mehr unschöne Erinnerungen an diese spezielle Herausforderungslinie, als ich mir wünsche. Die Einzelheiten möchte ich Ihnen ersparen, aber lassen Sie mich Ihnen zumindest sagen, dass mein Job – den Tieren in ihren letzten Stunden Trost zu spenden und sie auf ihrem letzten Gang zu begleiten –mitunter einen bitteren Nachgeschmack hinterließ. Manchmal lieben Hüter ihre Tiere so sehr und haben eine solche Angst davor, sie zu verlieren, dass sie wie erstarrt sind und es nicht ertragen, ihre Freunde vor ihren Augen sterben zu sehen, und manchmal verlängern sie das Leid ihrer Gefährten sogar, weil sie es nicht über sich bringen, diese schreckliche Herausforderungslinie zu überschreiten. Das Ergebnis ist jedoch immer dasselbe: ein Fremder muss einspringen und den Tieren liebevoll beistehen, weil ihre Hüter dazu einfach nicht mehr in der Lage sind.

Diese traurige Ironie, die ich so oft erlebt hatte, bestärkte mich an diesem Abend in Milwaukee, dem kleinen Mädchen vor dem Mikro entschlossen zu antworten:

Nie an ihrem schlimmsten Tag.

Das ist hart, ich weiß, und ein schmaler Grat, aber dieser Rat hat mir über die Jahre sehr geholfen, mich von geliebten Gefährten zu verabschieden und vielen Menschen durch diese schwierige Phase zu helfen. Hinterfragen Sie ihn jedoch nicht zu sehr, sondern nutzen Sie ihn, um die Kontrolle zu behalten und sachlich eine der schwierigsten Entscheidungen zu treffen, die sie je treffen mussten.

Mit diesem Rat sammle ich mich, als würde ich ein Gummiband um mein Handgelenk zurückschnappen lassen.

SCHNAPP – Es geht nicht um mich.

SCHNAPP – Es geht nicht um meine Schmerzen oder mein Leid.

SCHNAPP – Es geht nicht um meine Verzweiflung, die ich noch lange nach dem Verlust meines besten Freundes verspüren werde.

Es geht um sie.

Was diese letzte Entscheidung so schwer macht, ist nicht unbedingt ihre Endgültigkeit, sondern eher, dass „der schlimmste Tag“ subjektiver ist, als es den Anschein hat. Für mich geht es dabei nicht nur um den physischen Zerfall, den Körper, der abschaltet, sondern darum, diese schwierigen letzten Momente gemeinsam durchzustehen und hinzuhören. Ob das heißt, dass Ihre Katze Ihnen mitteilt, wenn sie so weit ist? Diese Erfahrung habe ich zumindest gemacht. Vielleicht sieht oder hört es sich nicht so an, wie Sie es sich vorstellen, weil Sie, wie in jeder engen Beziehung, eine eigene Sprache entwickelt haben, doch in Momenten wie diesen findet meist nur noch eine stumme Kommunikation statt, die eher zu erahnen als zu hören ist.

Seien Sie also präsent. Das geht aber nur, wenn Sie Ihre Trauer, Ihre Bedürfnisse und Ängste zur Seite schieben.

Ich erreiche diesen Punkt, indem ich mir sage, dass wir alle nur auf der Durchreise sind, wie Geisteswesen, die für kurze Zeit eine physische Form angenommen haben. Zum Prozess des Loslassens gehört, seine Gefährten an den nächsten Ort zu führen, und wenn ich über die Bedeutung von „nie an ihrem schlimmsten Tag" nachdenke, dann denke ich auch an ihren Übergang, ihre Verwandlung, weil ich mir wünsche, dass ihre letzte Erinnerung an diesen Moment auf Erden voller Liebe ist, und Licht, und nicht voller Schmerzen und Leid. Ich glaube auch, dass wir emotional loslassen müssen, damit unsere Katzen spüren, dass sie diese Verwandlung „vollziehen" dürfen. Wenn Sie jedoch das Gefühl haben, dass Sie noch an ihr festhalten, halten sie vielleicht auch länger am Leben fest, als gut für sie wäre. Und das bedeutet, dass Sie später weinen, in einem anderen Raum, und dort alle anderen Gefühle zum Ausdruck bringen, die in ihnen toben und ihr in diesem Moment nicht helfen werden.

Damit will ich keinesfalls sagen, dass wir nicht um das Leben unserer Katze kämpfen oder medizinische Hilfe in Anspruch nehmen sollen. Aber kein Arzt, Freund oder Familienmitglied weiß besser über Ihre Katze und ihre physische und psychische Situation Bescheid, als Sie, und letzten Endes müssen Sie die Entscheidung treffen und ihr beistehen. Das gehört eben dazu, wenn man zum Hüter eines Tieres wird, das uns im Gegenzug seine bedingungslose Liebe schenkt.

Vergessen Sie dabei aber nicht, dass wir uns im Verlauf dieses Buches einen Werkzeugkasten zusammengestellt haben, einen wunderbaren, herzförmigen Kasten mit allen Werkzeugen, die wir brauchen. Also benutzen Sie ihn, seien Sie achtsam und bewahren Sie sich Ihre Empathie, damit Sie nicht an diesen endlosen, quälenden inneren Monologen (oder Auseinandersetzungen) zerbrechen – und lassen Sie sich auf diesen letzten friedlichen, lichterfüllten Moment mit ihrer geliebten Katze ein.

Ich weiss, dass das Thema schwierig ist, aber schließlich geht es darum, innezuhalten und alles zu untersuchen und zu hinterfragen, was wir über unsere Gefährten zu wissen glauben. In diesem Teil haben wir uns unseren ultimativen Herausforderungslinien gestellt und furchtlos einen Schritt vor den anderen gesetzt, um jede einzelne zu überschreiten. Und nachdem wir tief Luft geholt, unsere Liebe beteuert und unseren Werkzeugkasten sowie die einzelnen Werkzeuge darin auf ihre Qualität überprüft haben, sind wir endlich bereit, alles in die Waagschale zu werfen, was wir gelernt haben, und alle gängigen Katzenprobleme zu lösen, die sich uns in den Weg stellen könnten.

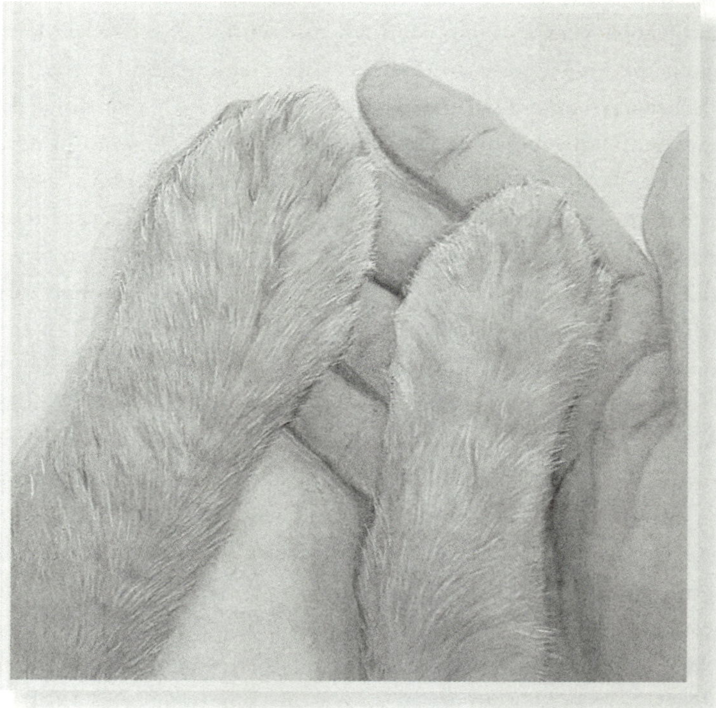

TEIL

VIER

Das Katzen-Mojo-Kochbuch – Katzen-Daddys Anleitung zur Stärkung fragiler Katzenseelen

13

Wenn exzessives Kratzen zum Problem wird

KATZEN-DADDY-REZEPT NR. 1 – DER MOJO KRATZMEISTER

Das Problem:

Die Ecke Ihres Sofas hat sich in ein zerschlissenes Kunstwerk verwandelt, Ihre teure Matratze sieht aus, als hätten Sie sie mit 120 km/h über eine Schotterpiste hinter sich hergezogen, die Beine Ihres Lieblingscouchtischs muten wie die Zahnstocher eines Dinosauriers an ... und langsam haben Sie die Faxen dicke! Kurz gesagt, Ihre Katze kratzt überall, nur nicht an ihrem wunderschönen Kratzbaum, der weiterhin unberührt in der Ecke steht.

Die Realität:

Impulse lassen sich nicht unterdrücken. Wie in Teil 2 besprochen, *müssen* Katzen kratzen. Außerdem *möchten* Sie, dass sie kratzen – nicht nur, weil es ihnen ein körperliches Bedürfnis ist, sondern weil es sie mojofiziert. Kratzen steht für selbstsicheres Markieren des Territoriums, während unsicheres Markieren zu Urinflecken am Sofa führt. Sie können jedoch diesen Impuls neu ausrichten, damit das Kratzen für Sie und Ihre Familie nicht mehr ganz so problematisch ist.

Katzen-Daddy-Lösungen:

Probleme, die mit Kratzen zu tun haben, lassen sich für gewöhnlich mit der Nein/Ja-Technik ganz gut kontrollieren, die ich in Kapitel 9 vorgestellt habe. In diesem Fall sagen wir „Nein" zum Kratzen an unseren Möbeln und „Ja" zum Kratzen an Kratzbäumen/-gelegenheiten. Und so könnte das ablaufen:

1. **Werden Sie zum Detektiv und analysieren Sie ihre Kratztechnik:** Stellen Sie zunächst sicher, dass der Kratzbaum, den Sie im Sinn haben, der speziellen Kratztechnik Ihrer Katze entspricht. Ein weiterer Grund, weswegen Katzen ihrem aktuellen Kratzbaum keine Beachtung schenken, könnte die Oberfläche sein, weswegen ihnen das Sofa mehr zusagt. Behaupten wir also um der folgenden Argumentation willen, dass Ihr Sofa am meisten abbekommt ...
   - Wie robust ist Ihr Sofa? Kann es sein, dass es sich, wenn sich Ihre Katze nach oben streckt und nach unten zieht – und dabei ihre Brustmuskulatur dehnt und ihre Krallen zur Pflege wetzt –, keinen Millimeter bewegt? Dann könnte die Robustheit des Sofas der Hauptgrund dafür sein, dass sie es dem Kratzbaum vorzieht.
   - Werfen Sie einen Blick auf die Beschaffenheit und den Stoff. Unterscheidet es sich in diesen Punkten deutlich von Ihrem Kratzbaum? Falls ja, sollten Sie einen neuen Kratzbaum besorgen, der mehr Übereinstimmungen mit ihrem Sofa aufweist.
2. **Halten Sie sie vom Kratzen ab:** Da das Prinzip der Nein/Ja-Technik auf ein „Nein" vor dem „Ja" beruht, ist es in Ordnung, wenn Sie Ihrer Katze verbieten, am Sofa zu kratzen. Was ich an diesem Ansatz besonders mag, ist, dass nicht Sie „Nein" sagen, sondern die Umgebung, die Sie insofern „manipulieren", dass Ihre Katze kein Vergnügen mehr daran empfindet, an besagten Stelle zu kratzen. Sie können zum Beispiel doppelseitiges Klebeband verwenden, um sie vom Kratzen abzuhalten, Alufolie, transparente Folien oder glatte, seidenartige Stoffe funktionieren zur *temporären* Abschreckung aber auch. Die meisten

Kunden reagieren auf diese Vorschläge oft geschockt, weil Sie glauben, dass damit der Prozess abgeschlossen ist, aber das „Nein" ist nur eine erste, temporäre Maßnahme, auf die wir ein genauso starkes „Ja" folgen lassen. Und sobald Sie das „Ja!" durchgesetzt haben, können Sie *langsam* anfangen, das „Nein!" zu entfernen.

3. **Überlegen Sie sich, wo der Kratzbaum stehen soll:** Stellen Sie zunächst das „Ja" (den Kratzbaum) in die unmittelbare Nähe des „Nein" (des Möbels, an dem sie kratzen), was zweifellos dort sein wird, wo *Sie* viel Zeit verbringen. Deswegen fallen ja auch meistens Sofas und Betten den Krallen zum Opfer – weil Ihr Geruch dort am stärksten ist. Auf diese Weise vermischen Katzen ihren Geruch mit dem ihres Hüters und stellen einen gleichwertigen Besitzanspruch an, indem Sie den Ort oder das Möbel visuell und olfaktorisch Markieren.
4. **Besorgen Sie einen adäquaten Kratzbaum:** Jetzt zum „Ja", dem richtigen Kratzbaum, der wie gesagt so beschaffen sein sollte, dass Ihre Katze gerne daran kratzt. Zurück zum Sofa:
   - In diesem Fall brauchen Sie einen Kratzbaum, der groß ist und eine breite Basis hat, um der Kratztechnik Ihrer Katze Rechnung zu tragen (sprich er muss robust und aus einem ähnlichen Material wie das Sofa sein). Und genau da liegt das Problem von vielen freistehenden Kratzbäumen: sie wackeln schnell und sind meist gerade groß genug für ein Kätzchen. Finden Sie also vor dem Kauf heraus, wie weit sich Ihre Katze nach oben strecken kann, rechnen Sie 15 bis 25 Zentimeter dazu, und achten Sie darauf, dass die Bodenplatte mindestens 50 × 50 Zentimeter beträgt.
   - Wenn Sie die Möglichkeit haben, die Bodenplatte unter das Sofa oder einen der Füße zu schieben, damit der Stamm nicht wackelt, wird der Kratzbaum schnell zum einen adäquaten Ersatz, der nah genug an Ihrem Sofa (und Ihnen) dran ist und wunderbare Möglichkeiten zum Kratzen bietet.
5. **Ermutigen Sie Ihre Katze:** Bringen Sie sie mit einem Spielzeug, Katzenminze oder einem Leckerli dazu, den Kratzbaum zu nutzen. Aber

egal, was Sie tun, zwingen Sie sie nicht. Wenn Sie sie zum Kratzbaum schleppen oder ihre Pfoten gegen den Stamm drücken, erreichen Sie ganz sicher das Gegenteil!

Hier noch ein kleiner Tipp, der bei mir ganz gut funktioniert, um Katzen an den Kratzbaum zu locken: Statt Katzenminze an den Stamm zu reiben, was viele machen, reibe ich lieber meinen Geruch mit einem T-Shirt oder Handtuch an den Stamm, und liefere den Katzen etwas, das sie wollen: ihren Geruch mit dem ihres Hüters zu vermischen.

6. **Positive Verstärkung:** Loben Sie Ihre Katze und geben Sie ihr Leckerli, wenn sie den Kratzbaum benutzt. Benutzen Sie auch Ihre Jackpot!-Leckerli – aber nur zu Beginn und bis die Assoziation klar ist.

Anmerkung vom Chef

A. Werfen Sie noch einmal einen Blick in Kapitel 8 für weiterführende Informationen zum Thema Kratzen und Kratzbäume.

B. Falls Sie tatsächlich ein ästhetisches Problem mit Kratzbäumen haben, können Sie auch selbst kreativ werden und sich überlegen, wie Sie sie besser integrieren. Keine Ausreden! (Inspiration finden Sie zum Beispiel in meinem Buch „Catify to Satisfy“, zu dem Katzenhüter wie Sie eine Fülle an Ideen beigesteuert haben.)

C. Kürzen Sie regelmäßig die Krallen Ihrer Katze.

UND NOCH EIN paar Kleinigkeiten:

Wie sieht es mit dem Kneten aus?

Ich bin kein Fan davon, Katzen vom Kneten abzuhalten. Es zeugt von Liebe und Vertrauen und kommt von Herzen. Das Kneten – man spricht auch von „massieren“, „treteln“ oder dem „Milchtritt“ – beginnt schon früh nach der Geburt, da Kätzchen damit den Milchfluss der Mutter anregen. Die Ur-Katze lässt grüßen! Falls es Sie stört, dass Ihre Katze dabei genüsslich ihre Krallen ausfährt und in Ihre Beine versenkt, können Sie sich einfach eine weiche Decke auf den Schoß legen.

Sind Krallenkappen eine Lösung?

Für mich sind Krallenkappen der letzte Ausweg. Benutzen Sie sie nur, wenn es nicht mehr anders geht. Die Krallen werden Sie aber trotzdem stutzen müssen, und es ist nicht nur schwer, die Kappen anzupassen, sie fallen auch ab, wenn die Krallen nachwachsen. Bieten Sie Ihrer kleinen Ur-Katze lieber ausreichend Kratzmöglichkeiten, damit sie ihren Territorialanspruch geltend machen kann, statt sie vom Kratzen abzuhalten.

Darf ich meine Katze entkrallen, um das Gekratze zu beenden?

Auf keinen Fall! Niemals, und unter keinen Umständen! Und hier erfahren Sie, warum:

Entkrallen: Lassen Sie es!

Wie lieben unsere Katzen. Wir teilen unser Bett mit ihnen, haben Fotos von ihnen auf dem Handy, weinen, wenn sie krank sind, und trauern, wenn sie sterben. Trotzdem entscheiden sich in den Vereinigten Staaten immer noch 25 Prozent dafür, ihre Katzen zu entkrallen. Falls Sie sich nicht sicher sind, was das bedeutet: Entkrallen ist die grausame Amputation der letzten Glieder der Pfote per Skalpell oder Laser. Lassen Sie es!

- Katzen leiden schreckliche Schmerzen, wenn sie entkrallt werden, und das sowohl kurz nach der Operation (die auch gerne dazu genutzt wird, um Schmerzmedikamente zu testen) als auch danach in Form von chronischen Schmerzen.
- Entkrallte Katzen sind in ihrem natürlichen Verhalten eingeschränkt: sie können ihr Territorium nicht mehr richtig markieren, ihre Rückenmuskulatur nicht mehr dehnen, nicht mehr klettern, um sich in Sicherheit zu bringen, und empfinden auch keinen Genuss mehr an liebevollen Handlungen wie Kneten.

- Wenn Katzen die Zehen amputiert werden, können Sie nicht mehr auf ihren Zehen gehen, wie sie es normalerweise würden, und kann zu gesundheitlichen Risiken wie Lahmheit, Arthritis etc. führen (stellen Sie sich einfach vor, Sie müssten Ihr Leben lang durch die Gegend humpeln).
- Im Rahmen einer Studie der Tufts University, die im „Journal of Feline Medicine and Surgery" erschienen ist, wurden 139 entkrallte Katzen untersucht. Bei über der Hälfte konnte nachgewiesen werden, dass die Operationen schlampig ausgeführt worden waren und die Katzen dauerhaft Schmerzen litten, weil Knochensplitter in den Pfoten zurückgeblieben waren. Zudem litten die Katzen häufiger an Rückenschmerzen, erledigten ihr Geschäft häufiger außerhalb des Katzenklos und zeigten sich häufiger aggressiv als die Kontrollgruppe mit Krallen.
- Tatsache ist, dass Entkrallungen einzig und allein unserer Bequemlichkeit dienen – wir verkrüppeln also lieber ein *Lebewesen,* als zuzusehen, wie es unser Sofa zerkratzt. Das ist doch verrückt! Wenn man sich dazu entschieden hat, ein Tier in sein Heim aufzunehmen, muss man doch zu Kompromissen bereit sein. Trotzdem werden viele Katzen entkrallt, bevor sie noch die Chance bekommen, zu lernen, sich an einem geeigneten Kratzbaum auszutoben.

Keine Katze würde sich jemals dafür entscheiden, entkrallt zu werden. Katzen brauchen und nutzen ihre Krallen für zahlreiche Dinge: zum Dehnen, Markieren und Spielen, um sich zu schützen, zu jagen – und um mit jeder Handlung ihr Mojo zu bestärken!

Wenn es bereits geschehen ist …

Wahrscheinlich haben einige von Ihnen in der Vergangenheit schon mal eine Katze entkrallen lassen. Ich weiß ja, dass man das leider in einigen US-Bundesstaaten ganz einfach machen kann und dass man zum Teil sogar dazu ermutigt wird. Ich kann das auch jedem verzeihen, der bereit ist, an sich zu arbeiten und das seinen Kätzchen nie wieder antun wird. Das ist Ihre Chance, dem Kampf beizutreten und dafür zu sorgen, dass diese grausame Prozedur schon bald der Vergangenheit angehört. Sagen Sie Ihrer Familie, ihren Freunden und Nachbarn, was Entrallen wirklich bedeutet – und sagen Sie es auch Ihrem Tierarzt!

14

Wenn Ihre Katzen sich nicht verstehen

Wenn Katzen nicht miteinander können, ist das Schlimmste, was Sie tun können, sie das „unter sich" klären zu lassen oder gar die Streithähne aufeinandertreffen zu lassen, vor allem, wenn Sie nicht zu Hause sind. Das wäre, als würde man den Insassen die Kontrolle über das Irrenhaus überlassen! Machen Sie sich nichts vor: Wenn die beiden das unter sich klären könnten, hätten sie das schon längst getan. Tatsache ist aber, dass sich die Situation mit jedem Tag weiter zuspitzt und dass es Ihre Aufgabe ist, die Kontrolle zu übernehmen und auf ihre Bedürfnisse einzugehen, um ihnen einen gleichwertigen Territorialanspruch zu ermöglichen.

KATZEN-DADDY-REZEPT NR. 2 – **DER BEZIEHUNGSRETTER**

Das Problem:

Wenn Sie das Buch aufgeschlagen und direkt zu diesem Kapitel geblättert haben, dann schätze ich, dass Sie hier und da bereits etwas Pipi und Kacka gefunden haben, vielleicht das ein oder andere Haarbüschel, und an ganz unerwarteten Orten sogar Blut – und dass Sie Ihre Katzen aus Angst, dass sie sich umbringen könnten, getrennt halten.

Die Realität:

Jeder, der schon einmal mit Katzen zu tun hatte, die nicht miteinander können, weiß, wie stressig das ist, und zwar für uns wie für die Tiere. Meiner Erfahrung nach wird das Verhalten aber nicht besser, sondern immer unberechenbarer und kann eine Abwärtsspirale in Gang setzen, die wie ein Tornado der Stufe 5 alles mit sich reißt, was sich ihr in den Weg stellt. Falls ich das Szenario, das sich bei Ihnen abspielt, gerade auf den Punkt gebracht habe, dann, weil ich es es schon selbst erlebt habe – und Sie mein tiefstes Mitgefühl haben.

Das folgende Rezept hat in den meisten Fällen, mit denen ich über die Jahre zu tun hatte, wahre Wunder gewirkt. Es gibt zwar einige Variable, auf die ich auch noch eingehen werde, aber für den Anfang sollten folgende Schritte genügen, um unsere kleinen Streithähne wieder auf den richtigen Weg zu bringen.

Die Schritte:

1. **Ortstausch (siehe Seite 190):** Als der chinesische Philosoph Laotse „Auch der längste Marsch beginnt mit einem Schritt" sagte, meinte er damit sicher nicht langwierige Katzenprobleme – auch wenn der Satz passt wie die Faust aufs Auge. Versuchen Sie in einem ersten Schritt, die Kontrolle über die Situation zurückzugewinnen, indem Sie die Katzen trennen und sie erst zum Ende dieses Rezepts wieder zusammenführen. Doch fürs Erste sollten sie nicht einmal Augenkontakt aufnehmen können und getrennt voneinander Zeit im Territorium des anderen verbringen, damit sie einen gemeinsamen Besitzanspruch an die Orte stellen können.
2. **Fütterung „auf beiden Seiten der Tür" (siehe Seite 217):** Dieses Ritual basiert auf den Herausforderungslinien auf beiden Seiten der Tür. Die Gegner riechen sich immer nur dann, wenn Futter im Spiel ist, und riechen Futter immer nur dann, wenn sie auch ihren Gegner riechen können. Friede entsteht durch positive Assoziierung und in

einer Geschwindigkeit, die davon abhängt, wie lange Ihre Katzen brauchen, um ihre Herausforderungslinien friedlich zu überschreiten.

3. **Fressen Spielen Liebe (siehe Seite 218):** Wenn wir es geschafft haben, unsere Katzen immer näher zur Tür zu bewegen, wird es Zeit für Fressen Spielen Liebe. Das Prinzip ist so einfach wie wichtig. Wir geben den Streithähnen genug Freiraum, um zur selben Zeit im selben Raum zu sein, und zwar ohne sie durch eine Tür, ein Gitter oder eine andere Barriere zu trennen, und vertrauen darauf, dass wir es schaffen, sie getrennt voneinander in spannende Aktivitäten zu verwickeln. FSL bietet eine Bandbreite an Strategien, um Ärger im Vorfeld aufzuspüren und zu verhindern. Am besten arbeitet man dabei zu zweit, da es so einfacher ist, beide Katzen zu beschäftigen.

Arbeiten Sie während der Schritte 1 bis 3 an folgenden Aspekten:

A. **Getrennte JFTF-Sitzungen (Jagen, Fangen, Töten, Fressen):** Wir möchten, dass beide Katzen ohne Ablenkung voll im Ur-Katzen-Mojo aufgehen. Nicht vergessen, das zweite F in JFTF steht für FRESSEN, was bedeutet, dass wir diese Sitzungen zu den Essenszeiten absolvieren, damit wir von Schritt 2, der Fütterung „auf beiden Seiten der Tür", profitieren können. Denken Sie auch daran, dass Katzen beim Spielen unterschiedliche Bedürfnisse haben, sprich Ihre Katzen könnten nach dem Essen so angestachelt sein, dass die letzte Spielrunde direkt danach stattfinden sollte. Wenn Sie das beachten, dürften die beiden relativ friedlich sein, wenn Sie sie einander erneut vorstellen, da sie ausreichend Energie ablassen konnten.

B. Katzifizierung: mehr Frieden durch mehr Platz: Achten Sie darauf, dass es Fluchtwege und sichere Durchgänge gibt und dass Sie tödliche Fallen wie Unterschlupfe und Hinterhalte aus dem Weg geräumt haben. Ebenso kann Durcheinander oder Unordnung eine Katze zum leichten Ziel für eine andere machen. Wenn Sie sie wieder zusammenführen, sollten die Räume möglichst übersichtlich sein, damit sie friedlich nebeneinander existieren können.

Der Mojo-Moment

Unser Mojo-Moment beim neuen Kennenlernen tritt dann ein, wenn der Weg zum Ziel wird und unsere FSL-Sitzungen jeden Tag ein bisschen länger dauern, bevor wir sie zu einem schönen Abschluss bringen, bis sie im selben Territorium fressen und darin umherwandern, ohne dass es zu Vorfällen kommt (und zwar nicht einmal im Ansatz) – und an dem Sie entscheiden, dass auch *Sie* sich jetzt mal wieder in Ruhe Ihr Abendbrot genehmigen. Plötzlich ist aus der Übung Alltag geworden. Herzlichen Glückwunsch, Sie haben das Gruppen-Mojo-Ziel erreicht!

Tipps vom Chef

Zeitlinie: Die Zeitlinie kann bei jedem Schritt stark variieren. Ein Teil Ihrer Aufgabe ist es, die Herausforderungslinien beider Katzen sowie die der Gemeinschaft im Auge zu behalten. Jeder Schritt für sich kann Tage oder Wochen beanspruchen, je nachdem, wie willig sich die Teilnehmer zeigen oder wie schwerwiegend die Probleme sind. Entscheidend ist, den nächsten Schritt erst zu gehen, wenn Sie sicher sein können, dass der aktuelle Schritt immer positiv verläuft.

Mit Rückschlägen umgehen: Egal, ob es sich um kleine wie Fauchen auf beiden Seiten der Tür oder große wie Kämpfe handelt, die während der FSL-Sitzung ausbrechen – legen Sie einfach den Rückwärtsgang bis zur zuletzt erfolgreich absolvierten Herausforderungslinie ein. Anders formuliert, gehen Sie immer nur *einen einzigen* Schritt zurück, nicht den ganzen Weg. Lassen Sie sich also nicht von einem einzigen Vorfall traumatisieren, sondern steigen Sie direkt wieder aufs Pferd und nehmen Sie die Dinge in die Hand. Gönnen Sie sich eine Minute, falls Sie erst Ihre (emotionalen oder realen) Wunden lecken müssen, und weiter geht's!

Positive Assoziierung: Zeigen Sie beiden Katzen immer und immer wieder, dass sie keine Bedrohung füreinander sind – weder physisch noch territorial. Solange wir während der Sitzung für eine positive Stimmung sorgen und diese Stimmung mit in die nächste Sitzung nehmen, wird aus der Stimmung Mojo – und wir haben es geschafft!

Bringen Sie Spielrunden immer zu einem schönen Abschluss: Wenn wir unsere Katzen „neu verkuppeln“ und für gute Stimmung sorgen wollen, sollten wir unbedingt verhindern, dass die Sitzung in einem Missklang endet. Ein schöner Abschluss ist übrigens, wenn nichts Besonderes vorgefallen ist. Das zu erkennen ist manchmal schwer, aber vertrauen Sie Ihrer Intuition. Das Motto lautet also: täglich herausfordern und täglich den Frieden wahren.

Verhindern Sie Kämpfe: Wie auf Seite 218 beschrieben, gehört es zu unseren größten Herausforderungen und wichtigsten Zielen, während der FSL-Sitzungen Kämpfe zu vermeiden. Das erreichen wir am besten, indem wir unsere Katzen ablenken und den Blickkontakt unterbinden. Anders formuliert, wir beenden das gefährliche „Niederstarren“, bevor es zur Katastrophe kommt. Kurz Blickkontakte dienen dem Austausch von Informationen, aber wenn Ihre Katzen plötzlich reglos verharren und zu starren beginnen, ist Gefahr im Verzug. **Lenken Sie sie daher ab, sobald Sie die ersten Anzeichen erkennen.** Bringen Sie Ihre Napoleonkatze dazu, den Kopf wegzudrehen, indem Sie ihr etwas Interessanteres anbieten, und vermitteln Sie so dem Mauerblümchen, dass es nicht mit Dresche enden muss, wenn der Tyrann in der Nähe ist.

WIE SIE BEZIEHUNGEN RETTEN

Wenn Katzen nicht miteinander klarkommen, gibt es vier übliche – und ziemlich eindeutige – Szenarien. Finden Sie heraus, welches davon auf Sie zutrifft, und folgen Sie meinen Anleitungen.

1) Täter und Opfer: Wenn Katzen mobben

Problem: Sie haben eine tyrannische Katze, die ständig auf ihrer anderen Katze (oder auf allen) herumhackt.

Die Realität: Katzen, die weglaufen, werden gejagt – ganz egal, ob die Gründe spielerischer oder territorialer Natur sind. Natürlich sollte man nicht dem Opfer die Schuld geben, aber es macht auch nicht unbedingt Sinn, dem Täter den schwarzen Peter zuzuschieben. Oft konzentrieren wir uns darauf, das Verhalten der Napoleonkatze (des Täters) zu verändern, was natürlich äußerst wichtig ist, um ihr zu zeigen, dass sie keinen Grund hat, alles für sich zu beanspruchen. Im Reich der Ur-Katze gilt jedoch: *Wer sich wie Beute verhält, wird wie Beute behandelt.* Wenn wir also diese Logik aushebeln wollen, sollten wir parallel dem Opfer mehr Selbstvertrauen einflößen, damit sich der Täter zwei Mal überlegt, ob sich ein Angriff wirklich lohnt.

Die Eckpunkte:

1. JFTF spielt in der Täter-Opfer-Beziehung eine tragende Rolle. Setzen Sie JFTF in getrennten Sitzungen ein, um den Täter zu erschöpfen und das Opfers zu ermutigen. Mit der Zeit dürfte das Opfer selbstsicherer werden, und wenn der Täter es voller Mojo herumspazieren sieht, wird er es nicht mehr wie Beute behandeln.
2. Katzifizierung: Wir haben auf Seite 184 gelernt, wie Jäger mit Katzenschach jede Bewegung ihrer Beute antizipieren. Um dem vorzubeugen, müssen wir das Selbstwertgefühl des Opfers steigern und das Bedürfnis der Napoleonkatze untergraben, das komplette Territorium für sich zu beanspruchen, indem wir es deutlich vergrößern. Das gelingt am besten, indem wir nachvollziehen, wie Mauerblümchen die Welt wahrnehmen. Scheue Katzen müssen ihr Mojo erst noch finden, und manche benötigen dafür eine erhöhte Komfortzone, zum Beispiel auf einem Regal, von dem aus die den anderen Katzen beim Spielen am Boden zusehen kann. Dieser Aussichtspunkt ermöglicht es dem Opfer, wie in Kapitel 8 beschrieben, seinen einstigen Peiniger aus einer komplett anderen Perspektive zu sehen – als jemanden, der frisst, spielt und einfach nur *da ist* –, ohne jeden Moment einen Angriff befürchten zu müssen.
3. Präventionsmaßnahmen: Zwar sollte unser Rezept bereits jetzt zum gewünschten Ergebnis führen, aber hier zur Sicherheit ein paar zusätzliche Tipps:

   - Ein Glöckchen am Halsband des Täters: Dieses Frühwarnsystem verhindert Angriffe durch Anschleichen.

- Mauerblümchen mit den „Scherenhänden“: Ich habe nichts dagegen, die Krallen von Mauerblümchen/Opfern lang zu lassen. Es ist viel Arbeit, sie dazu zu bringen, für sich selbst einzustehen, warum ihnen also nicht einen kleinen Vorteil lassen? Das wird Ihrer Napoleonkatze eine Lehre sein.

Was sagen uns Namen?

Napoleonkatze vs. Täter vs. Aufseherkatze vs. Alphakatze

Auf Seite 86 habe ich über die „Aufseherkatze“ gesprochen, die fälschlicherweise gerne als „Alphakatze“ bezeichnet wird (ein Begriff, den es bei mir nicht gibt). Die wahren Täter sind immer Napoleonkatzen – die das komplette Territorium für sich beanspruchen und sich aufblasen, weil sich darunter ein im Grunde zutiefst verunsichertes Wesen ohne Mojo verbirgt. Eine „Aufseherkatze“ ist dagegen eine Mojito-Katze, ein Anführer. Sie hat das Ruder fest in der Hand, bleibt dabei aber locker. Wenn sie zum Beispiel um 15:37 Uhr ein beliebtes Plätzchen zum Sonnen aufsucht und dort schon jemand liegt, legt sie ihr Näschen auf den Rücken des Sonnenanbeters, als würde sie einen Blick auf ihre Armbanduhr werfen und sagen: „So, deine Zeit ist um.“ Damit setzt sie gemeinschaftliche Ansprüche durch und ölt die Abläufe im Mehrkatzenhaushalt. Aufseherkatzen regieren mit möglichst wenig Aufwand und unterscheiden sich von Napoleonkatzen, indem sie ihre Macht vernünftig einsetzen. Ein Mehrkatzenhaushalt mit Aufseherkatze macht das Leben aller besser und glücklicher.

Die Zeichen erkennen

Abgesehen von tatsächlichen Kämpfen gibt es verschiedene Hinweise, die darauf deuten, dass Ihre Katzen sich nicht verstehen oder mobben:

Ausweichendes Verhalten: Diese Strategie führt zu Katzen auf Regalen, auf Kühlschränken, in Kleiderschränken oder unter Betten und Sofas.

Diese Mauerblümchen sind aber nicht freiwillig Mauerblümchen, sondern werden dazu, weil sie gejagt werden. Unablässiges Jagen – auch wenn kein Blut fließt oder wie bei Tasmanischen Teufeln die Fetzen fliegen – ist nicht nur eine Qual, sondern führt auch oft zu körperlichen Beschwerden oder zumindest zu einem Leben in Stress und Angst. Benutzen Sie daher die Werkzeuge, die ich Ihnen mitgegeben habe, um einen Lieblingsort von einem Hilfeschrei zu unterscheiden.
Urin und Kot an Vertikalen Orten: Wenn ich selbst als Katzendetektiv unterwegs bin, bieten Urin und Kot auf Ablagen, Herdflächen, Tischen oder gar auf Kühlschränken entscheidende Aufschlüsse und lassen sich meistens auf Mobbing zurückführen; zum Beispiel, weil das Opfer von seinem Angreifer gejagt wurde und sich *in der Hitze des Gefechts aus Angst entleert hat,* oder weil das Opfer sich nicht getraut hat, sein vertikales Nest zu verlassen, weil ihm der Weg zum Katzenklo wie ein Minenfeld erscheint, und ihm nichts anderes übrig bleibt, als sein Geschäft an seinem vertikalen, sicheren Ort zu verrichten (und natürlich weil sein Peiniger auf dem Boden bereits seinen nächsten Zug im Katzenschach plant).
Gerangel um die Hotspots im Haushalt: In Kapitel 5 habe ich Ihnen die Katzenarchetypen vorgestellt. Wenn Ihnen die Napoleonkatze bekannt vorkommt und es bereits zu Aggressionen gekommen ist, haben Sie es wahrscheinlich mit einem Fall von Mobbing zu tun. Der deutlichste Hinweis aber ist, wenn sich Ihre Katze nicht mehr in den sozial relevanten Bereichen blicken lässt. Damit meine ich sowohl die Orte, wo Sie und Ihre Katzen sich viel aufhalten (wie Bett und Sofa, wo Ihr Geruch und der Ihrer Katzen gleich stark vertreten ist), als auch die territorialen Hotspots (die Orte, an denen gefüttert wird, an denen Katzenschach stattfindet oder an denen sie sich für gewöhnlich sonnen).

2) Der oder die Neue: Wenn die neue Katze nicht mit der alten Katze kann.

Das Problem: Sie haben kürzlich eine neue Katze adoptiert, die Anleitung in Kapitel 10 Schritt für Schritt befolgt und trotzdem Probleme. Oder Sie haben die Anleitung nicht befolgt und sitzen jetzt ganz schön in der Tinte.

Die Lösung: Manche Katzen brauchen länger als andere, um sich einzugewöhnen. Das kann mitunter Wochen oder sogar Monate dauern, und in den meisten Fällen wissen wir viel weniger über das Vorleben unserer neuen Familienmitglieder, als uns lieb ist. Was hat sie durchgemacht? Musste sie auf der Straße um Nahrung kämpfen oder sich in einem Tierheim gegen viele andere Katzen durchsetzen? Wurde Sie zu früh von ihrer Mutter und ihren Geschwistern getrennt? Hat sich das womöglich auf ihre Fähigkeit ausgewirkt, friedlich mit anderen zu koexistieren? Vergessen Sie auch nicht, dass sie sich in einen bereits existierenden Rhythmus integrieren muss. Sie ist total verwirrt und muss sich orientieren – und wir wundern uns, warum sie sich nicht nahtlos einfügt. Wie unsensibel wir doch manchmal sind.

Die Eckpunkte:

In diesem Fall heißt die geheime Zutat „Präzision“ und nicht „nach Belieben nachwürzen“. Halten Sie sich genau an die Schritte und machen Sie erst mit dem nächsten weiter, wenn Ihr Neuzugang so weit ist und ihn sich verdient hat. Aber was, wenn sich herausstellt, dass er einfach nicht mit anderen Katzen kann? Dann seien Sie sich dessen absolut sicher, bevor Sie sich entscheiden, ihn abzugeben, da dieser Makel bei der Weitervermittlung garantiert an ihm haften wird. Übrigens, ein weiterer Grund, weshalb Sie alle Schritte sorgfältig befolgen sollten, ist, dass Sie wertvolle Informationen über seinen Charakter und seine Vorlieben sammeln können, die Sie weitervermitteln können.

3) Wer bist du? – Wenn sich Katzen plötzlich nicht mehr verstehen

Das Problem: Ihre Katzen waren einmal beste Freunde oder haben sich zumindest geduldet. Jetzt streiten sie nonstop.

Die Realität: Normalerweise gibt es gute Gründe, warum sich Katzen nicht mehr verstehen. Einer der häufigsten wird als **umgerichtete Aggression** bezeichnet, die sich unterschiedlich äußern kann:

- **Szenario 1:** Ihre Katze kommt nach einem Tierarztbesuch oder nach einem Tag bei einem Tiersitter zurück nach Hause und riecht anders. Erklärung: Da Katzen über den Geruch Freund von Feind unterscheiden, kann es sein, dass es sie dermaßen verwirrt, gleichzeitig ihren Freund zu sehen und einen Feind zu riechen, dass sie aufgrund dieses „Nichterkennens" einen Ur-Katzen-Tobsuchtsanfall bekommen.
- **Szenario 2:** Ihre Katze reagiert impulsartig, weil etwas oder jemand sie überrascht oder sie sich gestresst fühlt. Beispiel: Eine Ihrer Katzen sitzt friedlich am Fenster, als plötzlich eine Katze aus der Nachbarschaft auftaucht. Das ist zu viel für die Ur-Katze. Mit einem wilden Schrei bricht sie sich Bahn und übernimmt instinktiv die Kontrolle über Ihren braven Stubentiger, schließlich geht es um nicht weniger als Leben oder Sterben, Fliehen oder Kämpfen. Sie will sich nicht nur auf den Eindringling stürzen, sie *muss* – doch da der unerreichbar ist, richtet sie ihre Aggression spontan auf die um, die rein zufällig in ihrer Nähe sind, wie eine andere Katze oder Sie selbst.

Die Eckpunkte:

1. Falls Sie das Gefühl haben, dass es sich um einen Fall von umgeleiteter Aggression handelt, können Sie zu Kapitel 18 vorblättern, „Wenn Ihre Katze sich über freilaufende Katzen ärgert", und gleichzeitig das Rezept Nr. 2 auf Seite 292 anwenden.
2. Was auch immer der Grund ist, das große Problem besteht darin, dass von einer Sekunde zur anderen eine Beziehung für immer in die Brüche gehen kann, wenn Sie nicht sofort reagieren. Tatsächlich beschreibt Senario 2 ziemlich genau einen

der schlimmsten Fälle, mit dem ich es je zu tun hatte – und dabei ging es zwei Wurfgeschwister, die sieben Jahre lang harmonisch zusammengelebt hatten!

Um das nachzuvollziehen, müssen Sie sich einfach nur vorstellen, wie Sie mit Ihrem Partner oder einem Familienmitglied friedlich zu Abend essen, und plötzlich springt die Person über den Tisch und boxt Ihnen mehrmals ins Gesicht. Ganz ehrlich, danach würde es Ihnen auch schwerfallen, dieser Person wieder zu vertrauen, da Sie einfach nicht mehr wissen, wer sie eigentlich ist.

Was ich damit sagen will: Unterschätzen Sie nie den Schaden, den eine Beziehung innerhalb von Sekunden nehmen kann. Diese Erkenntnis wird Ihnen entscheidend dabei helfen, das Ruder mit Rezept Nr. 2 wieder herumzureißen, damit sich die Streithähne neu kennenlernen und wieder Vertrauen aufbauen können.

4) Ich hasse dich: Wenn Katzen einfach nicht mehr zusammenleben können.

Das Problem: Sie haben alles versucht, es aber nicht geschafft, dass Ihre Katzen miteinander klarkommen.

Die Realität: Manche Katzen werden niemals eine andere Katze in ihrem Territorium akzeptieren, und manche Persönlichkeiten sind einfach nicht kompatibel. Ich hatte schon in vielen Mehrkatzenhaushalten zu tun, in denen wir wirklich *alles* versucht haben, um Katzen positiv aufeinander einzustimmen, und trotzdem haben sie sich auf den anderen gestürzt, sobald sie aufeinandertrafen, und sich wie Tasmanische Teufel auf dem Boden gerollt haben, bis die Fetzen flogen, sich eine bepinkelte oder die Keilerei mit einer Fahrt in die Tierklinik endete. In solchen Fällen muss man sich wohl eingestehen, dass sich manche Katzen einfach nur hassen.

Um das besser zu verstehen, müssen wir uns ähnliche Erfahrungen in Erinnerung rufen. Hatten Sie nicht auch schon mal einen Mitbewohner oder Bürokollegen, der ihnen mehr als nur suspekt war? Okay, der Mitbewohner hat immer seinen Teil der Rechnungen bezahlt und den Putzplan eingehalten, und der Arbeitskollege war immer gewissenhaft und hat Ihnen nie seine Arbeit aufgehalst – trotzdem konnten Sie sie nicht riechen. Sie konnten sie nicht ausstehen. Besser gesagt, Sie haben sie GEHASST. Der Unterschied zwischen uns und unseren Katzen? Wir können ausziehen oder den Arbeitsplatz wechseln. Sie nicht.

Die Eckpunkte:

1. Niemand redet gerne darüber, seine Katze abzugeben … ich genauso wenig wie Sie. Trotzdem möchte ich sicherstellen, dass Sie im Vorfeld alles versucht haben. Also, wann ist der Moment gekommen, seine Katze abzugeben? Wenn sie ständig kämpfen und *seit Monaten alle Versuche scheitern, die beiden neu aufeinander einzustimmen?* Gut möglich, aber probieren Sie zuerst noch Folgendes aus:
2. **Ortstausch:** Wenn Sie den Ortstausch bereits in der Eingewöhnungsphase praktiziert haben und damit klarkommen, dass Ihre beiden Streithähne wahrscheinlich nie miteinander auskommen werden, und es Ihnen wirklich nichts ausmacht (wie vielen anderen vor Ihnen übrigens auch nicht), in einem System aus Gittern, Barrieren und geschlossenen Türen zu leben – tja, dann wäre das eine Option, um beide Katzen bei sich zu behalten. Falls nicht, sollten Sie sich langsam aber sicher auf die Suche nach dem perfekten neuen Zuhause für eine Ihrer Katzen machen.

Ziehen sie aber bitte nie voreilige Schlüsse oder fällen Sie übereilt Ihr Urteil, sondern schöpfen Sie immer zuerst alle Optionen aus, bevor Sie den letzten Schritt gehen und Ihre Katze abgeben (ein paar Ideen hätte ich übrigens noch, die ich Ihnen gleich darlegen werde). In all den Jahren, die ich mit Katzen arbeite, habe ich diesen Momente am meisten zu fürchten gelernt, da ich immer wieder gegen meinen Wunsch und mein Bedürfnis ankämpfen muss, die Streithähne wider aller Vernunft zu versöhnen. Als Katzenbotschafter muss ich jedoch in erster Linie die Wünsche der Katzen respektieren, und wenn Sie selbst nach der x-ten Verhandlung und positiven Verstärkung noch sagen, „Jackson, ich hasse sie immer noch“, dann ist das eben so. Vielleicht lesen Sie diese Zeilen, schütteln den Kopf und sagen, dass Sie Ihre Katze trotzdem *niemals* abgeben würden. Kann ich verstehen, wirklich – aber Ihre Katze hat da auch ein Wörtchen mitzureden.

„NICHTS HILFT!" – EIN PAAR LETZTE IDEEN

Sie haben die Katzen einander vorgestellt (oder neu vorgestellt) und es herrschen immer noch kriegsähnliche Zustände? Versuchen Sie Folgendes, bevor Sie dieser Hölle auf Erden endgültig ein Ende setzen:

Kritische Selbstreflexion: Sie haben mindestens einmal die komplette Vorstellungsrunde absolviert, richtig? Dann werfen Sie einen kritischen Blick auf den Prozess, bevor Sie irgendwelche Rückschlüsse ziehen, und suchen Sie nach Auffälligkeiten. Haben Sie jeden einzelnen Schritte minutiös befolgt, oder hier und da improvisiert? Haben Sie entschieden, dass einer der Schritte nicht zu Ihrer Katze oder zur Situation passt und ihn übersprungen? Hat Sie das Schneckentempo dermaßen frustriert, dass Sie ein paar Abkürzungen genommen haben? Kommt Ihnen das bekannt vor? Falls ja, denken Sie bitte darüber nach, was in diesem Prozess auf dem Spiel steht, und fangen Sie noch einmal von vorne an. Setzen Sie sich bei jedem Schritt konkrete Ziele, und machen Sie erst weiter, wenn Sie diese Ziele erreicht haben. Und schreiben Sie sich genau auf, was beim letzten Mal schiefgelaufen ist, damit Sie dieses Mal nicht in dieselbe Falle tappen.

Katzifizierungs-Reflexionen: Ein anderer Aspekt im Prozess, bei dem gerne improvisiert und abgekürzt wird, ist die Katzifizierung. Wenn Sie jedoch mit Bedacht und umfassend genug katzifizieren, werden Sie territoriale Spannungen fast vollständig abbauen können, da Ihren Katzen mehr Ressourcen zur Verfügung stehen. Sprich wenn Katzen genügend Ausweichmöglichkeiten gaben, werden sie zweifellos weniger um Ressourcen und Quadratmeter konkurrieren.

Verhaltensmedizin: Dieser Punkt alleine könnte ganze Bücher füllen. Dennoch möchte ich Sie bitten, einige Aspekte davon zu berücksichtigen. Ich empfehle nur ungern, diesen Schritt zu gehen, und wenn, dann allein aus dem Grund, um das Leid der betroffenen Katze zu lindern. In bestimmten Situationen würde aber sogar ich eine kurze Behandlung nicht ausschließen, damit sich ihr Bezugssystem neu ausrichten und Aggressionen und Ängste auf ein Normalmaß reduzieren können.

Medikamente können äußerst effektiv sein, sind jedoch keinesfalls ein Wundermittel. Wenn möglich, würde ich auch immer erst zu natürlichen Mitteln tendieren (ich stelle zum Beispiel seit Jahren eigene Heilmittel aus Blütenessenzen her), wie Akupunktur oder cranio-sakralen Therapieformen. In Kombination mit den Werkzeugen, Methoden und Techniken, die ich Ihnen bereits erklärt habe, können Ihnen diese Behandlungsformen wirklich dabei helfen, tiefsitzende Probleme zu lokalisieren und zu lösen.

Was ich jedoch nie empfehlen werde, ist, Katze ein Leben lang medikamentös zu behandeln, wenn diese Therapieform nicht gerade der Schmerzlinderung dient. Meiner Meinung nach würde es einen Schritt zu weit führen, wenn wir Katzen nur mit Medikamenten dazu bringen könnten, einander zu tolerieren.

Falls Sie jedoch vorhaben, eine Katze oder beide kurzzeitig zu behandeln, sollten Sie natürlich vorher mit Ihrem Tierarzt Rücksprache hinsichtlich der Verträglichkeit der Medikamente halten. Eine Bitte jedoch – lassen Sie weder Ihren Tierarzt noch mich noch sonst wen diese Entscheidung für Sie treffen. Das ist allein Ihre Verantwortung. Recherchieren Sie gewissenhaft und fragen Sie nach, warum welches Medikament verschrieben wurde etc. Es werden täglich neue Fortschritte in der Verhaltensmedizin erzielt werden, und nicht jeder immer auf dem neuesten Stand ist. Der einzige Weg, diese Entscheidung mit gutem Gewissen zu treffen, ist, indem man selbst zum Experten wird. Informieren Sie sich also über Verhalten UND Medikation, damit Sie die richtigen Fragen stellen und die richtigen Entscheidungen treffen können.

15

Wenn Ihre Katze Menschen beißt oder kratzt

WENN SIE MIT einer Katze zusammenleben, wird zwangsläufig Blut fließen. Doch das geschieht meistens aus Versehen – durch einen Kratzer beim Spielen, einen zuckenden Zeh unter der Decke, einen falsch kalkulierten Hieb mit der Pfote ... Natürlich kann es vorkommen, dass Aggressionen gegen Menschen nicht ganz so unschuldig ablaufen, aber in beiden Fällen ist es nicht unsere Haut, die am meisten darunter leidet, sondern unsere Beziehung, wenn die Aggression nicht richtig erkannt und behandelt wird. Verletzte Gefühle schmerzen stärker als Bisse oder Kratzer. Vorsicht ist daher besser als Nachsicht!

KATZEN-DADDY-REZEPT NR. 3 – DIE SCHÄRFE RAUSNEHMEN

Das Problem: Sie oder Ihre Lieben haben den Zorn der Klauen, Zähne oder beides zu spüren bekommen und können das womöglich auch an Ihren Kriegsverletzungen belegen. Vielleicht haben Sie sogar schon begonnen, sich von dieser Katze zu distanzieren, die Ihre Freunde und Familie als „Höllenkatze“ bezeichnen und deren Verhalten sich am besten mit „aus dem Nichts“, „unvorhersehbar“ und „willkürlich“ beschreiben lässt. Sprich irgendetwas muss geschehen, bevor Ihre Beziehung – und das damit einhergehende Vertrauen – kompletten Schiffbruch erleidet.

Die Realität: Wie bereits besprochen, „attackieren“ Katzen niemanden ohne Grund, selbst wenn er nur ihnen ersichtlich ist. Egal, ob spielerische Aggression, umgerichtete Aggression, Überstimulation, territoriale Ängste oder Schmerzen – wir müssen das Problem schnell angehen und dabei jeden Schritt unseres Rezeptes einhalten.

Die Schritte:

1. **Schließen Sie körperliche Beschwerden aus:** Falls Sie das Gefühl haben, dass die Aggressionen Ihrer Katze körperlich bedingt sind (beispielsweise wenn Sie kratzt oder beißt, wenn Sie sie auf eine bestimmte Art hochheben), sollten Sie sie von einem Tierarzt untersuchen lassen. Falls ihre Aggressionen hingegen einen sehr willkürlichen und irrationalen Charakter haben (was Sie jedoch erst *nach* Ihrer Detektivarbeit in Punkt 4 entscheiden können), könnte das auch auf ein klinisch-chemisches oder neurologisches Problem hinweisen – was Sie ebenfalls mit einem Arzt besprechen sollten.
2. **Stellen Sie sicher, dass der Biorhythmus (der circadiane Rhythmus) Ihrer Katze im Takt ist:** Detektivarbeit Nr. 1: Zeichnen Sie jeden Angriff auf, inklusive der Uhrzeit. Wenn Sie sich direkt morgens aggressiv verhält, wenn Sie aufstehen, und später wieder, wenn Sie von der Arbeit nach Hause kommen, scheint sie auf die energetischen Momente in Ihrem Haushalt zu reagieren (siehe hierzu Schritt 4). Die gute Nachricht: Die innere Uhr Ihrer Katze ist auf Sie eingestellt, sprich sie schläft nachts und ist im Takt – falls nicht, keine Sorge, das wird schon (siehe hierzu Kapitel 7 und die Drei Rs bringt, über die wir mehrfach gesprochen haben).
3. **Spielen ist kein Luxus, sondern eine Notwendigkeit:** Falls Sie einen Hund haben, aber weder Leine noch Halsband, haben Sie etwas Grundlegendes nicht verstanden, denn wenn Sie mit Ihren Hund nicht jeden Tag Gassi gehen und seine natürlichen Bedürfnisse erfüllen, gibt es ganz sicher irgendwann Ärger. Irgendwo muss seine

Energie ja hin. Ersetzen Sie jetzt „Hund“ durch „Katze“ und „Leine“ und „Halsband“ durch „interaktives Spielzeug“. Denn eines kann ich Ihnen versichern: Wenn Sie nicht jeden Tag mit Ihrer Katze spielen, und damit meine ich *intensiv spielen*, und ihr ihre Energie abzapfen, werden Sie haufenweise unerwünschtes Verhalten befördern – und damit meine ich nicht nur spielerische Aggressionen. Da wir jedoch nicht bluten wollen, spielen wir. Schritt 1 wird Ihnen dabei helfen, denn wenn Sie ihre „aggressiven Zeiten“ kennen, müssen sie einfach nur eine halbe Stunde vorher JFTF mit ihr spielen.

4. **Katzendetektivismus:** Einer der Gründe, weshalb ich meine Kunden bitte, detailliert Tagebuch zu führen, ist, damit Sie lernen, einen Schritt zurückzutreten und einfach nur Aktionen und Zeiten zu notieren und die Muster dahinter zu erkennen. Wenn Sie dann mit etwas Abstand die Informationen auswerten, die Sie gesammelt haben, dürfte schnell klarwerden, dass die spielerische Aggression immer zu denselben Zeiten auftritt. Ist dem so, haben Sie die Möglichkeit, dem entgegenzusteuern. Wenn also in Ihrem Tagebuch steht: „Ich stehe um sechs auf, verlasse um acht das Haus … und dazwischen bluten meine Knöchel“, dann bedeutet das, auch wenn Sie das jetzt nicht hören wollen, weil Sie genau in diesen zwei Stunden viel zu tun haben, dass Sie trotzdem ein Viertelstündchen erübrigen und mit Ihrer Katze spielen sollten, um ihre Aggressionen abzubauen. Wie gesagt, *Vorsicht ist besser als Nachsicht.*
5. **Es geht nicht nur um das „Wann“, sondern auch um das „Wo“:** Benutzen Sie Ihre Mojo-Karte! Wenn Ihre Katze Sie vor den Fenstern angreift, könnte das bedeuten, dass freilaufende Katzen das aggressive Verhalten bedingen und dass Sie es mit einer umgerichteten Aggression zu tun haben. Siehe hierzu Kapitel 18, „Barbaren am Gartenzaun“.

   Falls Ihre Katze Ihre Knöchel unter dem Tisch attackiert, haben Sie es mit einem Buschbewohner (siehe S. 83) zu tun. In diesem Fall sollten Sie unter dem Tisch mit ihr spielen, da sie anscheinend dort ihr Jagd-Mojo kultiviert. Benutzen Sie einen Federwedel oder eine Katzenangel mit Feder als Beute, und spielen Sie – zumindest bis sie warmgelaufen ist – eher Mäuschen als Vögelchen.
6. **Ihr Anteil am Schmerz:** Es gibt Zeiten, da wollen wir es nicht anders … Und das sind sie:

- **Mit Katzen raufen:** Tja, falls Sie glauben, dass Katzen auf dieselbe Art spielen, wie Hunde, haben Sie sich geschnitten (kleines Wortspiel). Katzen „spielen" eigentlich nur mit Beute, und unter Spaß verstehen sie JFTF (Jagen, Fangen, Töten und Fressen) – und nicht die Art von Raufen, die Hunde eher mögen. Katzen reagieren zwar darauf, aber nicht so, wie wir es von Hunden gewohnt sind. Katzen werden eher defensiv und ängstlich … und „umarmen" mit allen Krallen, die ihnen zur Verfügung stehen, Ihren Unterarm, was Sie garantiert nicht lustig finden werden!
- **Überstimulation:** Diese Form der Aggression wird typischerweise durch eine bestimmte Art des Streichelns begünstigt (oder durch zu langes Streicheln) – und geht auch auf Ihre Kappe. Mehr hierzu in Kapitel 11.
- **Die Hand im Mixer:** Kämpfende Katzen mit den Händen zu trennen, ist nie eine gute Idee, genauso wenig wie schlecht gelaunte Katzen zu trösten, aufzuheben oder wegzuschieben. Versuchen Sie stattdessen lieber, sie für ein kleines Time-out an einen ruhigen Ort zu führen (mehr über Time-outs auf Seite 154.)
- **Immer schön die Krallen trimmen:** Ein bisschen Trimmen hat noch niemandem geschadet, vor allem wenn Ihre Samtpfote wieder mit den Scherenhänden unterwegs ist.

Hände sind nicht zum Spielen da

Falls Sie eine Katze haben, die schon gelernt hat, dass Hände zum Spielen da sind, wird sie wahrscheinlich sehr sensibel auf Hände reagieren, die sich ihr zu nähern versuchen. Das lässt sich jedoch ändern.

1. Bringen Sie Ihrer Katze bei, dass Sie Ihre Hände immer sanft einsetzen, und entscheiden Sie bewusst, *wann* Sie Ihre Katze berühren. Wenn Sie sie streicheln, wenn sie unter Strom steht, haben Sie es nicht anders verdient. Nähern Sie sich ihr lieber, wenn sie müde ist, und nicht, wenn sie aufdreht oder in Spiellaune ist.
2. Wenn Ihre Katze handscheu ist (was bedeutet, dass sie jedes Mal zurückschreckt, wenn sich ihr eine Hand nähert), sollten Sie sich ihr immer sehr langsam nähern und positive Assoziationen aufbauen, indem Sie Leckeri in der Hand halten und sich nicht über sie beugen, sondern sich von unten näheren.

Wenn Menschen Angst vor Katzen haben, tendieren Sie dazu, sich über sie zu beugen und ihnen von oben über den Kopf zu streichen. Damit handeln sie sich aber eher Ärger ein, da sich scheue Katzen dadurch provoziert fühlen können und in den Kampf-oder-Flucht-Modus schalten. Versuchen Sie, wie gesagt, sich Katzen immer von unten zu nähern und wenn möglich die Michelangelo-Technik anzuwenden (siehe hierzu Kapitel 11, Seite 250–251).

Wenn Sie Ihre Katze rekonditionieren, muss *jeder im Haushalt mitmachen.* Wenn sich alle an die Übungen und Regeln halten, die ich Ihnen mit auf den Weg gebe, einer jedoch aus der Reihe tanzt und weiter mit ihr rauft und mit den Händen spielt, macht er damit die Arbeit aller anderen zunichte. Wie bei allen anderen Übungen in diesem Buch, ist es immer wichtig, beständig zu sein und an einem Strang zu ziehen.

Der Mojo-Moment:

Der Mojo-Moment kann sich nur dann einstellen, wenn Willkür berechenbar wird. Und der erste Schritt, seiner Katze zu helfen, besteht darin, sie zu verstehen. Helfen heißt, die Beziehung wieder auf den richtigen Weg bringen, den Rhythmus zu steuern und aggressives Verhalten zu unterbinden. Ihre Katze wird sich danach definitiv wohler fühlen, und wenn das Problem körperlicher Natur war – umso besser.

Tipps vom Chef

Immer mit der Ruhe: Falls sich Ihre Katze aggressiv verhält, sollten Sie keine Staatsaffäre daraus machen – also nicht schreien, kreischen oder wegschubsen. Das macht alles nur noch schlimmer, da sich Katzen gerne die ängstlichen Familienmitglieder herauspicken und sie quälen.

Wir sind keine Gefahr: Katzen beißen, wenn sie sich in die Ecke gedrängt oder bedroht fühlen. Das kann den Umständen geschuldet sein, oder Sie haben ein Mauerblümchen.

Haus der Fülle: Nehmen Sie der Napoleonkatze die Luft aus den Segeln, indem Sie für genügend vertikale Orte, Duftquellen und Wegmarker sorgen.

Die fremde Bedrohung: Sorgen Sie dafür, dass Katzen viele gute Erfahrungen mit Besuchern machen (Seite 345, „Mit Besuchern chillen“).

Bestrafen war gestern: Lassen Sie es. Wie gesagt, Ihre Katze würde es sowieso nicht verstehen und es würde ihrer Beziehung schaden.

16

Wenn Ihre Katze nervt oder Aufmerksamkeit braucht

Ganz ehrlich, dass ich einen Job habe, hat genau drei Gründe: Katzenklo-Probleme, Aggressionen – und das ganze Brimborium in diesem Kapitel, das Katzenhüter mitunter noch schneller an den Rand des Wahnsinn treiben kann. Ich hatte schon Kunden, die jahrelang lästiges Urinieren unter den Teppich gekehrt haben, und das nicht nur im übertragenen Sinn! Wenn Sie jedoch nachts aus dem Schlaf gerissen werden? Dann ist der Punkt erreicht, um mich bis in die Müsliabteilung im Supermarkt zu verfolgen (und für die, die das bereits gemacht haben, ja, ich stehe immer noch auf Cap'n Crunch – na und?).

KATZEN-DADDY-REZEPT NR. 4 – DER AN-NULL-ATOR

Das Problem: Vom Zerschlitzen der Vorhänge über das Beschädigen von Tapeten bis hin zum Schwingen von Kronleuchtern (sowohl im übertragenen als auch im wörtlichen Sinne), Zerkratzen von Kunstwerken und Umwerfen von Dingen – von der Nervensäge bis hin zur „Arschlochkatze“, wie sie im Internet gerne tituliert wird: Ihre Katze treibt Sie mit Ihrem nervigen Verhalten in den Wahnsinn. Und das Schlimmste daran: Sie weiß es sogar.

Die Realität: Wenn ich mit meiner Vermutung ins Schwarze getroffen habe, ist es an der Zeit, dem Wahnsinn ein Ende zu bereiten. Oft ist es allerdings so, dass wir unerwünschtes, nerviges Verhalten selbst herbeiführen, weil dabei etwas für unsere Katze herausspringt. Sprich wenn Ihre Katze ununterbrochen miaut, Sie nachts weckt, vor Ihrem Monitor oder auf Ihrem Schoß sitzt, wenn Sie Ihre Zeitung lesen, oder Sie kratzt oder beißt, um Ihre Geduld auf die Probe zu stellen, führt das für sie immer zum Erfolg. Wenn Sie genervt von ihr sind, gehen Sie nämlich auf sie ein, indem sie Ihren Frust ablassen und schimpfen, oder indem Sie sie beschwichtigen und für Ihr Verhalten belohnen. Egal, wie positiv oder negativ Ihre Reaktion ausfällt, für Ihre Katze zählt einzig und allein die Aufmerksamkeit, die Sie ihr schenken.

Die folgenden Anregungen zielen auf den größeren Zusammenhang und damit auf die Frage ab, warum Ihre Katze Sie überhaupt nervt, bevor wir mit den geläufigsten nervigen Verhaltensweisen und den entsprechenden Gegenmaßnahmen weitermachen, die Ihnen dabei helfen sollen, Ihre Beziehung zu Ihrer „Arschlochkatze“ wieder zu kitten.

Die Schritte:

1. **Kriegsmüdigkeit:** Bringen Sie frischen Wind ins Spiel und sorgen Sie dafür, dass Spielen zur Routine gehört, zu ihren Ritualen, zum täglichen Rhythmus. Katzen sollten jeden Tag und auf konstruktive Weise Energie abbauen. Und vergessen Sie Ihr Mantra nicht: Spielen = Jagen. Spielen Sie mit Ihren Katzen immer während der energetischen Höhepunkte im Haushalt.
2. **Zurück zu den Drei Rs:** Ist es nicht so, dass Ihre Katze immer zu denselben Zeiten Sachen aus dem Regal wirft oder über die Arbeitsplatte surfen? Und zwar meistens dann, wenn Sie zu Hause sind und der Energiepegel steigt – wenn morgens alle aufstehen, alle von der Arbeit nach Hause kommen, oder sich alle bettfertig machen? Überlegen Sie

sich daher genau, *wann* und *wie lange* Sie mit ihr spielen (kleiner Tipp: zu den soeben beschriebenen Zeiten und lange genug).

3. **Katzifizierung:** Wirft Ihre Katze Sachen vom Kaminsims, wenn Sie versucht, zu ihrem Aussichtspunkt am Fenster zu gelangen, oder surft sie über die Arbeitsflächen zum Fenster? Und welche Rolle spielt Ihre Einrichtung dabei? Katzen betrachten jeden Quadratzentimeter ihres Territoriums als mögliches Element der Katzenautobahn und mögliches Ziel. Wenn Sie nicht möchten, dass sie von A nach B gelangt, müssen Sie Ihr Zuhause entsprechend katzifizieren und Sie eben von A nach C führen. Sorgen Sie für eine zufriedenstellende Katzenautobahn, die um die sensiblen Bereiche wie Arbeitsflächen, Kaminsimse oder andere Orte, an denen Ihre Katze etwas zerstören oder sich selbst verletzten könnte, herumführen
4. **Katzensicherung:** Falls es Dinge gibt, die Ihre Katze nicht umwerfen oder mit denen sie nicht spielen sollte, ist es an der Zeit, über das Konzept der Katzensicherung nachdenken (das Äquivalent zur Kindersicherung). Seien wir doch mal ehrlich – Sie leben in einem Katzenhaushalt. Wenn Ihnen Ihr feines Porzellan auf der Kaminkonsole so wichtig ist, dann machen Sie es so, wie wir in Kalifornien alles machen – machen Sie es erdbebensicher. Mit Museumswachs zum Beispiel. Es macht immer Sinn, Dinge an Ort und Stelle zu sichern, vor allem, weil es nicht immer unbedingt Ihre Katze sein muss, die einfach mal etwas umwirft, um zu sehen, was passiert. Raffen Sie Vorhänge, bündeln Sie Kabel, und machen Sie alle Haushaltsgegenstände zur spielfreien Zone!
5. **Nein/Ja:** Wenn Sie „Nein" zu Ihren Katzen sagen, sollte darauf unbedingt ein „Ja" folgen. Blättern Sie zurück zu Kapitel 9, lesen Sie sich noch einmal die Nein/Ja-Technik auf Seite 165 durch und überlegen Sie, wie Sie sie integrieren können.
6. **Stille belohnen:** Erinnern Sie sich noch an das kleine Mädchen in Kapitel 9, das nach einem Eis geschrien hat? Belohnen Sie Ihre Katze immer mit Leckerli, Streicheleinheiten oder Lob, wenn sie sich ruhig und artig verhält oder ein anderes Verhalten zeigt, das Sie fördern möchten.

KATZEN-DADDY-REZEPT NR. 5 –

DER KÜCHENSURFER

Das Problem: Ihre Katze tappt mit ihren schmutzigen Pfoten über die Küchenzeile, weil sie sich etwas zum Futtern stibitzen oder Ihnen einfach nur beim Kochen vor der Nase herumturnen möchte. Wie auch immer, es ist bestenfalls nervig und schlimmstenfalls unhygienisch.

Die Realität: Vielleicht hält sich Ihre Katze gerne an erhöhten Orten auf oder ist verfressen und hofft, beim Surfen über die Küchenzeile das ein oder andere Häppchen abzustauben. Oder Sie waren den ganzen Tag weg und sie will einfach nur Zeit mit Ihnen verbringen.

Die Schritte:

1. **Das „Nein“:** Sagen Sie „Nein“, indem Sie doppelseitiges Klebeband nehmen, ein Platzdeckchen damit bekleben und es auf die Küchenzeile legen. Wenn sich Ihre Katze beim Hinaufspringen jedes Mal klebrige Pfötchen holt, wird sie rasch lernen, diesen Bereich zu meiden. In Kapitel 9 habe ich Ihnen auch Luftbehälter vorgestellt, die wie Bewegungsmelder funktionieren und ebenfalls sehr effektiv sein können. Beide Methoden sind vollkommen ungefährlich, sorgen aber dafür, dass Katzen begreifen, dass sie an bestimmten Orten nichts zu suchen haben. Trainingsmethoden dieser Art sind unerlässlich, da es darum geht, rund um die Uhr und sieben Tage die Woche konsequent zu sein, also auch dann, wenn Sie nicht zuhause sind. Deswegen macht es auch keinen Sinn machen, „runter da!“ zu brüllen, da Sie Ihrer Katze damit nur beibringen, sich von der Arbeitsplatte fernzuhalten, wenn Sie zuhause sind.
2. **Das „Ja“:** Wir wissen zwar jetzt, wie wir „Nein“ sagen, aber wie sagen wir „Ja“? Eine der besten Methoden ist, ihr einen Aussichtspunkt anzubieten, der „Ja“ für uns sagt. Stellen Sie einen Katzenbaum in die Küche, damit Ihre Katze von dieser erhöhten Position am Geschehen teilnehmen kann, und belohnen Sie sie, wenn Sie diesen Ort aufsucht. Bringen Sie ihr aktiv bei, auf den Katzenbaum zu klettern, und geben

Sie ihr ein Leckerli, wenn sie oben ist. Lassen Sie sie hinunterklettern, geben Sie ihr ein Leckerli und schicken Sie sie wieder hinauf. Belohnen Sie sie jedes Mal, wenn Sie oben ist, damit sie versteht, dass es sich mehr lohnt, auf den Aussichtspunkt als auf die Küchenzeile zu springen – es sei denn, Sie lassen dort Essen herumliegen. Welche Katze sagt da schon nein?

Tipps vom Chef:

Essenszeiten abstimmen: **Stimmen Sie Ihre Mahlzeiten und die Ihrer Katze** miteinander ab und lassen Sie sie in Ihrer Nähe fressen. Das ist das ultimative Nein/Ja.

Auf die Hygiene achten: Aus hygienischen Gründen sollten sich Katzen nie an Orten aufhalten, an denen Sie Speisen zubereiten. Halten Sie daher während des Trainings immer Desinfektionsmittel bereit.

Herd und Sicherheit: Ein weiterer Aspekt ist die Sicherheit Ihrer Katzen. Wenn Ihre Katze auf Teufel komm raus über den Herd wandern möchte, um zu ihrem Lieblingsaussichtspunkt zu gelangen, sollten Sie diesen Bereich nicht nur wie eben beschrieben mit einem „Nein“ markieren, sondern ihn zusätzlich kindersicher gestalten, indem Sie Schutzkappen für Kochplatten und Schalter anbringen, und Sicherungen für Schränke und Schubladen. Wenn der einzige Weg zu ihrem Lieblingsort über Ihre Küchenzeile führt, geht das auf Ihre Kappe. Bieten Sie ihr daher immer Alternativen an, wenn Sie möchten, dass dieses oder anderes nerviges Verhalten aufhört.

Der Mojo-Moment:

Unser Mojo-Moment stellt sich irgendwann dann ein, wenn wir nicht mehr genervt sind, weil unsere Katze vor unserer Nase herumturnt, und unsere Katze nicht mehr genervt ist, weil ihr langweilig ist. Und wie in allen Fällen von Langeweile gilt auch hier, dass sich eine echte Win-win-Situation – und damit unser Mojo-Moment – erst dann einstellen wird, wenn sich *beide* Seiten kompromissbereit zeigen.

KATZEN-DADDY-REZEPT NR. 6 –

KISSENKNETEN: WENN IHRE KATZE SIE UM DEN SCHLAF BRINGT

Das Problem: Ihre Katze reißt Sie zu unchristlicher Zeit aus dem Schlaf, steigt über Sie hinweg, rennt über Ihr Bett, fordert miauend Fressen ein, kratzt an der Tür und so weiter und so fort. Der Schlafentzug fordert seine Opfer, und genau deswegen würden die meisten quasi alles tun, um ihre Katze nachts (für immer) zum Schweigen zu bringen.

Sie haben Ihre Katze im Schlafzimmer eingesperrt, sie angebrüllt, Kissen nach ihr geworfen, mit einer Spritzflasche bespritzt, sie gefüttert, geknuddelt und aus dem Schlafzimmer ausgesperrt (woraufhin sie wahrscheinlich eine weitere Stunde mit Kratzen und Miauen verbracht hat). Und trotzdem miaut sie in der Nacht darauf wieder um drei Uhr los.

Ich hatte sogar schon Kunden, die in ihrem Auto geschlafen haben, um eine Mütze voll Schlaf abzubekommen.

Die Realität: Falls Sie sich fragen, wie Sie es hinkriegen sollen, eine Nacht durchzuschlafen, ohne Ihre Katze zu erwürgen, sollten Sie von dem Gedanken abkommen, dass Katzen nachtaktiv sind. Viele glauben, dass man diesen Preis eben zahlen muss, wenn man eine Katze hat. Dabei sind Katzen nur deshalb nachts wach, weil Sie die Drei Rs (Routine, Rituale, Rhythmus) nicht richtig mit ihnen gespielt haben.

Katzen sind nicht nachtaktiv, sondern vielmehr dämmerungsaktiv, sprich sie stehen am liebsten in der Morgen- und Abenddämmerung auf, wenn ihre Beute aktiv ist. Es ist allerdings möglich, ihre innere Uhr neu zu stellen. Wenn Sie also nachts durchschlafen möchten, sollten Sie Ihren Stubentiger auf die Abläufe in Ihrem Haushalt einstimmen und DAS hier versuchen:

Die Schritte:

1. **Erstens, regelmäßig Füttern:** Siehe auch den Abschnitt „Füttern für Mojo" auf Seite 109. Füttern Sie in Verbindung mit Spielen. Wenn Sie um 23 Uhr schlafen gehen, füttern Sie sie um 21:30 zum letzten Mal, nachdem Sie Jagen Fangen Töten (JFT) gespielt haben. Bringen Sie sie zum Kochen (siehe „Kochen und Köcheln" auf Seite 106), powern Sie sie aus und hängen Sie noch eine letzte Runde dran, die aufgrund von akuter Erschöpfung nur noch ganz kurz ausfällt. Lassen Sie sie jetzt fressen, sich pflegen und schlafen (und gehen Sie dann selbst zu Bett).
2. **Stimmern Sie ihre Energien aufeinander ab:** Achten Sie darauf, dass Ihre Katze aktiv ist, wenn alle anderen aktiv sind. Auch in diesem Fall dreht sich alles um die Drei Rs.
3. **Der schwierige Part:** Es ist drei Uhr morgens und Ihre Katze weckt Sie auf. Eigentlich sollte sie außer Gefecht sein, ist sie aber nicht. Jetzt gilt es, hart zu bleiben: IGNORIEREN SIE SIE KOMPLETT. Stehen Sie auf keinen Fall auf, füttern Sie sie nicht, spielen Sie nicht, gehen Sie nicht ins Bad – stellen Sie sich tot. Ja, ich weiß, das nervt total. Aber für Ihre Katze ist jegliche Aufmerksamkeit, ob positiv oder negativ, eine Bestätigung. Wenn Sie ihr jedoch durch ihr Verhalten zeigen, dass ihre Aktionen nichts bringen, WIRD sie aufhören. Die ersten zehn bis vierzehn Tage werden ganz sicher hart, aber am Ende wird alles gut.

Mehr Infos zu diesen zwei schrecklichen Wochen erwarten Sie im Abschnitt „Löschungstrotz" auf Seite 167.

Darf ich meine Katze aus dem Schlafzimmer aussperren?

Sagen wir mal so: Das Schlafzimmer ist das „duftintensivste" Zimmer, daher würde ich immer empfehlen, sie hineinzulassen. Meiner Meinung nach sollte aber kein Zimmer tabu sein.

Vor allem, wenn Ihre Katze es gewohnt ist, bei Ihnen zu schlafen, würde diese Maßnahme direkt zum nächsten Schlachtfeld überleiten – in diesem Fall der Schlafzimmertür. Wenden Sie stattdessen lieber die Nein/Ja-Technik an und stellen Sie ihr Katzenbett in die Nähe Ihres Bettes. Sie können auch als zusätzlichen Anreiz eine Heizdecke in das Katzenbett legen, damit es zu einem begehrten Ziel wird, bevor Sie es langsam in ein anderes Zimmer verlegen.

Katzen-Daddy-Tipp: Um Fressen betteln

Wenn Ihre Katze hartnäckig Fressen einfordert, können Sie einen Futterautomaten einsetzen, der ihr zu bestimmten Uhrzeiten ihre Mahlzeiten „serviert". Auf diese Weise sind nicht mehr Sie es, der sie füttert, sondern ein Automat, und Sie werden nicht mehr angebettelt. Natürlich ist die Lösung nicht optimal, da das Füttern einen wichtigen Aspekt ihrer Beziehung darstellt, aber harte Zeiten erfordern harte Maßnahmen.

Der Mojo-Moment

Der Mojo-Moment stellt sich dann ein, wenn Ihr Wecker klingelt und Sie feststellen, dass sie den Wecker ausstellen konnten, ohne ein einziges Miau zu hören – und wenn Sie aufstehen, sagt Ihre Katze: „Weißt du was, ich glaub, ich dreh mich nochmal um."

KATZEN-DADDY-REZEPT NR. 7 –

DIE AUSBRECHERKATZE

Das Problem: Sie öffnen die Tür, sind mit Einkaufstüten behängt – und ihre Katze saust zur Tür hinaus. Sie haben eine Ausbrecherkatze.

Die Realität: Viele Ausbrecherkatzen sausen nach Draußen und stehen dann perplex da. Und JETZT?, scheinen sie zu fragen. Das heißt nicht, dass sie direkt auf die Straße rennen, aber trotzdem kann es manchmal gefährlich werden, zum Beispiel, wenn sich Katzen, die sonst nie nach Draußen kommen, verirren und verloren gehen.

Die Schritte:

1. **Die Nein/Ja-Technik:** Niedrige Orte wie ein Schuhbänkchen in der Nähe der Haustür eignen sich perfekt für Ausbrüche, zum Beispiel von Buschbewohnern. Das Nein: Blockieren Sie alle Routen, die Ihre Katze von ihrem Unterschlupf direkt nach Draußen führen können. Das Ja: Sorgen Sie für spannendere Ziele in die Gegenrichtung, wie einen Katzenbaum oder andere niedrigen Orte, die sich weit weg von der Haustür befinden. Richten Sie ihnen Kokons ein, damit Sie ihre Buschbewohner-Seele baumeln lassen können und aufhören, über die Welt da draußen nachzudenken.
2. **Vertikale Orte:** Da Ausbrecherkatzen meist Buschbewohner sind, sollten Sie ihnen die vertikale Welt schmackhaft machen. Buschbewohner springen selten von erhöhten Orten, um zur Haustür hinauszujagen. Wenn Sie Ihrer Katze also einen etwa eineinhalb Meter hohen Beobachtungsposten einrichten, dürfte sie sich damit begnügen, dem erquicklichen Trubel an der Tür zuzusehen, der das eigentliche Faszinosum für sie darstellt.
3. **Interaktives Spielen:** Bringen Sie ihr mit interaktivem Spielzeug bei, ihre neuen Ziele aufzusuchen. Stellen Sei sich einfach vor, Sie würden Agility-Training mit ihnen machen und eine Route abgehen, die zu

den alternativen niedrigen/vertikalen Orten oder Kokons führt. Beenden Sie die Spieleinheiten mit Leckerli, die Sie zuvor an den jeweiligen Orten deponieren.

4. **Das Draußen nach drinnen bringen:** Überlegen Sie, was Ihre Katze draußen interessieren könnte. Vielleicht reicht es schon, einen Blumenkübel im Haus zu haben, mit Katzengras oder Katzenminze darin. Bieten Sie ihr Alternativen an, damit Sie nicht das Bedürfnis verspürt, nach draußen zu gehen und wer weiß was dort anzustellen.
5. **Die „ultimative" Lösung:** Außengehege (siehe Seite 276) mit Aussichtspunkten, Gras zum Knabbern und Möglichkeiten zum Rollen sind das ultimative Nein/Ja für Ausbrecherkatzen. Ein Gehege dürfte garantiert alle Ihre Probleme lösen.
6. **Geschirrtraining:** Falls Ihre Katze trotzdem unbedingt nach draußen will, können Sie sie auch an ein Geschirr gewöhnen und gemeinsame Streifzüge unternehmen.

Der Mojo-Moment:

Wenn Sie von der Arbeit nach Hause kommen, sorglos die Tür öffnen und Ihre Katze SIE begrüßt statt die offene Tür, um sich aus dem Staub zu machen. Denn ob sie nun in Augenhöhe auf ihrem Katzenbaum sitzt, den Sie in der Nähe der Tür aufgestellt haben, oder in ihrem Kokon irgendwo im Haus – die Zeiten der Ausbrecherkatze sind ein für alle Mal vorbei.

Kleiner Tipp vom Chef

Suchen Sie sich Ihre Schlachten aus: Gerade gestern war ich bei einer Kundin, die auf meine Frage, was ich für sie tun könnte, antwortete: „Na ja, ich will nicht, dass meine Katze auf der Küchenzeile, dem Esszimmertisch, dem Schreibtisch oder auf meinem Gesicht herumläuft." Daraufhin ich: „Na ja, und was *wollen* Sie, dass sie macht? Haben Sie schon mal überlegt, sich einen Goldfisch anzuschaffen?

Also, suchen Sie sich Ihre Schlachten aus. Eine gute Schlacht ist zum Beispiel, seine Katze von den Arbeitsflächen zu verbannen, wenn Sie dort Ihr Essen zubereiten. Über alles andere sollten Sie jedoch noch einmal gründlich nachdenken, bevor Sie zu oft „Nein" zu Ihrer Katze sagen.

Viele der Verhaltensweisen, die die typische „Arschlochkatze" auszeichnen, haben mit Langeweile zu tun. Deswegen schlage ich Ihnen ja auch immer wieder alle möglichen Aktivitäten vor, damit Sie den Bully bei den Hörnern packen können.

Noch einmal: Suchen Sie sich Ihre Schlachten aus. Und vergessen Sie dabei Ihre Werkzeuge nicht – Katzen-TV, Katzifizierung, JFTF, die Nein/Ja-Technik, Klickertraining –, damit Ihre Katze nicht zum Arschloch wird und Sie nicht überreagieren.

17

Wenn Ihre Katze zu Angstverhalten neigt

Ganz ehrlich, bei bestimmten Verhaltensweisen gerate ich immer wieder in Panik, weil ich zwar weiß, was da gerade passiert, ich meinen Kunden aber nicht die Antwort liefern kann, die sie sich erhoffen. Die Fälle, die ich Ihnen in diesem Kapitel vorstelle, sind rätselhaft, und die Ursprünge, Symptome und „Heilmittel" (falls es denn welche gibt) ungewiss. Was diese Verhaltensweisen jedoch gemeinsam haben, ist: (a) sie scheinen hauptsächlich durch Ängste motiviert und (b) sie sorgen dafür, dass Hüter nicht nur frustriert reagieren, sondern auch in Panik geraten. Das Problem an sich zu identifizieren ist zwar immer ein erster Schritt, doch führt dieser nicht zwangsläufig zur Lösung. Ich hoffe jedoch, dass ich meinen Kunden mit meiner Erfahrung und meiner Empathie zumindest den Weg weisen kann.

KATZEN-DADDY-REZEPT NR. 8 – DER TRENNUNGSANGST-TRÖSTER

Das Problem: Sie haben den dringenden Verdacht, dass Ihre Katze es *hasst,* wenn Sie weg sind, weil Sie entweder in ein Schlachtfeld zurückkehren, ein Häufchen in Ihrem Bett vorfinden, oder Ihre Katze sich in der Zwischenzeit eine kahle Stelle geleckt hat. Oder weil Ihr Nachbar sich über das Miauen beklagt, das einsetzt, sobald Sie das Haus verlassen haben. Am Ende springen Sie nur mal kurz in den Supermarkt, und das Drama nimmt seinen Lauf.

Die Realität: Trennungsangst gründet immer in der Abwesenheit des Menschen. Sie werden online Unmengen an Material zum Thema Trennungsangst bei Hunden finden, jedoch erschreckend wenig zu Katzen, was unter anderem dem Irrglauben geschuldet ist, dass Katzen (und das sogar in Fachkreisen) als solitäre Wesen gelten; warum sollten sie also, wenn sie sowieso keine sicheren Bindungen zu Menschen eingehen, unter Trennungsangst leiden?

Hinzu kommt, dass Katzen selten so zerstörerisch agieren wie Hunde, sprich Sie werden weder zerfetzte Zeitschriften noch zerfressene Schuhe vorfinden, wenn Sie nach Hause kommen, was zur Folge hat, dass die Hilfeschreie von Katzen oftmals ungehört verhallen. Einige Zeichen sind jedoch bei Hunden und Katzen gleich: Lautäußerungen, die Aufregung, kurz bevor Sie das Haus verlassen und zwanghaftes Putzen und Hinterherschleichen.

Zwar sind manche Rassen aufgrund ihrer genetischen Prädisposition anhänglicher als andere (wie Siamkatzen und andere orientalische Hauskatzen), doch können auch frühzeitiges Entwöhnen und andere Erfahrungen eine übertriebene Anhänglichkeit begünstigen. Der gemeinsame Nenner bei Trennungsangst ist jedoch bei Hunden und Katzen immer derselbe: mangelndes Selbstvertrauen.

Die Schritte:

1. **Alles notieren:** Das Verhalten Ihrer Katze und ihre Interaktionen zu dokumentieren, ist immer ein guter Start. Vor allem bei Trennungsangst ist es wichtig zu wissen, wie lange Sie weg sein müssen, bevor die ersten Symptome zum Vorschein treten. Überwachungskameras, die Sie mit Ihrem Handy synchronisieren können, eignen sich daher hervorragend, um Informationen zu sammeln und bestimmte Symptome auszuwerten, die tatsächlich nur dann auftreten, wenn Sie nicht da sind.

2. **JFTF:** Spielen Sie jeden Morgen Jagen Fangen Fressen Töten mit ihr. Ich weiß, dass manchmal die Zeit knapp ist, aber selbst eine kurze Spielrunde kann viel bewirken. JFTF birgt zwei Vorteile: (a) wir wissen um das mojofizierende Element von Spieleinheiten, besonders bei Katzen mit wenig Selbstbewusstsein, und (b) wir können Sie mit dem letzten Aspekt der Spielrunde ablenken: Fressen. Und besonders gut klappt das in Kombination mit dem nächsten Schritt …
3. **Variieren Sie:** Versuchen Sie, unvorhersehbar zu sein, indem Sie immer wieder Ihre Routine ändern. Aktuell weiß Ihre Katze genau: Sie ziehen Ihre Jacke an = Sie gehen. Ihre Schlüssel klimpern = Sie gehen. Sie machen das Radio an = Sie gehen. Also … schnappen Sie sich Ihre Schlüssel direkt nach dem Aufstehen, bleiben Sie im Haus, gehen Sie kurz raus, kommen Sie wieder rein etc.
4. **Hart bleiben:** Der Ratschlag, der meinen Kunden am schwersten fällt, ist der, einfach das Haus zu verlassen, ohne sich zu verabschieden (blättern Sie hierfür zur Herausforderungslinie auf Seite 168 zurück). Die Angewohnheit, Katzen zu trösten, bevor man geht, verstärkt ihre Trennungsangst nur. Sie verstehen zwar nicht, *was* Sie sagen, dafür aber, *wie* Sie es sagen – voller Schuld und Reue –, und erwarten, dass jeden Moment der Himmel über ihnen zusammenbricht. Das Fazit: Sie haben es mit Ihrer Angst vor Angstverhalten geschafft, Angstverhalten zu provozieren.
5. **Katzen-TV:** Bereichern Sie Ihre Welt, während Sie weg sind. Stellen Sie einen Katzenbaum ans Fenster, damit sie hinausschauen können, oder stellen Sie ein Vogelhäuschen mit allem Pipapo im Garten auf, damit Ihre Katze tagsüber etwas geboten bekommt. Bei manchen Klammeräffchen helfen auch beheizte Katzenbetten. Und vergessen Sie nicht Ihre Katzensonnenuhr auf Seite 132!
6. **Andere Alternativen:** Falls Sie sich einen Sitter leisten können oder Freunde haben, die Ihnen helfen, könnten Sie sie bitten, zur Halbzeit, zum Beispiel in der Mittagspause, kurz vorbeizuschauen. Es gibt auch zahlreiche Arzneimittel, die bei Trennungsangst hilfreich sein können, vor allem, wenn es sich um akute Fälle handelt und Sie bereits alles andere erfolglos ausprobiert haben.

Der Mojo-Moment:

In diesem Fall kommen Sie nach einem besonders langen Arbeitstag nach Hause und ihre Katze döst in den letzten goldenen Sonnenstrahlen auf ihrem Aussichtspunkt am Fenster vor sich hin. Sie sieht verschlafen auf, nickt in ihre Richtung, als wollte sie sagen: „Na, alles fit?", und während Sie Ihre Post durchsehen und in die Küche gehen, streckt sie sich, gähnt herzhaft und springt zu Boden, um sich ein oder zwei Streicheleinheiten abzuholen und auf Ihr Abendbrot zu warten. Sie wissen zwar, dass Sie vermisst wurden, fühlen sich aber nicht schuldig. Auch das ist Mojo.

KATZEN-DADDY-REZEPT NR. 9 – KAUEN UND KEIN ENDE

Das Problem: Ihre Katze frisst alles, was nicht niet- und nagelfest ist. Sie kaut an Buchecken, Stiften, Plastik, Küchenrollen, Stühlen und Schrankecken – und verarbeitet Ihre Lieblingspullis und -decken zu Schweizer Käse. Langsam dämmert ihnen, dass sie aus Langweile oder um auf sich aufmerksam zu machen (oder einfach, um Ihnen auf den Geist zu gehen) alles zerstören wird, was Ihnen lieb und teuer ist.

Die Realität: Was viele als nerviges Verhalten bezeichnen, ist tatsächlich eine Art Zwangsstörung, die sich **Pica-Syndrom** nennt und den gezielten Verzehr von ungenießbaren Gegenständen zur Folge hat. Falls Sie jedoch glauben, dass das Verhalten an sich störend ist, haben Sie die Rechnung ohne den Wirt gemacht, denn bis heute ist ungeklärt, ob dieses Verhalten auf einer genetischen Prädisposition gründet, auf eine zu frühe Entwöhnung oder andere frühe Erfahrungen zurückzuführen ist, eine Reaktion auf Stress ist – oder eine Mischung aus allem. Wir wissen zwar, dass bestimmte Rassen wie Siamkatzen und ihre nahen Verwandten gerne Wolle fressen, aber viel mehr auch nicht. Das Pica-Syndrom ist und bleibt ein Rätsel, ein Heilmittel gibt es nicht, und es ist extrem gefährlich. Wenn unsere Katzen Materialien oder Gegenstände verschlucken, die im Verdauungstrakt steckenbleiben, geht es schnell um Leben und Tod und hat ebenso riskante wie kostspielige Operationen zur Folge. Tun Sie also alles dafür, dass es nicht so weit kommt.

Nerd-Katzen-Ecke

Papier oder Plastik?

2016 wurde im Rahmen einer Studie festgestellt, dass Katzen, die unter dem Pica-Syndrom litten, häufiger erbrachen, da sie dazu neigten, Dinge wie Schnürsenkel, Plastik, Stoff und fadenähnliche Gebilde tatsächlich zu *verschlucken*, während alle anderen Katzen am „nur“ auf Plastik und Papier *herumkauten*. Fast 70 Prozent der Kontrollgruppe kaute jedoch auch auf anderen Dingen herum, ohne sie jedoch zu verschlucken, was den Rückschluss zuließ, dass ALLE Katzen zumindest gerne kauen.

Die Schritte:

1. **Spielen Sie Detektiv:**
   - Wann kommt es zu diesem Verhalten? In Ihrer Anwesenheit oder eher wenn Sie weg sind?
   - Finden Sie heraus, wo Ihre Katzen kaut, und markieren Sie die Bereiche auf Ihrer Mojo-Karte. Vielleicht handelt es sich um Orte, die vermehrt Stress oder Frustration in ihr auslösen.
   - Worauf hat sie es besonders abgesehen? Manche Fotoemulsionen (Beschichtungen auf Glas, Folien etc.) oder Plastiktüten können tierische Fette beinhalten und deshalb anziehend auf sie wirken.
   - Welche Texturen und Arten von Gegenständen versucht sie zu kauen oder zu schlucken?
2. **Beschützen Sie Ihre Pica-Katze:** Fangen Sie mit einer gründlichen tierärztlichen Untersuchung inklusive Blutbild an, um sicherzustellen dass sie weder Probleme mit den Zähnen noch mit der Verdauung hat oder unter Vitaminmangel leidet. Es kann gut sein, dass sich Ihre Katze mit Kauen beruhigt, weil es ihr physisch oder psychisch nicht gut geht. Ist Letzteres der Fall, wird Ihnen Ihr Tierarzt vielleicht ein Psychopharmakon verschreiben, was durchaus hilfreich sein kann.
3. **Sorgen Sie für tägliche JFTF-Einheiten** um die Essenszeiten und energetischen Höhepunkte herum.

4. **Katzifizieren** Sie die Bereiche, die Sie auf Ihrer Mojo-Karte hervorgehoben haben. Falls bestimmte Stellen Stress auslösen, können die altbewährten Katzifizierungstechniken dabei helfen, sie zu neutralisieren.
5. **Geben Sie ihr andere Dinge zum Kauen,** zum Beispiel hochwertige proteinreiche Leckerli oder Katzengras (am besten an ihren Lieblingsorten, die Sie auf der Mojo-Karte vermerkt haben), oder robustes Hundespielzeug wie Hartgummi-Puzzlebälle, die sie mit Leckerli füllen, damit Ihre Katze ihre Kaulust befriedigen kann, ohne sich umzubringen.
6. **Zusätzlicher Pica-Schutz:** Räumen Sie alles weg, was Ihrer Kaumaschine gefährlich werden kann.
7. **Stille belohnen:** Manchmal konzentrieren wir uns so sehr auf das Kauen, dass wir alles andere darüber vergessen. Blättern Sie zurück zu Kapitel 9, um herauszufinden, wie Sie Ihre Katze noch belohnen und gleichzeitig ihren Drang zu kauen unterbinden können.

Der Mojo-Moment:

In diesem Fall geht es wirklich darum, dass Sie äußerst sorgfältig vorgehen und alles über das Pica-Syndrom lernen, was es zu lernen gibt, damit es nicht zur Katastrophe kommt. Haben Ihnen die Schritte geholfen und konnten Sie sie so umsetzten, dass ihre Katze nicht nur weniger kaut, sondern auch selbstbewusster wirkt? Dann tritt Ihr Mojo-Moment beispielsweise dann ein, wenn Sie von Ihrem Buch aufblicken, mit dem Sie es sich auf dem Sofa gemütlich gemacht haben, und sehen, wie Ihre Katze zwischen einer Decke und einem Puzzleball sitzt – und sich für das Spielzeug entscheidet. Gut gemacht!

Kabelkauen: Ein Sonderfall

Wenn Katzen an Kabeln kauen, können Sie einen Stromschlag bekommen oder einen Brand verursachen. In diesem Fall sollten Sie Ihre Kabel gut sichern, indem Sie sie hinter Laufschienen legen oder ummanteln. Spezielle Luftbehälter, die wie Bewegungsmelder funktionieren, können auch helfen, weil sie jedes Mal, wenn sich Ihre Katze den Computerkabeln etc. nähert, einen harmlosen, aber abschreckenden Sprühstoß abgeben. Lassen Sie auf das „Nein" aber auch immer ein „Ja" folgen, indem Sie Ihre Katze an Orte führen, an denen sich Katzengras oder Alternativen zum Kauen befinden.

Tipps vom Chef

Meine Herangehensweise ist die, alles zu berücksichtigen, was wir über das Pica-Syndrom wissen. Viele Zwangsstörungen scheinen selbstberuhigende Komponenten zu enthalten, wie Rauchen, Trinken, Stressessen oder Nägelkauen bei Menschen. Ausgeglichene Menschen würden natürlich Sport treiben oder meditieren, aber meiner Meinung nach versuchen wir unseren Frust meistens mit den einfachsten Mitteln loszuwerden. Entsprechend scheint es manchen Katzen zu helfen, ihren Stress durch Kauen abzubauen. Selbstberuhigendes Verhalten setzt meist sehr früh ein – oft noch während der Säugezeit –, was auch für die Ausbildung des Pica-Syndroms gilt. Eine andere Komponente von Zwangsstörungen ist jedoch, dass sie sich weiterentwickeln und dass es gemeinhin um mehr geht als den Stressabbau. Ich weiß, es ist äußerst frustrierend, aber die eben besprochenen Schritte werden Ihnen definitiv helfen.

Aber wo es Rätsel gibt, gibt es auch Lösungen, oder zumindest die unendlichen Weiten des Internets. Walten Sie also Ihres Amtes, seien Sie sorgfältig, fragen Sie nach, merken Sie sich, was Sie hier gelesen haben und vergessen Sie nie, dass Sie Ihre Katze besser kennen als jeder andere. Die Wissenschaft beschäftigt sich zwar mit dem Pica-Syndrom und vermag

Einblicke zu liefern, Sie aber auch. Also, was auch immer Sie machen und was auch immer Sie lernen – geben Sie es weiter, denn da draußen gibt es unendlich viele Menschen, die wie Sie unter dem Pica-Syndrom leiden und vielleicht sogar schon ein Tier verloren haben.

KATZEN-DADDY-REZEPT NR. 10 – HEIL DEM SCHWANZ

Das Problem: Ihre Katze hasst ihren Schwanz. Vielleicht zischt oder faucht sie ihn an, oder richtet in diesen Momenten Ihre Aggressionen sogar auf Sie um und verwandelt sich völlig überraschend mehrmals am Tag in dieses spastisch zuckende, fauchende, heulende Ding – und Sie erkennen sie nicht wieder. Vielleicht reißt sie sich die Haare aus dem Schwanz, bis sie blutet, und Sie denken bereits in Begriffen wie „bipolar", „unberechenbar" und „gruselig", oder nennen sie „Dr. Jeckyll und Mr. Hyde". Wie auch immer, Sie leiden gemeinsam Höllenqualen und sorgen sich um ihre – und Ihre – Sicherheit.

Die Realität: Diese heimtückische – und weitestgehend geheimnisvolle – Erkrankung wird als Felines Hyperästhesie-Syndrom bezeichnet und gilt als Sonderform der Epilepsie. Sie erkennen sie daran, dass sich Katzen zuerst lecken oder beißen und dann Zuckungen deutlich sicht- und fühlbar über ihre gesamte Rückenmuskulatur rollen. Katzen mit FHS verhalten sich irrational, als würden Sie von einem Geist gejagt. Im einen Moment können sie noch sehr anschmiegsam sein, und im nächsten wie auf Knopfdruck herumwirbeln und angreifen.

Hyperästhesie fühlt sich für Katzen an, als würden sie von ihrem eigenen Körper bekämpft. Sie können sogar Halluzinationen haben, und selbst wenn sie sich gerne streicheln lassen, wird ihre Überempfindlichkeit Ihnen diese schönen Momente immer verleiden. Manchmal kann eine vorangegangene Erkrankung eine Rolle spielen, und natürlich sollte man auch berücksichtigen, dass der Schwanz die Verlängerung der Wirbelsäule ist und entsprechend sensibel. Aber die Sache ist die: Wir wissen so gut wie nichts über diese Krankheit, außer, dass sie neurologischer Natur zu sein scheint und die Ursachen unbekannt sind.

Wir wissen weder, was sie bedingt, noch wie man sie therapiert, außer, dass die Behandlung mit Schmerzmitteln und Antiepileptika für Linderung sorgen kann. Die Diagnose erfolgt durch den Ausschluss anderer zentralnervöser Erkrankungen, setzt viele Tests voraus – Röntgenaufnahmen, Besuche beim Neurologen etc. –, und steht und fällt mit *Ihrem* Einsatz.

Die Schritte:

1. **Dokumentation:** Holen Sie wieder Ihre Lupe heraus und protokollieren Sie jeden Angriff. Sie benötigen Ausgangsdaten. Notieren Sie die Symptome und auslösenden Reize. Wo und wann ist es zu Angriffen gekommen? Was war in diesen Momenten zuhause los?
2. **Videos für den Tierarzt:** Bringen Sie Ihre Katze zum Tierarzt und zeigen Sie ihm Videoaufnahmen, damit er das Verhalten sieht. Besprechen Sie eine passende Therapieform.
3. **Energien steuern:** Energetische Momente können Schübe begünstigen. Achten Sie daher auf die Energiekurven in Ihrem Haushalt und nehmen Sie mit den Drei Rs etc. Druck raus.
4. **Entspannung fördern:** Stellen Sie ausreichend Kokons oder andere Rückzugsorte zur Verfügung.
5. **Katzifizierung, Katzen-TV und JFTF:** Greifen Sie tief in den Mojo-Werkzeugkasten, damit Ihre Katze Besseres zu tun hat, als sich Gedanken über ihren Schwanz zu machen!

Der Mojo-Moment:

Bei Hyperästhesie geht es nicht um die Heilung, sondern darum, wie wir mit ihr umgehen. Wie beim Pica-Syndrom, besteht der Mojo-Moment darin, zu wissen, womit wir es zu tun haben, sich umfassend zu informieren und sich mit anderen in Online-Foren etc. auszutauschen. Und wenn der Moment schließlich kommt, an dem Ihre Katze erkennt, dass ihr Schwanz nicht der Feind ist – auch wenn er sie manchmal noch irritiert – und es Ihnen gelungen ist, die Angriffe zu reduzieren, wird jeder dieser Momente zur Mojofizierung Ihrer Katze beitragen.

KATZEN-DADDY-REZEPT NR. 10 –

STÄNDIGES PUTZEN WAR GESTERN

Das Problem: Ihre Katze hat ihre Fellpflege auf ein völlig neues Level gebracht. Leider. Sie stellen fest, dass sie kahle Stellen an den Beinen hat oder ihr Bauch schon vollkommen nackt ist – und alles wegen dieser ständigen Putzerei.

Die Realität: Dass sich Katzen putzen, ist normal und wichtig, aber manche übertreiben es dabei. Manchmal fängt es mit einer Flohallergie an, einer Lebensmittelunverträglichkeit oder einem Hautproblem, doch dann wird das Lecken, das ihr zunächst noch Erleichterung verschafft hat, zur Gewohnheit. Es kann aber auch sein, dass sie es mit der Fellpflege übertreibt, weil sie ängstlich ist. Für manche Katzen ist selbstberuhigendes Lecken wie Nägelkauen für uns Menschen.

Ihr Verhalten kann uns jedoch wichtige Aufschlüsse liefern: Wenn sich Katzen überall lecken, juckt sie meistens etwas, und wenn sie sich nur an bestimmten Stellen lecken, schmerzt sie wahrscheinlich eher etwas. Zum Beispiel lecken sich Katzen mit Unterleibsschmerzen unter Umständen den Bauch wund.

Die Schritte:

1. **Tierarzt:** Gehen Sie mit Ihrer Katze zum Tierarzt, um dermatologische oder andere allgemeinmedizinische Probleme auszuschließen; in manchen Fällen reicht ein einfaches Medikament zur Behandlung aus.
2. **Stressfaktoren bestimmen:** Finden Sie heraus, ob sie sich von inneren Faktoren wie Konflikten zwischen Haustieren oder äußeren Faktoren wie „Barbaren am Gartenzaun“ (siehe Seite 335) bedroht fühlt. Viele Katzen würden sich gar nicht erst mit übertriebener Fellpflege beruhigen, wenn sie wüssten, wie man besser mit alltäglichen Stressfaktoren umgeht …
3. **Mehr Katzifizierung und JFTF:** Entscheidend ist, *das* interaktive Spielzeug zu finden, das Ihre Katze liebt. Auf diese Weise können Sie

nicht nur jeden Tag Energie aus dem Katzenheißluftballon lassen, was dazu führt, dass sich Ihre Katze mit anderen Dingen als sich selbst beschäftigt und sich entsprechend weniger putzt. Achten Sie auf die verräterischen Zeichen kurz bevor sie sich zu lecken beginnt – und lenken Sie sie mit einer kleinen Spieleinheit ab. Oft reicht das schon aus, um das Lecken zu unterbinden.

4. **Rhythmus über alles:** Lassen Sie nie die Drei Rs schleifen – ängstliche Katzen ziehen ihre Sicherheit aus ihrer häuslichen Routine.
5. **Fressen!** Ein anderer Grund, weshalb sich Katzen ständig putzen, könnte eine Allergie sein. Eine systematische Ausschlussdiät hilft hier definitiv, setzt aber Durchhaltevermögen voraus. Wenn Sie die Ausschlussdiät jedoch über mehrere Wochen konsequent betreiben und es schaffen, Ihrer Katze kein einziges Leckerli zuzuschieben – das gilt für Sie UND Ihre Familie und Freunde –, lassen sich oft erstaunliche Resultate erzielen.

Der Mojo-Moment:

Ganz einfach, Leute: Ihre Katze hat keine kahlen Stellen mehr! Selbst wenn ihr Fell gerade erst wieder anfängt, nachzuwachsen, haben Sie ein neues Kapitel im Leben Ihrer Katze aufgeschlagen – und ein ziemlich vertracktes Problem gelöst.

18

Wenn Ihre Katze ein Problem mit Freigängerkatzen hat

Zwischen meinen Kunden und mir kommt es immer wieder zu diesen Momenten, die uns beide gleichermaßen überraschen, wenn auch aus anderen Gründen. Zum Beispiel, wenn ich Ihnen aufgrund von Urinmarkierungen um Ihr Haus mitteile, dass Freigänger oder vielleicht sogar wildlebende Katzen der Grund dafür sind, dass Ihre Katzen so gestresst sind. Meine Kunden sind dann ganz baff, entweder, weil sie zwar wissen, dass eine Kolonie in der Nähe lebt, aber nicht, dass das ein Problem sein kann, oder weil sie keine Ahnung hatten, dass es noch andere Katzen in der Nachbarschaft gibt (was sie aber spätestens herausfinden, wenn ich ihnen ein wenig Detektivarbeit aufgebrummt habe). Und meine Überraschung besteht darin, dass es zu den Mojo-Grundlagen gehört, zu wissen, dass freilaufende Katzen reines Nervengift für Hauskatzen und ihr Territorium sind. Meistens denke ich dann: „Vielleicht sollte ich ein Buch …“

KATZEN-DADDY-REZEPT **NR. 12** –
BARBAREN AM GARTENZAUN

Das Problem: Eine oder vier Katzen aus der Nachbarschaft interessieren sich brennend für Ihren Rollrasen und lösen eine territoriale Panik

in Ihrer Katze aus. Egal ob wildlebend oder Freigänger – wenn sie sich draußen vergnügen, tobt Ihre Katze am Fenster.

Die Realität: Stellen Sie sich vor, die Nachbarkatze würde in Ihr Haus spazieren, das Futter Ihrer Katze fressen, ihr Katzenklo benutzen und wieder hinausspazieren. Nach dem, was wir mittlerweile über Katzen-Mojo und die Unantastbarkeit des Territoriums gelernt haben, wäre das für unsere Samtpfote eine Riesenkatastrophe. Tatsächlich macht dieses Szenario oder ob sich eine Katze lediglich in der näheren Umgebung ihres Territoriums aufhält, kaum einen Unterschied, da Wände für Katzen keine Grenzen darstellen. Sobald sie also die Nachbarskatze auch nur sieht oder hört, ist die Bedrohung für sie bereits real.

Die Schritte:

1. **Katzendetektivismus:** Herauszufinden, woher die Katzen kommen, welche Routen sie durch Ihren Garten nehmen und wie Sie sie davon abhalten können, ist extrem schwierig. Eine Überwachungskamera mit Bewegungsmelder dürfte jedoch jeden Zweifel aus dem Weg räumen, sodass Sie im Fall von wildlebenden Katzen die FKF-Strategie anwenden (fangen, kastrieren, freilassen), Hilfsmittel zur Abschreckung einsetzen oder Ihren Zaun „katzensicher“ machen können. Die Technik hat sich in den letzten Jahren so rasant entwickelt, dass heutzutage jeder Kameras und andere Hightech-Späßchen einsetzen kann, die vorher für die meisten unerschwinglich waren. Manche Kameras haben nicht nur eine Bewegungserkennung, sondern sind auch mit einer Nachtfunktion ausgestattet und registrieren sogar Ereignisse, die sie, mit der Uhrzeit versehen, als separate Datei abspeichern. Außerdem sind sie handlich, brauchen nur eine Steckdose und haben sogar WLAN. Oh Mann, ich wünschte, ich hätte diesen Hightech-Kram auch früher gehabt! Katzendetektivismus ist so einfach geworden!

Arbeiten Sie parallel an folgenden Schritten:

2. **Die FKF-Strategie:** Dieser Punkt erlangt zwar viel von Ihnen ab, wird Ihnen aber aber viel Leid ersparen, zumindest im Hinblick auf wildlebende Katzen. Falls Sie sich unsicher sind, können Sie natürlich auch erst herausfinden, ob es jemanden in Ihrer Nachbarschaft gibt, der bereits FKF praktiziert, und sich austauschen. Aber glauben Sie mir, an FKF kommen Sie nicht vorbei, denn solange sich wildlebende

Katzen unkontrolliert vermehren, bekommen wir das Problem nie in den Griff. Außerdem ist FKF einfach der richtige Weg. Mehr Informationen zum Thema FKF und wie Sie die Welt Ihrer Katzen sicherer gestalten können, finden Sie auf www.jacksongalaxyfoundation.com.

Bei Katzen mit Halsband und Marke sollten Sie natürlich einfach nur zu Ihren Nachbarn und ihnen erklären, welchen Schaden ihre Katzen bei Ihnen anrichten. Ich habe diese Diskussion im Lauf der Jahre mit vielen Nachbarn geführt, und solange Sie nicht mit geschwollen Adern am Hals und geballten Fäusten aufkreuzen, wird sich sicher eine einvernehmliche Lösung finden lassen.

3. **Zimmer ohne Aussicht:** Das ist zwar jetzt kein Wundermittel, aber Kartons, Papier oder Fensterfolien in den entsprechenden Fenstern können auch helfen. Aus den Augen heißt jedoch noch lange nicht aus dem Sinn, und wenn die Fenster auch nur einen Spalt geöffnet sind, werden Ihre Katzen die Eindringlinge immer noch einen Kilometer gegen den Wind riechen können.
4. **Entmystifizieren Sie Ihr Territorium:** Warum diese Katzen ausgerechnet in Ihren Garten kommen? Meistens hat es etwas mit Futter oder Schutz zu tun. Falls Sie sich zum Beispiel parallel um wildlebende Katze kümmern, können Sie ihnen auch außerhalb Ihres Territoriums Futter hinstellen. So schwer es mir und wahrscheinlich auch Ihnen fällt – Ihr Territorium *muss* katzenfrei bleiben, wenn Sie verhindern möchten, dass Ihre Katze am Fenster tobt.
5. **Abschreckung:** Vergessen Sie Cayennepfeffer, Orangenschalen oder Eierschalen. Dafür gibt viele andere Produkte, die Wasser spritzen, Luft ausstoßen, Geräusche verursachen oder mit Licht abschrecken, *bevor* die Eindringlinge von Ihrer Katze entdeckt werden. Verwenden Sie sie jedoch nicht auf Dauer. Wenn die Eindringlinge jedes Mal nass werden, wenn sie Ihr Grundstück betreten, werden sie sicher schnell begreifen, dass das Gras woanders grüner ist.

   Natürlich haben diese Produkte auch ihre Nachteile, da sie jedes Mal losgehen, wenn jemand vorbeigeht – und Sie, Ihre Nachbarn und auch der Briefträger regelmäßig nass werden. Bei uns haben nachts sogar schon vorbeifahrende Autos den Alarm ausgelöst. Aber es lohnt sich und ist ja nicht für ewig.
6. **Düfte neutralisieren:** Warten Sie, bis es dunkel wird, leuchten Sie mit einer Schwarzlichttaschenlampe um ihr Haus und entfernen Sie alle

Markierungen, wie Sie es drinnen auch tun würden. Auf diese Weise entfernen Sie nicht nur die Markierungen dieser Barbaren, sondern stellen auch Schwachstellen in Ihrer „Verteidigung" fest, indem Sie die gereinigten Stellen im Blick behalten und herausfinden, welche häufiger markiert werden als andere, sprich welche Ressourcen sie dort für sich beanspruchen und beschützen – und diese dann mit Abschreckern versehen!

7. **Vertikale Orte:** Wenn Ihre Katze an bestimmten Fenstern ausrastet, können Sie diese Fenster vertikal „pimpen". Oftmals haben die Aggressionen Ihrer Katze damit zu tun, dass sie auf dem Boden ist und plötzlich Auge in Auge ihrem Feind gegenübersteht. Ein Ausguck kann daher von hohem strategischen Wert sein, da Ihre Katze ihr Territorium aus einer erhöhten Position besser überblicken und ihren „Feinden" immer einen Schritt voraus sein kann.
8. **Wegmarker für mehr Mojo:** Territoriale „Schwachstellen" mit einem Katzenklo aufzuwerten, kann eine beruhigende Wirkung auf Napoleonkatzen haben. Wegmarker können wildes Markieren und umgerichtete Aggressionen verhindern, da sie so viel sagen wie: „He du, die Gegend gehört mir!"

Der Mojo-Moment:

Ihr Garten ist nur ein Garten und nicht die Ausweitung einer Kampfzone, Ihre einstige Napoleonkatze interessiert sich für Katzen-TV, übertreibt es aber nicht, indem sie alarmiert von Fenster zu Fenster stürzt und eifrig ihren Burggraben bewässert, und Sie sehen ab und an eine Katze durch Ihren Garten streifen, kennen Sie aber und wissen, dass sie kastriert ist und keinen Grund hat, sich hier länger aufzuhalten, da Sie ihre Futterstation in sicherer Entfernung aufgestellt haben. Und Ihre Katzen servieren jetzt lieber Mojitos, als zu den Waffen zu greifen und ihren Besitz zu verteidigen.

Ein Refugium unter freiem Himmel

Wie bereits in Kapitel 12 erwähnt, gibt es immer mehr Hüter, die ihre Gärten komplett oder teilweise auf innovative Arten einzäunen, um ihre Katzen drinnen und anderes Getier inklusive fremder Katzen draußen zu halten. Wenn Sie mein Rezept befolgt haben, die Wände aber immer noch wackeln, sollten Sie definitiv über ein Außengehege nachdenken. Auf diese Weise können Ihre Katzen nach draußen gehen, ihren territorialen Herrschaftsanspruch ausdehnen und ihre Grenzen testen. Es heißt ja nicht umsonst, dass gute Zäune gute Nachbarn schaffen.

19

Wenn Ihre Katze ein Mauerblümchen ist

ICH HABE SCHON sehr früh in meiner Karriere festgestellt, dass mein Herz für Mauerblümchen schlägt. Vor allem in Tierheimen leide ich mit ihnen, weil dort extreme Angst früher und in vielen Fallen auch heute noch tödlich sein kann. Viele meiner Techniken habe ich nur entwickelt, um diesen armen Dingern unter die Arme zu greifen, damit sie nicht nur die Aufnahmeprozedur überstanden, sondern auch die Zeit bis zur Adoption, und gleichzeitig ein bisschen Mojo tanken konnten. Mein Ziel war, sie mit mehr Selbstbewusstsein fortzuschicken, als sie gekommen waren, und das gilt bis heute – egal, ob ich ihnen in einem Tierheim, bei einer Pflegefamilie oder bei ihrer endgültigen Zuhause begegne.

Natürlich bin ich da keine Ausnahme. Wir haben alle mehr oder weniger die Tendenz, unsere Herzen an die „Undercats“ zu hängen. Was uns jedoch unterscheidet, ist, ob wir ihre Ängste pampern, oder ob wir sie herausfordern, damit sie sich in einem neuen Licht präsentieren können. Das folgende Rezept will natürlich Letzteres.

KATZEN-DADDY-REZEPT NR. 13 – DAS AUFBLÜHEN

Das Problem: Ihre Katze zeigt eine oder mehrere typische Verhaltensweisen eines Mauerblümchens (wie in Kapitel 5, Seite 79 beschrieben). Wahrscheinlich versucht sie die meiste Zeit, sich unsichtbar zu machen, indem sie sich in Schränken, auf Kühlschränken oder unter Betten versteckt. Mauerblümchen suchen das Weite, wenn Fremde ihr Territorium betreten, oder sogar wenn sich jemand, den sie kennen, zu schnell bewegt. Vielleicht traut sich Ihre Katze aus einer Reihe von Gründen erst dann aus der Deckung, wenn alle schlafen, und wenn Sie sie doch zu Gesicht bekommen, ist sie alles andere als selbstbewusst.

Mit Schuld an diesem Problem sind die geheimen Absprachen, diese Kombination aus Verständnis und – seien wir doch mal ehrlich – der Tatsache, dass wir besseres zu tun haben, sodass das Problem mi der Katze verschwindet. Viele Hüter tendieren auch dazu, das ängstliche Verhalten ihres Mauerblümchens schönzureden: „Das ist ihr Lieblingsplatz/ihr Rückzugsort", „sie liebt es im Schrank", „ist doch okay, wenn sie erst auf ihr Katzenklo geht, wenn wir im Bett sind" etc. Damit eins klar ist: sich die ganze Zeit zu verstecken ist NICHT normal, und sollte auch nicht leichtfertig mit einem „ist doch okay" abgetan werden. Um jedoch ein Problem angehen zu können, muss man es erst als das sehen, was es ist: ein Problem.

Die Realität: Katzen können aus genetischen Gründen Mauerblümchen sein, oder weil sie nicht früh genug sozialisiert wurden, oder aus einer Kombination dieser und anderer Gründe, wobei ihr Mauerblümchendasein oft als Charaktereigenschaft gewertet wird. Ihr Ziel sollte jedoch sein das Beste aus Ihrem Mauerblümchen herauszuholen, und zwar unter der Prämisse, dass es keine schablonenhafte Antworten darauf gibt, wie dieses neue, bessere Ich aussehen könnte oder wie lange es dauert, es herauszubilden, sondern dass es sich um einen organischen Prozess handelt, der sich einstellen wird, solange Sie die Schritte befolgen und absolut ehrlich zu sich und Ihrer Katze sind. Ihre Aufgabe ist es, Liebe und Trost zu schenken, aber *nie* in ihren Unterschlupfen. Fordern Sie Ihre Katzen lieber heraus. Wenn Sie sie sich selbst überlassen, werden sie den Rest ihres Lebens damit zubringen, zu verschwinden – weil es funktioniert. Aber irgendwann werden Sie wohl oder übel „Nein, das funktioniert jetzt nicht mehr für dich!“ sagen müssen. Und in Wirklichkeit hat es das auch nie.

Die Schritte:

1. **Holen Sie Ihre Mojo-Karte heraus:** Wenn Sie sich die Zeit nehmen und sich ansehen, wo genau Ihre Katze so viel Zeit verbringt – und ihre **Unkomfortzonen** lokalisieren –, dürften Sie schnell feststellen, wie klein ihre Welt ist. Vielleicht finden Sie sogar heraus, weshalb Ihre Katze so beengt lebt – manchmal werden Mauerblümchen wegen Konflikten mit anderen Tieren im Haushalt in die Isolation gedrängt. Halten Sie aber auch parallel nach kleinen **Komfortzonen** Ausschau, die Sie in attraktive Ziele umwandeln können, damit Ihre Katze es schafft, die gesetzten Herausforderungslinien zu überschreiten. Sprich werden Sie wieder zum Detektiv – und halten Sie sich mithilfe Ihrer Karte „nur an die Fakten, Ma'am“.
2. **Finden Sie die Herausforderungslinien Ihres Mauerblümchens:** Werten Sie nun die Fakten aus, die sie gesammelt haben. Schauen Sie hierfür auf Ihre Karte und auf Ihre Katze. Hat Ihre Katze ein bestimmtes Versteck und zögert an einer bestimmten Stelle oder wagt sich einfach nicht über diesen Punkt hinaus? Dann markieren Sie diese Herausforderungslinie mit Klebeband, stellen Sie den Futternapf genau auf die Linie und schieben Sie ihn morgen ein paar Zentimeter über die Linie hinaus. Verschieben Sie die Linie jeden Tag ein winziges Stück. Arbeiten Sie mit Jackpot!-Leckerli und geben Sie sie ihr nur, wenn sie die Linie überschreitet. Ihre Katze wird sich sogar über die Herausforderung freuen, da auf der anderen Seite eine tolle Belohnung auf sie wartet.
3. **Und Ihre Herausforderungslinie?** In Kapitel 9 haben wir über Ihre Herausforderungslinie und den Grundsatz gesprochen, dass das Wohl Ihrer Katze immer an der ersten Stelle stehen muss, auch wenn Sie sich noch so schuldig fühlen, weil Ihr Mauerblümchen still vor sich hinleidet. Bleiben Sie jedoch tapfer. Belohnen Sie sie mit Leckerli und denken Sie daran, was sie erwartet: ein besseres Leben.
4. **Schluss mit der Unterwelt:** Wenden Sie das Erlernte an und machen Sie ernst, zum Beispiel, indem Sie damit aufhören, sie unter dem Bett zu füttern. Liebe und Trost sind okay, aber nicht dort. Um Ihrem

Mauerblümchen zu helfen, müssen Sie es sanft, aber nachdrücklich herausfordern, und dazu gehört, alle Höhlen zu blockieren.

Unterschlupfe sollten immer sukzessive wegfallen (siehe Seite 128) Nehmen Sie ihr nicht alle Verstecke auf einmal weg, sondern fangen Sie zum Beispiel mit dem Bett an, unter das sie sich so gerne bis in den letzten Winkel zurückzieht. Dort fangen Sie an, sozusagen im Herzen ihrer Höhle, und arbeiten sich weiter vor, bis das komplette Bett kein Unterschlupf mehr ist.

Untersuchungen haben ergeben, dass sichere Orte, an denen Katzen Zeit verbringen können, wichtig sind, weshalb Sie ihnen in diesem Prozess **Kokons** zur Verfügung stellen sollten, die ihr dasselbe Gefühl von Sicherheit geben statt ihr Selbstwertgefühl zu zerstören, wie es bei einem Leben unter dem Bett der Fall ist.

5. **Weiten Sie Stück für Stück Ihr Territorium aus:** Eines der wichtigsten Werkzeuge, das uns bei Mauerblümchen zur Verfügung steht, ist das **Basislager.** Richten Sie es so ein, wie ich es in Kapitel 8 (siehe Seite 120) beschrieben habe – so angenehm wie möglich, mit Duftquellen, Kokons, Aussichtspunkten, Tunnel und natürlich Dingen, die ihren gemeinsamen Duft tragen. Auf diese Weise ermutigen Sie sie, ihre Höhle in einer geschützten Umgebung zu verlassen, in der sie sich sicher fühlt und deren Geruch/Mojo sie aufnehmen kann. Weiten Sie anschließend das Basislager aus, wie auf Seite 121 beschrieben, und bereichern Sie ihre Welt, aber schützen Sie sie zugleich, schließlich geht es darum, ihr Revier Stück für Stück auszuweiten und ihren Geruch überall zu verteilen, als würde es sich um neues Territorium handeln.
6. **Katzifizierung:** Sorgen Sie dafür, dass sich Ihr Mauerblümchen mit dem Territorium anfreundet, indem Sie es über das Basislager hinaus mit Dingen ausstatten, die ihr helfen, sich durch die einzelnen Komfortzonen zu bewegen, während sie behutsam ihre Herausforderungslinie verschieben. Ermöglichen Sie ihr mit der Katzenautobahn (siehe Kapitel 8) den Zugang in die vertikale Welt und beweisen Sie ihr, dass ihre Welt nicht beängstigend, sondern vertrauenerweckend ist.
7. **JFTF:** Ohne Spieltherapie geht gar nichts. Die Rechnung ist simpel: wenn sie sich auf ihr Spielzeug stürzt, gehört der Ort ihr. Territorialer Herrschaftsanspruch = Mojo de luxe. Entfesseln Sie ihr Mojo! Ermutigen Sie Ihr Mauerblümchen zu spielen, indem sie ihr kleine, ruhige, interaktive Spielzeug anbieten, wenn es das ist, was sie mag.

Der Mojo-Moment:

Bei Mauerblümchen geht es weniger um das Ziel als um die Reise. Als ich zum Beispiel eines Tages nach Hause kam und meine Katze Velouria schlafend auf dem Bett statt in einem ihrer Kokons vorfand, war das für mich ein Riesenerfolg. Da war sie etwa acht. Es hat also eine Weile gedauert, aber in dieser Zeit habe ich meinen Ansatz entwickelt (ja, Velouria ist das erste Mauerblümchen) und viele kleine Fortschritte festgestellt, die mich bestärkt haben. Bei Mauerblümchen geht es im Grunde darum, so viel Mojo wie möglich für sie herauszuholen. Wahrscheinlich bleiben sie für immer schüchtern, aber sie werden feststellen, dass sie gleichzeitig immer häufiger kleine Mojo-Momente haben werden – und ihre Kokons am Ende doch noch einen Schmetterling aus ihr gemacht haben.

Mit Besuchern chillen

Fortschritte mit Mauerblümchen erfordern Tag für Tag dieselbe Hingabe, um ihr Vertrauen zu gewinnen.

1. Bitten Sie ihre Freunde, statt zu klingeln anzurufen, da viele Katzen gelernt haben, dass auf ein Klingeln etwas Beängstigendes folgt. Nehmen Sie Ihren Besuch draußen in Empfang, nach draußen, kommen Sie zusammen wieder herein – und geben Sie ihrer Katze direkt ein Jackpot!-Leckerli. Oder desensibilisieren Sie sie, wie im Abschnitt „Katzen und Kinder" (siehe Kapitel 11, Seite 222) beschrieben.
2. Besucher sollten bei ihrem ersten Besuch nicht mit Mauerblümchen interagieren, sondern sie einfach ignorieren und danach sehr behutsam agieren. Rekapitulieren Sie hierfür den **Drei-Phasen-Händedruck** und das **Langsame Blinzeln.**
3. Eine weitere hilfreiche Technik ist der **Weihnachtsmann-Effekt:** Jeder Besucher muss Ihrer Katze ein „Weihnachtsgeschenk" mitbringen, oder lassen Sie sie ihr Abendbrot anrichten, damit sich Ihre Katze bei Besuch jedes Mal wie im 7. Weihnachtshimmel fühlt.

Katzen-Daddy-Wörterbuch: Die Übergabe

Wenn Katzen Angst vor Fremden haben oder bei jedem außer ihrem Hüter mit dem Schwanz wischen, können Sie als Hüter ihren Status ausnutzen und den „Kreis des Vertrauens“ aktiv erweitern. Wenn Katzen aus Angst defensiv reagieren, wird ihre Welt nur ärmer, da sich die anderen einfach zurückziehen werden. Ein Teufelskreis der Isolation entsteht, und Ihre Katze wird sich umso verzweifelter an die einzige Person kletten, der sie vertraut. Sie.

Mit der richtigen Übergabe-Technik lässt sich dieser Teufelskreis jedoch durchbrechen, indem die vertrauenswürdige Person (der Hüter) anderen beibringt, wie sie ihre Katze am besten berühren. Der Hüter streichelt seine Katze, die vollkommen entspannt ist, während sich die andere Person nähert und in dem Moment die Katze sanft berührt, in dem der Hüter seine Hand zurückzieht. Auf diese Weise erweitert sich der „Kreis des Vertrauens“ der Katze, und sie fühlt sich weiterhin sicher, weil ihr Hüter direkt neben ihr ist.

Die soziale Brücke

Manchen Mauerblümchen hilft eine „soziale Brücke“, wie eine Mojito-Katze, die zwischen der ängstlich-schüchternen Katze und anderen Katzen oder Menschen vermittelt.

Mauerblümchen „folgen ihren Anführern“, sprich wenn sie sehen, wie spielerisch oder selbstbewusst sie agieren, werden sie irgendwann selbst anfangen, dieses Verhalten auszutesten.

20

Wenn Ihre Katze um die Ecke (ihres Katzenklos) denkt

FALLS SIE DIESES Buch direkt auf dieser Seite aufgeschlagen haben sollten, hoffen Sie wahrscheinlich, dass dieses Kapitel alle Ihre Katzenklo-Probleme bündelt und zu ein paar Rezepten verarbeitet, auf die Sie bei Bedarf – wie jetzt gerade – zurückgreifen können. Und glauben womöglich auch an Einhörner. Halt! Schlagen Sie das Buch nicht wieder zu! Lassen Sie mich erklären …

Wer auch immer Sie sind, und wo auch immer Sie mich antreffen – in den sozialen Medien, bei einer meiner Frage-Antwort-Runden, in der Schlange im Supermarkt – ganz egal: Wenn Sie mit „Jackson, ich habe ein Problem mit meinen Katzen und ihren Katzenklos" anfangen, garantiert ich Ihnen, dass Sie mir das Problem 15 Minuten später *immer noch* erklären. Woraufhin ich 30 Minuten lang antworte, bevor ich aufgebe und Sie bitte, mich zu sich nach Hause mitzunehmen.

Ganz ehrlich, wenn ich jedes Mal 5 Cent für die Bitte bekäme, über die „Top 5 Katzenklo-Probleme" oder wenigstens eine kurze Anleitung dazu zu schreiben, wäre ich längst Millionär (und tot, weil ich mich erschossen hätte).

Wenn ich alles richtig gemacht habe, sollten Ihnen mit diesem Buch alle Werkzeuge zur Verfügung stehen, um Ihre 15-Minuten-Frage selbst in Angriff zu nehmen. Genauso sollten Sie mittlerweile begriffen haben, dass, egal wie tief der Werkzeugkasten ist und wie viele Werkzeuge sich darin befinden, es immer um *Ihre Katze* geht. In *Ihrem Zuhause.* In *Ihrer Familie,* mit Ihrer Katze im Zentrum, die alle Familienmitglieder, egal ob Tier oder Mensch, vernetzt.

So ist das, und genau deswegen kann ich bei Katzenklo-Problemen keine pauschalen Lösungen aus dem Hut zaubern, die für alle gelten. Wenn es die gäbe, würde ich sie selbst anwenden – und zwar jedes Mal.

Stattdessen mache ich mich jeden Tag neu ans Werk. Ich benutze denselben Werkzeugkasten wie Sie (wobei es in meinem Fall ein Gitarrenkoffer ist), dieselben Werkzeuge und die gute alte Mojo-Tradition des Katzendetektivismus, und gehe immer noch per Ausschlussverfahren jedem einzelnen Hinweis am Tatort nach. Die Herausforderung ist auch nach 20 Jahren dieselbe – und bis heute heißt es manchmal zurück auf Los, alle akribisch gesammelten Daten neu auswerten und so lange weitersuchen, bis der Fall gelöst ist.

Die gute Nachricht ist natürlich, dass Sie nicht allein sind und es Lösungen gibt. Das Wesentliche in diesem Kapitel – und in der hohen Kunst der Katzenklo-Diplomatie – ist nicht das Problem, sondern dass Sie es gemeinsam angehen, als Familie, so wie ich jeden Tag aufs Neue Fragen stelle und nach den richtigen Antworten suche. Es fängt mit unliebsamen Überraschungen in Form von kleinen und/oder großen Geschäften an – die nicht immer dort landen, wo sie sollen, bis man die Fassung verliert und in einer Welle aus Frustration und Hilflosigkeit zu ertrinken droht – und endet damit, dass Sie wissen, *warum.*

Halten Sie bitte durch … Ich glaube nämlich wirklich, dass Sie schlechter dran wären, wenn ich Ihnen diesen einen magischen Hinweis geben würde – weil Sie dann tun würden, was ich (wie wahrscheinlich 50 Prozent der männlichen Bevölkerung) mache, wenn bei mir zuhause etwas nicht mehr funktioniert: ich wickle Klebeband darum. Hauptsache, es tropft nicht mehr. Und egal, was ich behaupte: ich habe *nichts* repariert, sondern lediglich eine kaputte Spüle mit Klebeband abgedichtet.

Also, Finger weg vom Klebeband, auch wenn Sie es in diesem Kapitels am liebsten immer wieder verwenden würden. Gehen Sie stattdessen die

Sache Ihrer Katze und Ihnen zuliebe richtig an. Und nicht vergessen, Pipi und Kacka sind keine Probleme – es sind Symptome. Packen Sie daher das Übel an der Wurzel, bevor Sie sich um die Symptome kümmern und Ihre Katze ins Mojo-Glück katapultieren.

DAS AUSSCHLUSSVERFAHREN

Wenn ich zu Ihnen nach Hause käme und lediglich wüsste, dass Sie ein Katzenklo-Problem haben, würde ich zunächst einmal davon ausgehen, dass es ein dringendes Problem gibt, schließlich haben Sie einen Profi zur Hilfe gerufen – und Sie und Ihre Familie kurz davorstehen, zu kollabieren. Mein Gefühl von Dringlichkeit gründet wiederum in der Tatsache, dass Katzenklo-Probleme *immer* auch ein Ausdruck von Schmerzen und Leiden sind, und dass sie dringend gelöst werden müssen. Fangen wir also an, indem wir zunächst an der Oberfläche suchen, bevor wir im wahrsten Sinne des Wortes tiefer in die Materie eintauchen.

Tatsächlich lässt sich das Problem oftmals einfach und nachhaltig detektivisch beheben, da der Fall relativ klar ist. Lässt sich das Problem jedoch nicht so leicht fassen und wurzelt tiefer, müssen wir der Sache natürlich auf den Grund gehen. Dafür braucht es zwar Geduld, aber keine Sorge, wir haben auch für diesen Fall das passende Werkzeug.

Lassen Sie uns jedoch nichts überstürzen. Das Ausschlussverfahren beginnt immer mit der Frage nach dem „Warum?“

KATZENKLO-PROBLEME: WARUM?

Katzenklo-Probleme lassen sich in drei Kategorien zusammenfassen:

1. **Territorialer Stress:** In einer mojofixierten Welt dürfte es einleuchten, dass Katzenklo-Probleme immer eine territoriale Komponente haben. Ob die Bedrohung real oder eingebildet ist, spielt dabei keine Rolle, schließlich gilt auch hier, wie bei vielen anderen Problemen: *ist das Mojo unsrer Katze weg, macht sie einen Fleck.*

   Zu dieser Kategorie gehören:

A. Bedrohung von innen: Gestörte oder nicht existente Beziehungen (mit anderen Tieren oder Menschen), neue Abläufe und territoriale Veränderungen bedrohen das Mojo unserer Katzen.
B. Bedrohung von nirgends: Gefühlte Bedrohungen führen zwangsläufig zu immer ausgeprägteren territorialen Einschränkungen.

2. **Katzenklo-Aversionen:** In diesem Fall geht es eher darum, dass Ihre Katze ihr Geschäft nicht aus strategischen Gründen außerhalb des Katzenklos verrichtet, sondern *grundsätzlich*. Mögliche Gründe sind: körperliche Beschwerden, Traumata, Beschaffenheit des Katzenklos, der Streu etc.
3. **Gesundheitliche Aspekte:** Es gibt eine ganze Reihe körperlicher Beschwerden, die dazu führen, dass Katzen ihr Geschäft außerhalb des Katzenklos verrichten, und ernsthafte Erkrankungen nach sich ziehen, wenn sie nicht rechtzeitig angegangen werden. (Ist das der Fall, rate ich immer – wirklich *immer* –, bei den allerersten Anzeichen eines Katzenklo-Problems einen Tierarzt aufzusuchen. Mehr hierzu gleich.)

Lassen Sie uns nun mit diesen drei Kategorien im Hinterkopf jene Verhaltensweisen ansehen, die sich schnell lösen lassen.

WO IST ES PASSIERT?

Meistens führt der schnellste Weg zur Lösung über den Tatort.

An den Außenwänden:

Wo es passiert: Gegen Außenwände, unter Fenstern, in der Nähe von Türen, die nach draußen führen (inklusive der Tür zur Garage).

Warum es passiert: *Territorialer Stress* – Wenn Ihre Katze die Außenwände Ihres Hauses markiert, haben wir es eindeutig mit territorialem Stress zu tun, mit der Antwort einer Napoleonkatze auf eine vermeintliche Bedrohung von außen. Üblicherweise geht es dabei um andere Katzen – „Das ist meine Burg, und die hat einen Wassergraben.“

Die Lösung: Barbaren am Gartenzaun – siehe Kapitel 18, Seite 335, um Bedrohungen von außen als solche zu erkennen und wieder für Ordnung zu sorgen.

Zusatzinfo: In vielen Fällen sprühen Katzen statt zu pinkeln. Der Unterschied zum normalen Pinkeln besteht darin, dass Katzen beim Sprühen den Po in die Höhe recken, um vertikale Flächen zu markieren.

Mitten im Raum:

Wo es passiert: Auf dem Boden statt gegen die Wände, sei es nun mitten im Raum oder unter einem Tisch oder Stuhl.

Warum es passiert: *Territorialer Stress* – Wahrscheinlich fürchtet sich Ihre Katze vor jemandem zuhause oder wird gemobbt. Wenn Sie zum Beispiel unter dem Tisch sitzt, hat sie den kompletten Raum im Blick und pinkelt da auch hin, weil sie, wie vom Katzenschach bekannt, beim Pinkeln nicht schachmatt gesetzt werden kann.

Die Lösung: Siehe „Täter und Opfer", Kapitel 14, Seite 294.

Tipps zur Katzifizierung: Achten Sie darauf, dass Ihre Katzenklos von mehreren Seiten begehbar sind, und verzichten Sie auf überdachte Boxen, deren Öffnung gegen die Wand zeigen. Anders formuliert: Vermeiden Sie Sackgassen und Hinterhalte.

Im Badezimmer:

Wo es passiert: In der Badewanne oder im Waschbecken.

Warum es passiert: *Katzenklo-Aversionen* – Meistens liegt es an der Streu. Entscheidend hierbei ist, dass sowohl Wanne als auch Waschbecken kühl und glatt sind und sich die Streu komisch unter ihren Pfoten anfühlt, sodass sie sich einen angenehmeren Untergrund suchen – was natürlich auf gesundheitliche Probleme hinweisen kann. Ich kenne dieses Verhalten besonders von entkrallten Katzen, die eine Art Phantomschmerz empfinden, oder von alten Katzen mit arthritischen Pfoten.

Die Lösung: Wenn Katzen ihre Katzenklos negativ assoziieren, müssen *Sie* das Bild wieder geraderücken. Siehe „Neueinführung des Katzenklos" auf Seite 361.

Persönliche Sachen:

Wo es passiert: Auf die persönlichen Sachen anderer Familienmitglieder, wie Kleidung, Geldbeutel, Duschmatten oder sogar Babybetten.

Warum es passiert: *Territorialer Stress* – Dieser Fall tritt meistens dann ein, wenn die „kritische Masse" erreicht ist, wie ich immer sage. Das geschieht meistens in Vieltierhaushalten, wenn Ihre Katze ihren inneren Napoleon beschwört, weil der letzte Neuzugang einer zu viel war. Ein neues Tier kommt dazu oder wird adoptiert, ein Baby wird geboren, ein neuer Freund oder eine neue Freundin taucht auf und bleibt über Nacht, und plötzlich ist das Maß voll – Ihre Katze fühlt sich territorial bedroht, erstickt, und begeht Landraub, indem sie ihre Pipifahne in die persönlichen Sachen der Neuzugänge steckt, die besonders ausgeprägt nach ihnen riechen.

Die Lösung: Wie viele andere Verhaltensweisen, ist auch das ein territorialer Hilfeschrei. Aber immer schön der Reihe nach: Reduzieren Sie zunächst die Markierungen, indem Sie das Territorium erweitern – und zurückblättern zu Kapitel 8, Katzifizierung und Territorium –, bevor Sie wieder hierher zurückkommen, genauer gesagt zum **Weihnachtsmann-Effekt** auf Seite 345, und nachlesen, wie Sie die in Ungnade gefallene Person rehabilitieren und Ihre Katze sie wieder positiv assoziiert. Jetzt ist auch (mal wieder) der Moment gekommen, mit dem alten Vorurteil zu brechen, dass ihre Katze Person XY hasst, und anzuerkennen, dass sie sie weder hasst noch eifersüchtig ist, sondern eher verunsichert oder verängstigt.

Türöffnungen:

Wo es passiert: In oder an Türöffnungen, die in angrenzende Zimmer oder Flure führen.

Warum es passiert: *Territorialer Stress* – vielleicht wiederhole ich mich, aber wenn Sie im Katzifizierungsprozess für zu wenig Wegmarker sorgen, wird Ihnen das Ihre Katze mit Graffiti in Form von Urinmarkierungen danken und die Bereiche wie ein Profi zutaggen (und damit meine ich wirklich zusprayen und nicht einfach nur auf den Boden pinkeln, auch wenn es da Ausnahmen geben kann.)

Die Lösung: In erster Linie Katzifizierung. Sorgen Sie für ausreichend Wegmarker in den betroffenen Bereichen, und zwar nicht nur in den Türöffnungen, sondern auch davor, dahinter und überall dort, wo Ihre Katze übertriebene Besitzansprüche anmeldet. Wahrscheinlich werden Sie aber auch eine starke Duftquelle benötigen, die Sie in der Nähe des Flecks aufstellen, wie einen Kratzbaum oder idealerweise ein Katzenklo. Und nicht vergessen: taggen ist antimojo. Packen Sie das Übel an der Wurzel, leisten Sie Detektivarbeit und üben Sie sich in Geduld.

Zentrale Möbel:

Wo es passiert: Auf Betten, Sofas, Stühlen; den wesentlichen menschlichen Duftquellen.

Warum es passiert: *Territorialer Stress* – Meistens interpretiert als: „Meine Katze hasst mich, weil sie auf meine Seite des Betts pinkelt!“ Betrachten Sie es einfach als zweifelhaftes Kompliment. Wenn wir zuhause sind, verbringen wir die meiste Zeit im Bett und auf dem Sofa, ob es Ihnen gefällt oder nicht. Und wenn Ihre Katze diese Orte markiert, bezweckt sie dasselbe wie die Mojito-Katze, die sich an Ihnen und/oder Ihren Sachen reibt, um sie zu „beduften“, nur dass sie damit das Gegenteil erreicht. Das ist ein bisschen so wie die Kehrseite der Mojo-Medaille. Statt „Ich liebe dich, du gehörst mir“, sagt sie: „Ich liebe dich, du gehörst MIR!“, weil sie fürchtet, dass Sie ihr nicht gehören oder Sie an jemanden verlieren könnte. Diese Art von Landraub lässt sich übrigens auch oft beobachten, wenn neue Katzenfeindschaften entstehen.

Die Lösung: Blättern Sie zurück auf Seite 76 und lesen Sie noch einmal den Abschnitt über die Napoleonkatze, um zu überprüfen, was auf Ihre Situation zutrifft, und nutzen Sie die entsprechenden Werkzeuge, um ihr Mojo zu stärken. Katzifizierung hilft *immer*, um solche Situationen aufzulösen. Sie können auch die Nein/Ja-Technik auf Seite 165 anwenden, wobei das betroffene Möbel das „Nein" und die Duftquelle daneben, wie Körbchen, Decke, Kratzbaum etc., das „Ja" ist.

Zusatzinfo: Vergessen Sie jedoch nicht, dass im Falle von Möbeln, die eine bestimmte Textur haben, auch *Katzenklo-Aversionen* und/oder *gesundheitliche Aspekte* eine Rolle spielen können.

Katzenmöbel:

Wo es passiert: Auf wichtigen Duftquellen wie Katzenbetten, Katzentürmen, Aussichtspunkten und Kratzbäumen.

Warum es passiert: *Territorialer Stress* – Das Resultat ist klassisches Antimojo-Graffiti. Meistens geht es dabei um eingebildete Rivalitäten, die mit anderen Katzen, Hunden oder manchmal auch Kindern zu tun haben und sich in einen übertriebenen Herrschaftsanspruch entladen, der typisch für Napoleon-Katzen ist, aber genauso gut von einem verzweifelten Mauerblümchen ausgehen kann, weil es das Gefühl hat, dass man ihm bereits alle anderen wertvollen Möbel weggenommen hat oder sie ihr vorenthält.

Die Lösung: Blättern Sie zurück zu Kapitel 8 und befassen Sie sich noch einmal mit den Archetypen. Das Problem löst sich nicht, indem man herausfindet, welche Katze es verursacht, sondern indem man herausfindet, was die Angst verursacht.

Noch mehr wertvolle Duftquellen helfen aber auch. Ganz offensichtlich haben die Ziele einen hohen Wert, der vom Ort, der Textur und seiner Beliebtheit ausgeht. Bringen Sie Ihren Katzen daher bei, dass es haufenweise ähnliche Duftquellen in ihrem Territorium gibt, die sie besitzen können. Wenn es bereits zu Aggressionen gekommen ist, müssen Sie sie gegebenenfalls neu aneinander gewöhnen (siehe hierzu Kapitel 14).

Vertikale Flächen:

Wo es passiert: Auf Tischen, Herdflächen, Küchenzeilen etc.

Warum es passiert: *Territorialer Stress* – An diesen Orten spielen viele Faktoren eine Rolle, aber meistens erleben wie hier ein klassisches Opfer/Täter-Szenario, was daran liegt, dass sich das Opfer entweder am Boden und/oder im Katzenklo nicht mehr sicher fühlt, weil es dort gejagt oder in Hinterhalte gedrängt wird, oder weil es beim Katzenschach schachmatt gesetzt wird. Das Opfer/Mauerblümchen flüchtet sich also an vertikale Orte, um die Lage besser überblicken und endlich „loslassen" zu können ... ODER wird in die Vertikale gejagt und löst sich aus purer Angst.

Die Lösung: Ein klarer Fall für die Feuerwehr. Trennen Sie die Feinde und wiederholen Sie die komplette Kennenlernphase aus Kapitel 9.

Zusatzinfo: Andere Anzeichen von territorialem Stress, die nicht zwingend mit vertikalen Orten zu tun haben, wären: (a) wenn Ihre Katze ihr Geschäft nicht an einem Ort verrichtet, sondern eine Spur hinter sich herzieht, weil sie gejagt wurde (oder weil ihr aufgelauert wurde und sie glaubte, gejagt zu werden), oder (b), wenn sich Haare im Kot befinden, die darauf hinweisen, dass es zu einem Kampf kam, während dem sich ihre Blase und/oder ihr Darm entleert haben.

In der Nähe des Katzenklos:

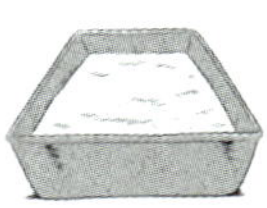

Wo es passiert: Im Umkreis von einem halben Meter um das Katzenklo herum.

Warum es passiert: *Katzenklo-Aversionen* oder *gesundheitliche Aspekte.* Noch so ein Fall, bei dem ich sofort weiß, was Sache ist. Natürlich habe ich mich auch schon getäuscht, in diesem Kontext aber selten. Wenn Katzen das Katzenklo negativ assoziieren (meistens weil sie beim Lösen Schmerzen haben), denken sie nicht „Mist, das tut aber weh!“, sondern „Dieser *Ort* tut mir weh.“ Warum also zurückgehen? Da sie jedoch wissen, dass sie dorthin gehen sollten, gehen sie so nah wie möglich hin. Dasselbe gilt für Katzen, die sich beim Lösen so nah wie möglich an den Rand des Katzenklos stellen, sodass ihr Geschäft auf dem Boden landet. Auch das ist eine Form von ausweichendem Verhalten.

Die Lösung: Lesen Sie den nächsten Abschnitt, „Zurück zu den Grundlagen“, um diesem Verhalten auf die Spur zu kommen, und gehen Sie auf jeden Fall immer auch zum Tierarzt, um sicher zu sein, dass Ihre Katze nicht „die gelbe Flagge hisst“. Sobald die Gründe klar sind, können Sie auf Seite 361 nachlesen, wie Sie Ihre Katze wieder an das Katzenklo gewöhnen.

ZURÜCK ZU DEN GRUNDLAGEN

Hat Ihnen das „Wo?“ nicht weitergeholfen? Keine Sorge, wir sind noch nicht fertig. Nächster Halt: die Grundlagen. Machen Sie sich zunächst erneut mit den Zehn Katzenklo-Geboten vertraut – ich habe schon miterlebt, wie sich Katzenklo-Probleme nach der Umsetzung nur eines dieser Gebote in Luft aufgelöst haben.

Katzen-Daddys zehn Katzenklo-Empfehlungen – Übersicht

(Siehe auch Kapitel 8, Seite 142–150 für ausführlichere Informationen zu den Geboten.)

Du sollst +1 Katzenklo pro Katze haben

In Mehrkatzenhaushalten sollte jede Katze ein eigenes Katzenklo haben – plus ein Extraklo. Sprich wenn Sie zwei Katzen haben, brauchen sie drei Katzenklos etc.

Du sollst deine Katzenklos nicht nebeneinanderstellen

Stellen Sie sie dort hin, wo Ihre Katzen sie am liebsten hätten, und nicht Sie.

Du sollst nicht den König der Duftquellen tarnen

Verwenden Sie ausnahmslos duftneutrale Streu, die ohne desodorierende Mittel auskommt, und verzichten Sie in der Nähe des Katzenklos auf Duftsprays. Dasselbe gilt für alle anderen Ablenkungsversuche, wie zum Beispiel das Katzenklo als Topfpflanze tarnen etc.

Du sollst deine Streu ehren

Geben Sie Ihrer Katze, was auch die Ur-Katze bevorzugen würde: normale, einfache Streu. Denn je ausgefallener die Streu, desto irritierter gegebenenfalls die Katze.

Du sollst nicht stumpf das Katzenklo auffüllen

Katzenklos werden gerne überfüllt, da wir anscheinend glauben, dass mehr von diesem wunderbaren Produkt bestimmt auch mehr hilft. Falsch gedacht! Füllen Sie für den Anfang zwei bis fünf Zentimeter ein, bevor Sie die Menge entsprechend anpassen.

Du sollst das richtige Katzenklo ehren

Das Katzenklo sollte ansprechend und praktisch sein oder, anders formuliert, ein freundlicher Ort, den Ihre Katze gerne wieder aufsucht. Die Länge der Box sollte dabei etwa der eineinhalbfachen Länge ihres Körpers entsprechen.

Du sollst nicht überdachen

Abdeckungen können zu Hinterhalten und Sackgassen werden, besonders in Haushalten mit Hunden, Kindern oder anderen Katzen. Weitere Nachteile sind, dass sie mit der Zeit verschmutzen und sich nur umständlich säubern lassen, und dass sich langhaarige oder große Katzen statisch aufladen und einen Schlag bekommen können, wenn Sie an die Schale kommen oder die Box betreten oder verlassen.

Du sollst nicht eintüten

Sie glauben, dass Katzentoilettenbeutel Ihnen das Leben angenehmer machen? Vergessen Sie's! Katzen mögen die Beutel gar nicht, und wenn sie sich auch noch mit Ihren Krallen im Plastik verfangen, ist das Chaos perfekt.

Du sollst das Katzenklo sauber halten

Glauben Sie mir, Katzen ziehen ein sauberes Katzenklo einem verklumpten ganz bestimmt vor.

Du sollst deine Katze andere Katzenklos begehren lassen

Lassen Sie Ihre Katze am besten selbst entscheiden, wie ihr Klo aussehen soll, indem Sie verschiedene Variationen ausprobieren (Größe, Art, Ort, Streu etc.) und ihr Klo entsprechend anpassen.

Überprüfen Sie auch:

Katzen-Daddys Top 3 Katzenklo-Fragen

Wenn ich Kunden habe, die mit Katzenklo-Problemen zu kämpfen haben, bitte ich sie, in die Zeit zurückzugehen, als Ihre Katzen ihr Geschäft noch in ihrem Katzenklo verrichtet haben, und frage: „Wann hat es genau angefangen und was hat sich damals verändert?"

Hat sich das Katzenklo verändert?

Naheliegend wäre, mit dem Katzenklo anzufangen. Haben Sie etwas daran verändert? An der Box, der Art der Streu, dem Standort? Falls ja, finden Sie heraus, was ihre Katze an der alten Box vermisst, und nehmen Sie diese Veränderung zurück.

Hat sich Ihre Routine verändert?

Haben Sie einen neuen Job? Hat die Schule wieder angefangen? Haben Sie sich von jemandem getrennt oder sind in einer neuen Beziehung? Grundsätzlich wirkt sich alles, was bedingt, dass Sie mehr oder weniger Zeit zuhause verbringen, auf den häuslichen Rhythmus aus ... was uns wieder einmal die allumfassende Macht der Drei Rs vor Augen führt (siehe Kapitel 7). Sorgen Sie daher für einen neuen, verlässlichen Rhythmus!

Haben sich Ihre Beziehungen verändert?

Neue Menschen, neue Tiere (Katzen oder Hunde), ein Kind ... Veränderungen wie diese sind wie kleine Erdbeben im Leben Ihrer Katze, vor allem, wenn die Kennenlernphase holprig verlaufen ist und sich auf die Dynamik im Haus auswirkt. Siehe Kapitel 10 für den Aufbau von Katze-Tier-Beziehungen und Kapitel 11 für Katze-Mensch-Beziehungen (alle Altersstufen). Ein harmonisches Umfeld wirkt bei territorialem Stress wahre Wunder und sorgt dafür, dass alle Geschäfte wieder sicher im Katzenklo landen.

KATZENDETEKTIVISMUS FÜR FORTGESCHRITTENE: WENN DER FALL NICHT GANZ SO KLAR IST

Die Beispiele, die ich Ihnen soweit gegeben habe, bezeichne ich gerne als „klare Fälle“, weil sich Katzenklo-Probleme oftmals relativ leicht zuordnen lassen. Aber das ist nicht immer so – oder zumindest nicht ganz. Und dann wird es kompliziert, vor allem, wenn man so etwas wie ein Handbuch schreibt, das auch die vertrackten Fälle berücksichtigen will. Ich glaube zwar fest an den Wert des Katzendetektivismus', doch gibt es bei der Umsetzung unzählige Variable, schließlich geht nicht nur um unsere Katze, die das „Problem“ hat, sondern auch um die anderen Mitspieler, um die familiäre Situation und wie sie sich entwickelt hat, um die komplexen territorialen Aspekte ...

Also, Sie haben überall Pipi im Haus und das „Warum?“ lässt sich nicht so leicht klären? Dann willkommen in meiner Welt! Verzweifeln Sie jedoch nicht, wenn Ihnen die schnellen Lösungen für die Probleme Ihrer Katze nicht weiterhelfen konnten – mindestens 50 Prozent der Familien, in denen meist mehrere Tiere leben, sind auf übergreifende Diagnosen und Lösungen angewiesen. Das ist der Moment, an dem wir unseren Katzendetektivismus auf die nächste Stufe führen, indem wir kreativ werden, von unterschiedlichen Warten aus Beweise sammeln und tief in die Materie einsteigen, schließlich kommt die Bezeichnung Ausschlussverfahren nicht von ungefähr. Und eines unserer wichtigsten Werkzeuge, um der Problematik auf den Grund zu gehen, ist ...

Die Mojo-Karte

Wie bereits in Kapitel 8 erklärt, handelt es sich bei der Mojo-Karte um eine Art Blaupause Ihres Zuhauses und damit der Welt Ihrer Katze. Sie beschreibt, wo alle Möbel stehen, sich die Katzenklos befinden, wie der Verkehr fließt (von Mensch und Tier) und, was wichtig für unseren Katzendetektivismus ist, wo es zu Kämpfen oder unliebsamen Begegnungen gekommen ist und wo überall außerhalb des Katzenklos Ihre Katze ihr Geschäft verrichtet hat.

Der erste Schritt ist, die Karte genauso anzulegen, wie Sie es im Katzifizierungsprozess gemacht haben. Verwenden Sie unterschiedliche Farben, um darzustellen, wo Kämpfe stattgefunden haben, kleine/große Geschäfte verrichtet wurden, wo sich ihre Katzen gerne treffen, wo ihre Lieblingsplätze sind, ihre Näpfe und ihre Lieblingsorte zum Spielen.

Erinnern Sie sich, wie wir mit der **Antischatzkarte** (siehe Seite 261) Informationen gesammelt haben? Genau so wenden wir die Karte hier an. Es wird eine Weile dauern, bis Sie Ergebnisse sehen werden, aber es dauert ja auch, bis das Verhalten Ihrer Katzen ein bestimmtes Muster ergibt. Und genau das ist das Schöne an meiner Herangehensweise: Nach ein, zwei Wochen, in denen sie das Verhalten ihrer Katzen dokumentiert haben, gelingt es meinen Kunden wirklich immer, die Zusammenhänge herzustellen und quasi eine Makroaufnahme des Geländes anzufertigen. Und genau darum geht es im Katzendetektivismus für Fortgeschrittene: den Punkt zu erreichen, an dem wir kein beliebiges Verhalten mehr sehen, sondern verlässliche Muster.

NOCH MEHR KATZENKLO-MOJO

Oh ja, wenn es um Katzen und ihr Katzenklo geht, wird die Sache schnell komplex (wie Sie mittlerweile wissen dürften). Immerhin handelt es sich um die wichtigste Duftquelle, das Herzstück ihres Territoriums – und damit ihres Mojos. Die folgenden Tipps und Tricks (und Techniken) sind jedoch unerlässlich, um sowohl Ihrem Know-how als auch Ihrem Katzen-Mojo den letzten Schliff zu verpassen.

Vereinbaren Sie einen Termin beim Tierarzt

Ich weiß, ich klinge wie eine Platte mit Sprung, aber wenn Sie mich um einen Hausbesuch bitten würden, würde ich ihn so weit in die Zukunft legen, dass Sie vorher noch zum Tierarzt gehen könnten. Und wenn Sie mir sagen würden, dass Sie vor einigen Monaten mit ihr beim Check-up waren und alles okay war, würde ich Sie trotzdem wieder hinschicken, weil ein Check-up keine gezielte Untersuchung ist. Zu meiner Beratung gehört, dass Ihre Katze vorher auf Herz und Nieren durchgecheckt wurde. Dazu gehört ein großes Blutbild samt Schilddrüsenwerte sowie eine Kot- oder Urinprobe (oder beides, je nach Problem).

Eine Sache, die Ihr Tierarzt bei der Untersuchung nicht feststellen kann, ist, wie sich Ihre Katze in ihrem Territorium verhält – wie sie läuft, sich auf der Treppe verhält, in ihr Katzenklo steigt etc. (weswegen ich Ihnen ja auch empfohlen hatte, sich einen Tierarzt zu suchen, der auch Hausbesuche macht). Das Blutbild vermag Aussagen über Diabetes, Nierenschäden, Hyperthyreose und sogar Krebs zu treffen – alles Erkrankungen, die sich auf das Verhalten auswirken und mit den ersten Auffälligkeiten auftreten können. Ich habe sogar schon erlebt, wie ein vereiterter Zahn Aggressionen ausgelöst und ein Schwanzbruch oder entzündete Analdrüsen zu einer Monate andauernden Katzenklo-Aversion geführt hat. Katzen äußern ihre Schmerzen nicht direkt. Das ist Teil ihres Ur-Katzen-Erbes. Und genau deswegen müssen wir sicherstellen, dass unsere Katze, während wir unsere Detektivarbeit leisten und unerwünschtes Verhalten ergründen, nicht eigentlich die ganze Zeit vor sich hin leidet und „Aua!“ sagt statt „Ich hasse deinen neuen Freund.“

Übliche Anzeichen bei körperlichen Beschwerden

- Lautäußerungen im Katzenklo
- Kot absetzen und schnell wegrennen
- kleine, marmorierte Kotklümpchen oder weicher Stuhl
- extrem stinkender Kot
- Blut im Urin
- dunkler, kristalliner Urin

Neueinführung des Katzenklos

Wir können nicht erwarten, dass Katzen, die eine traumatische Erfahrung mit ihrem Katzenklo gemacht haben (ob aus gesundheitlichen oder anderen Gründen) einfach so wieder „in den Sattel steigen", nachdem wir das Problem gelöst haben. Kann man ja auch verstehen. Wenn Sie mit der Bahn zur Arbeit fahren, und jedes Mal passiert etwas Unvorhersehbares und vor allen Dingen Unangenehmes, dürften Sie wahrscheinlich auch auf Ihr Auto umsteigen und sich nur schwer davon überzeugen lassen, wieder den Zug zu nehmen.

Der beste Weg, Katzen wieder an ein Katzenklo zu gewöhnen, ist, ihnen eine Auswahl anzubieten, damit sie sich für die Box entscheiden, die ihnen am ehesten zusagt. Natürlich können Sie die alte Box behalten, aber stellen Sie ihr bitte auch welche hin, die komplett anders aussehen. Ich habe schon alles Mögliche ausprobiert: von Backblechen (mit Welpen-Unterlagen) bis hin zu runden Boxen, eckigen Boxen, Aufbewahrungsboxen, die aus unterschiedlichen Materialien waren und in der Größe, Höhe und Form variierten – eine Auswahl eben. Versuchen Sie es mit neuer Streu in der alten Box, mit alter und/oder neuer Streu in den neuen Boxen und so weiter. Selbst wenn Sie auf dieselbe Konsistenz der Streu achten, wird sich jede Marke anders für Ihre Katze anfühlen. Und halten Sie sich, wie immer, von parfümierter Streu, Silikatstreu oder mineralischer Streu fern und verwenden Sie stattdessen Naturstreu, von der es mittlerweile auch ganz viele Sorten gibt.

Generell bin ich kein Fan von Deckeln oder von Auskleidungen in Form von Hygiene-Beuteln. Wie gesagt, behalten Sie ruhig ihr altes Katzenklo mit allem Pipapo, aber die neuen sollten ganz schlicht sein. Überlegen Sie sich bitte auch zwei Mal, wo Sie sie aufstellen. Das hören Sie jetzt sicher nicht gerne, aber es hat schon so oft funktioniert, dass ich es einfach sagen muss: Stellen Sie das Katzenklo genau dort hin, wo Sie am liebsten nicht hinstellen würden, zum Beispiel mitten in den Raum oder in Ihr Schlafzimmer. Machen Sie auch in diesem Punkt alles anders, damit NICHTS Ihre Katze an das alte Katzenklo erinnert. Und dazu zählt auch der Standort. Bei der Neueinführung des Katzenklos gilt sozusagen die Faustregel der diametralen Gegensätze, damit sich die alten Traumata nicht wiederholen.

Wer war es?

Ich fühle mich echt alt, wenn ich das sage, aber hey – wenn ich damals diese supergünstigen Überwachungskameras gehabt hätte, hätte ich so viele Fälle so viel schneller lösen können! Wenn Sie bei Katzenklo-Problemen herausgefunden haben, welche Bereiche Ihre Katze neuerdings bevorzugt bombardiert, ist es höchste Zeit für eine dieser Kameras, die erst dann zu filmen beginnen, wenn sie eine Bewegung erkennen. Tja, das sind die Vorzüge der modernen Technik, ihr Hightech-Hipster!

Machen Sie sich auf viele Überraschungen gefasst, wenn Sie die Daten auswerten. Die meisten meiner Kunden mit mehreren Tieren begehen nämlich immer wieder den Fehler zu glauben, dass es nur einen Täter gibt, und vergessen dabei den ursprünglichen Zweck des Graffiti. Genau wie unsere kleinen Gangster in New York City, sprayen Katzen immer und immer wieder dieselben Bereiche zu, um ihren Herrschaftsanspruch (vergeblich) durchzusetzen. Selbst wenn der Frevel ursprünglich mit einer Katze begonnen hat, kann eine andere das leicht in den falschen Hals bekommen haben, zum Beispiel wenn die erste aufgrund von Beschwerden neben das Katzenklo gepinkelt hat und die zweite sich territorial gekränkt fühlt – und daraufhin ein regelrechter Pipikrieg ausbrechen.

Aber dank unserer großartigen Überwachungskameras lässt sich nun gang einfach der Hauptschuldige identifizieren. Ich weiß gar nicht, in wie vielen Haushalten mit mindestens drei Katzen oder mehr ich tätig war, in denen die Hüter zu 100 Prozent sicher waren, zu wissen, wer die ganzen Pipi- und Kackabomben im Haus platzen gelassen hatte, obwohl sie nicht den geringsten Beweis dafür hatten – weil sie schlicht und einfach davon überzeugt waren, es von der jeweiligen Persönlichkeit ableiten zu können. In den letzten Jahren bin ich deshalb dazu übergegangen, einfach eine meiner Kameras zu installieren und ein paar verlässliche Daten zu sammeln – und im Schnitt haben mindestens ein Viertel meiner Kunden der falschen Katze die Schuld in die Schuhe geschoben. Kameras lügen nie!

CSI – Den Katzen auf der Spur

Ganz ehrlich, ohne mein Schwarzlicht wäre ich aufgeschmissen, wenn es darum geht, Katzenklo-Probleme auszuwerten. Vor allem, wenn Sie mit Urinflecken zu kämpfen haben, kommen Sie an einer Schwarzlichttaschenlampe nicht vorbei. Hier ein paar Tipps, falls Sie ein Neuling in Sachen Katzenpipi sein sollten:

1. Benutzen Sie Ihre Schwarzlichttaschenlampe in komplett abgedunkelten Räumen, da selbst entfernte Lichtquellen die Daten kompromittieren können.
2. Das fluoreszierende Farbspektrum reicht von einem dunklen Orangegelb bis hin zu Weiß, da sich mit der Zeit die Proteine im Urin abbauen.
3. Strudelartige Flecken deuten darauf hin, dass Sie die Stelle bereits mit einem Putzmittel gescheuert haben, mit Teppichreiniger zum Beispiel. Das sieht dann aus wie missglückte Spin Art.
4. Geraten Sie nicht in Panik, wenn Sie die Urinflecken selbst nach dem x-ten Putzen noch im Schwarzlicht sehen können. Katzenurin enthält Proteine, die die Farbpigmente Ihres Teppichs zerstören. Die Stelle wird also selbst dann noch fluoreszieren, wenn Sie den tatsächlichen Fleck längst nichts mehr riechen oder sehen können.
5. Frische Flecken unterscheiden sich von alten, behandelten Flecken, da sie stärker fluoreszieren.
6. Flecken haben einen Anfang und ein Ende. Folgen Sie ihnen, besonders wenn Sie an Orten wie Fußleisten auftreten.

Achten Sie auf Muster:

- Runde Flecken auf dem Boden weisen darauf hin, dass Ihre Katze ihre Blase entleert hat.
- Sprühflecken erfolgen meist gegen vertikale Flächen und können in der Menge variieren.

- Kleinere Tropfen tauchen oft an vielen Orten auf und können auf eine Harnwegsinfektion hinweisen.

BEENDEN WIR NUN, nachdem ich Ihnen die ganzen *Dos* bei Katzenklo-Problemen genannt habe, dieses Kapitel mit den *Don'ts.*

DIE DON'TS

Manchmal zehrt nichts mehr an unseren Nerven als ein akutes Katzenklo-Problem. Aber egal, wie schlimm es wird, lassen Sie Ihre Katze in Ruhe und denken Sie daran, dass sie nicht im Ansatz verstehen wird, was Sie von Ihr wollen und warum Sie sie aus „Trainingsgründen" oder „um ihr eine Lektion zu erteilen" bestrafen.

- Heben Sie Ihre Katze nicht auf, um sie zum Katzenklo zu tragen.
- Drücken Sie ihre Schnauze nichts in ihr kleines oder großes Geschäft.
- Bestrafen Sie sie nicht, wenn Sie neben ihr Katzenklo gepinkelt hat.
- Sperren Sie sie nicht tagelang (oder gar länger) mit ihrem Katzenklo und Napf im Badezimmer ein.
- Schreien Sie sie nicht an.

Ihre Katze wird bereits zwei Sekunden nach dem Vorfall nicht mehr nachvollziehen können, weshalb Sie sich so aufregen oder welche Lektion Sie ihr mit Ihrer disziplinarischen Maßnahme erteilen möchten. Das Einzige, was Sie in solchen Fällen tun können, ist, alle Informationen zu sammeln, die Sauerei zu entfernen und wieder zur Tagesordnung überzugehen, denn solange Sie nur Teile des Puzzles vor sich haben, werden Sie kaum sinnvolle Maßnahmen ergreifen können. Davon abgesehen, haben wir bereits in Kapitel 9 erörtert, dass es keinen Sinn macht, seine Katze zu bestrafen, also lassen Sie es einfach.

21

Eso es mojo

ICH STAND ALSO in Buenos Aires auf dieser Bühne, und als mir langsam dämmerte, dass niemand auch nur eine Ahnung davon hatte, was zur Hölle ich von ihnen wollte, meine ich inmitten dieses Horrors kurz innegehalten und Folgendes gedacht zu haben: „Hm … vielleicht sollte ich ein Buch über Katzen-Mojo schreiben. Dann würde mir so etwas nicht mehr passieren."

Ob es nun an „Saturday Night Fever" oder Ihrer geliebten Mojito-Katze liegt – ich hoffe, Sie haben Ihr Mojo und das Ihrer Katze gefunden. Ich hoffe auch, dass Sie bei der Lektüre mehr Aha-Erlebnisse als „Was-für-ein-Bockmist"-Momente hatten, und dass Sie Wörter wie „willkürlich" oder Wendungen wie „wie aus dem Nichts" aus Ihrem Vokabular gestrichen haben, um das Verhalten Ihrer Katze zu erklären – und aufgehört haben, Ihre Katze zu vermenschlichen und ihr zu unterstellen, dass sie Sie, Ihren Partner oder Ihre Kinder hasst.

Wenn ich alleine war, vor allem nachts im Tierheim, und von all diesen … Wesen umgeben war, spürte ich frustrierend oft, wie mir jegliche Logik abhanden kam. Die Katzen schienen mich mit ihrer Unzugänglichkeit zu verspotten, und wie viele von Ihnen auch, nahm ich es diesen Fragezeichen auf vier Pfoten übel.

Ich war ein miserabler Schüler, und meine Leistungen waren von der ersten bis zur letzten Klasse absolut unbeständig. Bei theoretischen Themen, bei Bücherwissen konnte man mich direkt vergessen. Ich träumte vor mich hin und wartete auf das erlösende Klingeln, doch öffnete das Thema Raum für Kreativität, war ich am Ball … und glücklich.

Und was Katzen angeht, habe ich die Motoren angeschmissen und bin direkt hierher geflogen – befeuert davon, mehr über die Ur-Katze zu lernen. Es war wie ein Wunder, diesen Vorfahren vor mir zu sehen, wie er stolz sein nicht domestiziertes Mojo präsentierte und versuchte, sich mit jedem Tag, an dem die Evolution gleich einem Ticken der Uhr voranschreitet, mehr in unsere Welt einzufügen. Es war wie ein exklusiver Club, den ich nicht nur von außen beobachten, sondern dem ich beitreten und von dem ich allen berichten wollte, die meinen Weg kreuzten. Aber da war noch dieses andere Ticken, denn wenn ich es nicht schaffen sollte, ihren Code alltagstauglich zu knacken und die Ur-Katze in die moderne Welt der Hauskatze zu überführen, würde sie uns verloren gehen. Ich fühlte mich trotz meiner Bemühungen angesichts dieser Bindungen, die entstanden, emotional völlig ausgeliefert, weil ich begriff, dass diese unschuldigen Wesen mir ihr Glück und ihr Leben anvertrauten. Das war der Moment, der alles veränderte.

Wie gesagt, es geht mir nicht darum, Lösungen zu finden oder ein Loch zu stopfen, durch das es regnet, sondern um das Bedürfnis, die Familie an sich vor dem Regen zu schützen. Der Mojo-Werkzeugkasten soll Ihnen dabei helfen, und Ihre Erfolge, die darauf aufbauen, dass Sie lernen, Ihren Katzen mit Empathie zu begegnen, werden dafür sorgen, dass Sie Ihre Rolle als Hüter nicht mehr nur als Einbahnstraße verstehen, sondern den Wert einer Beziehung erkennen, die über Kompromisse statt über Dominanz in ein harmonisches Miteinander mündet.

Vielleicht haben Sie nur durch dieses Buch geblättert und verzweifelt nach der Lösung für ein nerviges Problem gesucht, das Sie in den Wahnsinn treibt. Dafür ist dieses Buch ja auch da – um schnell wieder zurück in die Normalität zu finden und diese brenzligen Situationen möglichst unbeschadet zu überstehen. Trotzdem hoffe ich, dass Sie meine Anleitungen nicht nur als Sprungbrett in die Katzenwelt nutzen, sondern anschließend tief in die Welt *Ihrer Katzen* eintauchen. Rezepte helfen da nur bedingt – wenn Sie sie befolgen, werden Sie sie zwar vor dem Hungertod bewahren (oder davor, Ihr Leben lang kalte Pizza oder Nudeln zu essen), aber wenn Sie auf Ihr eigenes Gespür und Ihre Fantasie setzen, werden Sie etwas *Eigenes* erreichen, etwas, auf das Sie stolz sein können, weil Ihr Herzblut hineingeflossen ist.

Deswegen hoffe ich, dass Sie sich irgendwann, nachdem die Krise überstanden ist, die Zeit nehmen und die Welt Ihrer Katzen bis ins letzte Schlupfloch erforschen werden – und dabei dem miserablen Schüler von einst begegnen, der nur darauf wartet, ihnen alle pikanten Details zu verraten, wie aus Neugierde Faszination wurde und aus Wertschätzung Leidenschaft, bis er vor fast 25 Jahren zu dem komplett übergeschnappten Katzenmenschen wurde, den Sie heute kennen.

Wie in allen anderen Beziehungen auch, gibt es Momente, in denen man mit dem Kopf gegen die Wand läuft oder einem plötzlich ein harter Wind ins Gesicht bläst. Behalten Sie aber in diesen Momenten folgende Tipps im Hinterkopf:

Erstens: Kehren Sie im Zweifelsfall immer zu den Grundlagen des kleinen Ur-Katzen-1x1 zurück: den Drei Rs, der Komfortzone und JFTF. Mit diesen drei Werkzeugen werden Sie immer das Mojo Ihrer Katze beschwören können, egal, wie jung oder alt sie ist, wie traumatisiert oder wie versehrt. Und zweitens: Halten Sie so oft Sie können inne und sagen Sie sich, dass Sie nicht alles wissen können. Anzunehmen, dass man Beziehungen kontrollieren kann, wird sie nur zerstören. Bleiben Sie also bescheiden und ein gelehriger Schüler Ihrer Beziehungen. Das war damals meine härteste Lektion – und ist heute die Quelle meines Glücks.

Zu guter Letzt ist es meine Pflicht, Ihnen als Mitglied im Team Katzen-Mojo zu sagen, dass wir alle unseren Beitrag leisten müssen. Da draußen gibt es Millionen Katzen, die alles dafür geben würden, eine Familie wie Sie und ein Basislager zu haben, das sie ihr Eigen nennen können. Es gibt aber auch viele Menschen, die keine Katzen mögen, sich vor ihnen fürchten oder einfach „Hundemenschen" sind. Wir brauchen aber *alle.* Wir können natürlich weiterhin Position beziehen, sollten aber gleichzeitig unseren Teil beitragen, indem wir Mitgefühl zeigen, aufklären und mit Vorurteilen aufräumen – und so möglichst vielen heimatlosen Katzen ein neues Zuhause geben. Gleichzeitig müssen wir noch nachdrücklicher darüber informieren, dass Kastrationen und Sterilisationen von Hauskatzen sowie die FKF-Strategie, sprich das Fangen, Kastrieren/Sterilisieren und wieder Freilassen von wildlebenden Katzen wirklich dazu beitragen kann, dass Katzen endlich nicht mehr getötet werden, weil es zu viele gibt.

Die menschliche Komponente des Katzen-Mojos definiert sich durch und alle, die wir bereit sind, über unseren Tellerrand hinauszudenken. Wildlebende Katzen gehören zu uns, heimatlose Katzen auch, und letzten

Endes gehört auch diese unermessliche Freude zu uns, die wir verspüren und weitergeben, wenn wir gemeinsam an einer Welt arbeiten, in der es Liebe und Schutz für *alle Katzen* gibt.

Also los, mojofizieren Sie die Welt!

Bildnachweis

Der Buchstabe d im Anschluss an die Seitenzahl gibt an, dass ein Duplikat des Bildes im Buch platziert ist.

Osnat Feitelson: 16, 21, 22, 23, 24, 26, 29, 30, 31d, 33, 40d, 41d, 44d, 45d, 46d, 47d, 51, 54, 55, 56d, 61d, 62, 64, 65, 66, 68d, 69, 71d, 73, 74, 76, 77, 79, 80, 82, 83, 84, 86, 87d, 96d, 99, 102d, 109d, 116, 118d, 122d, 124, 128d, 133, 141d, 148, 152, 155, 158, 166, 168, 171, 173, 176, 180, 181d, 182, 184d, 187, 189, 191d, 193d, 195, 199d, 202, 204, 205d, 207, 212, 213, 116, 221d, 224, 225, 226, 227, 233, 238d, 240, 245d, 246d, 249, 259, 262d, 270, 275d, 277, 285d, 287d, 288d, 291d, 295d, 298d, 304d, 305d, 307d, 309, 311d, 312d, 313, 315d, 317d, 320d, 321d, 322d, 323d, 330d, 333d, 334d, 340d, 341d, 346d, 348d, 349d, 351d, 354d, 359d, 360d, 363d, 365d, 366d, 369

Franzi Paetzold: 85, 94, 114, 120, 127, 132, 136, 153, 229, 261

Omaka Schultz (Artist), Brandon Page (Inker), Kyle Puttkammer (Art Director): 100, 105, 147, 161, 301, 310, 336

Emi Lenox: 58, 67, 139, 140, 149, 235, 237, 272, 292d, 318, 355d

Sayako Itoh: 24, 36d, 63d, 90, 117d, 251, 255d, 282d, 328d

Bildstrecke 1: © Fotolia/KPixMining (1), © Andrew Marttila (2o, 4u), © Getty Images (2u), © Jackson Galaxy (3, 6, 8), © Getty Images/petrenkod (4o), © Fotolia/LegasC (5), © Getty Images/Ramaboin (7o), © Getty Images/noreefly (7u)

Bildstrecke 2: © Jackson Galaxy (1, 6o, 8), © Getty Images/MarynaVoronova (2), © Andrew Marttila (3o, 4), © Maxim Noch (3u), © Lori Fusaro (5), © Getty Images/kaola251 (6u), © Getty Images/momentcapture (7o), © Fotolia/kassini (7u)

Coverbild: © Jackson Galaxy (U1, U4), © Getty Images/petrenkod (U4ol), © Getty Images/Ramaboin (U4oM), © Fotolia/LegasC (U4or)

Register

C

D

E

F

G

H

I

J

K

L

M

N

O

P

R

S

T

U

V

W

Z